AF391002

MÉMOIRE

SUR LES AVANTAGES

QUE

LA PROVINCE DE LANGUEDOC

PEUT RETIRER DE SES GRAINS.

MÉMOIRE

SUR LES AVANTAGES

QUE

LA PROVINCE DE LANGUEDOC

PEUT RETIRER DE SES GRAINS,

Considérés sous leurs différens rapports avec l'Agriculture, le Commerce, la Meunerie et la Boulangerie.

AVEC FIGURES.

Par M. PARMENTIER.

A PARIS,

DE L'IMPRIMERIE DES ÉTATS DE LANGUEDOC,

Sous la direction de P. F. Didot jeune, quai des Augustins.

M. DCC. LXXXVI.

MÉMOIRE

Su**r** les avantages que la Province de Languedoc peut retirer de ses grains sous
leurs différens rapports avec l'agriculture,
le commerce, la meûnerie et la boulangerie.

____

Pa**rmi** les objets essentiellement utiles, dont les États
généraux du Languedoc s'occupent pour le bonheur de
la province qu'ils administrent, la meûnerie et la boulangerie ont mérité particulièrement leur attention. Animés du desir de faire tourner au profit de leurs con-
citoyens les connoissances actuellement acquises en
ce genre, ils ont chargé MM. leurs Députés de prendre, pendant leur séjour dans la capitale, tous les renseignemens relatifs à chaque partie de ces deux arts
de premier besoin; de soumettre même à quelques
expériences les blés du Languedoc, envoyés pour cet
effet à Paris; d'en comparer ensuite les résultats avec
ceux obtenus par les procédés du pays, afin d'avoir
des bases sur lesquelles ils pussent établir définitive-
ment leur opinion, concernant une des branches les

A

plus importantes de l'économie rurale et domestique.

Pour répondre à la confiance des Etats, et seconder leurs vues patriotiques, MM. les Députés ont cru devoir consulter le Comité de l'Ecole gratuite de Boulangerie. Les Membres de ce Comité, également dominés par l'amour du bien, ont saisi avec empressement cette nouvelle occasion d'être utiles, en manifestant tous l'envie qu'ils avoient de concourir à opérer en Languedoc une révolution d'autant plus desirable, que la province semble réunir tout ce qui peut en assurer le succès : abondance et qualité des grains ; facilité de former des établissemens de moûture économique ; heureux débouchés ; certitude d'un commerce considérable. Le Comité a nommé des Commissaires pour rédiger un *Précis sur l'art de conserver les blés, de les moudre, et de les convertir en pain.* Chargés avec MM. Cadet de Vaux, Brocq, Destor, et Mouchy de remplir ce travail, nous n'avons rien oublié pour nous en acquitter de manière à justifier son choix, à mériter l'approbation des Etats, et le suffrage d'une province intéressante par la fécondité de son sol, la variété de ses productions, les avantages de son climat et l'industrie de ses habitans.

Dans la vue de faciliter l'intelligence de ce mémoire, et pour le rendre d'une utilité plus générale, nous avons divisé ce qu'il renferme, en trois parties différentes.

(3)

Quoique liées naturellement ensemble, elles pourront
cependant convenir, chacune séparément, aux différentes classes d'hommes attachés par état à l'objet que
nous y traitons ; et devenir pour elles une instruction
fondamentale, qui servira à les éclairer sur leurs propres intérêts et sur ceux du public.

Ainsi le laboureur et le commerçant de blé, le meûnier et le constructeur de moulins, le farinier et le
boulanger, trouveront dans ce mémoire les procédés
relatifs à l'état qu'ils embrassent. Les planches gra-
vées qu'on y ajoute, acheveront de les guider, et
de les aider à remplir avec avantage ce qu'on a droit
d'attendre de leur intelligence et de leur droiture.

Il sera question, dans la première partie de ce
Mémoire, de la nature et des propriétés des blés, de
leur nettoiement, des accidens qui leur surviennent
pendant qu'ils végètent, de leur conservation, de leur
transport, et des soins qu'ils exigent avant d'être portés
au moulin.

Tous les détails de la construction des moulins, de
l'opération de la moûture et de la bluterie, seront
développés dans la seconde partie.

L'objet de la troisième partie sera la boulangerie,
considérée depuis le moment où la farine est sortie du
moulin, jusqu'à celui de sa cuisson, et après qu'elle
est transformée en pain.

Tel est l'ordre qui nous a paru le plus propre à jeter du jour sur les procédés de deux arts abandonnés pendant des siècles à l'ignorance et à la routine. Les Etats qui cherchent à en répandre les vrais principes dans toute l'étendue du Languedoc, prouvent jusqu'à quel point l'honneur et les intérêts de la province entrent essentiellement dans leurs vœux pour la prospérité publique. Sans doute qu'un jour leur exemple ne manquera pas d'être imité par les autres provinces du royaume ; alors ce bienfait devenu général leur méritera des droits éternels à la vénération et à la reconnoissance de la nation entière.

Ces considérations nous ont déterminés à entrer dans quelques détails sur certaines pratiques qui, sans être d'une nécessité indispensable pour l'intérieur du Languedoc, peuvent le devenir quelquefois aux extrêmités de la province, où le climat et l'exposition se rapprochent des cantons plus humides et moins méridionaux de la France.

PREMIÈRE PARTIE.

DU BLÉ.

On appelle ainsi indistinctement tout grain dont on fait du pain ; mais nous ne conserverons cette dénomination qu'au froment, qui est le blé par excellence.

ARTICLE PREMIER.

DES PARTIES CONSTITUANTES DU BLÉ.

Pendant long-temps les cultivateurs, et même les écrivains, n'ont distingué dans un grain de blé que l'écorce qui lui sert d'enveloppe ; le germe destiné à sa reproduction ; enfin la matière farineuse dans laquelle réside la vertu alimentaire. Mais aujourd'hui que l'étude des objets d'utilité première a mérité de fixer l'attention des physiciens, un examen approfondi et des recherches plus exactes, ont appris que cette matière farineuse est elle-même composée de plusieurs substances, dont la nature et les proportions varient à raison du sol, du climat et de la culture. Ces substances sont :

L'amidon ,

L'extrait muqueux ,

Le sucre ,

La matière glutineuse.

Ces quatre parties constituantes du froment , qui sont rangées selon le degré nutritif de chacune, ont des caractères particuliers qui les distinguent entre elles. Il seroit superflu de les indiquer : nous nous bornerons à faire observer que c'est sur-tout à l'amidon qu'appartient la faculté éminemment nutritive , puisqu'il réunit tout ce qui la caractérise ; que d'ailleurs le blé le plus médiocre en contient jusqu'à huit onces par livre, tandis que la matière glutineuse s'y trouve à peine pour un huitième ; qu'elle est d'ailleurs privée des propriétés principales de l'aliment, la dissolubilité dans l'eau, la forme muqueuse, ou gélatineuse.

A ces vérités ajoutons que la substance glutineuse élastique est contenue privativement dans le blé et dans l'épeautre ; qu'il n'en existe pas un atôme dans aucuns autres grains de la riche famille des graminées, tandis que tous renferment plus ou moins d'amidon ; que c'est à ce principe essentiel des farineux qu'ils doivent l'état laiteux qu'ils ont quand ils approchent de l'époque de la maturité. Si donc la substance glutineuse joue le plus grand rôle dans la panification, l'amidon produit presque seul tout l'effet nutritif.

Observations.

La définition que nous donnons du blé, seroit vague et stérile, si nous n'avions cherché à l'établir sur des faits.

Après nous être assurés de la place que chacune de ces parties occupe dans le grain, nous les avons séparées par l'analyse à froid, afin de déterminer leur proportion respective ; et pour présenter le complément de la démonstration, nous les avons réunies ensemble ; nous en avons formé une pâte, qui, associée avec la dose de levain nécessaire à la fermentation panaire, a donné un pain comparable, en quelque sorte, avec un autre pain fait tout simplement de farine ordinaire.

Au reste, on verra dans le cours de ce mémoire, qu'il n'est pas indifférent de connoître la nature des parties constituantes du blé, puisque l'art de le conserver, de corriger ses mauvaises qualités, de l'assortir avantageusement, de le moudre avec profit, enfin de préparer un pain de bonne qualité, dépend très-souvent de cette connoissance.

ARTICLE II.

DES DIFFÉRENTES ESPÈCES DE BLÉS.

La nature n'en produit qu'une seule : le climat, le sol, les aspects, la main de l'homme l'ont, il est vrai, considérablement modifiée : toutes les autres espèces provenant des contrées les plus froides comme des pays les plus méridionaux, ne diffèrent entre elles que par des nuances, perceptibles seulement pour ceux habitués à les voir et à en faire le commerce. On réduira donc à deux le nombre des espèces de blé, que quelques auteurs ont subdivisé à l'infini : *les blés fins ou tendres, les blés durs ou glacés.* Une nomenclature plus étendue, toute exacte qu'elle pourroit être, deviendroit absolument inutile ici : nous nous bornerons à faire observer que *Columelle* a distingué six espèces de fromens, quatre barbus, et deux ras ; mais il a mis l'escourgeon, ou l'orge d'hiver, au nombre des blés.

Des Blés fins.

Les blés *fins* ou *tendres*, semblent appartenir spécialement aux pays septentrionaux et au sol humide :

leurs

leurs caractères généraux sont d'être un peu flexibles sous la dent, d'offrir dans leur intérieur une matière très-blanche, d'avoir l'écorce mince, lisse et jaunâtre. Les blés de Pologne occupent le premier rang dans cette classe; ils s'écrasent plus aisément sous les meules.

Des Blés glacés.

Ce sont la sécheresse et la chaleur du climat qui produisent plus particulièrement les blés *durs* ou *glacés*. Aussi voit-on qu'ils approchent davantage de cet état, dans tous les pays, à mesure que la saison a été plus brûlante. Ces blés se cassent sous la dent, moins aisément et plus net que les blés fins; ils offrent dans leur cassure une couleur grise; ils sont pesans, plus ou moins transparens, et ressemblent à une gomme desséchée; le son en est plus épais; ils se broient difficilement au moulin: tels sont en général les blés du Languedoc, qui se ressentent plus ou moins de cette influence.

OBSERVATIONS.

Quoique nous nous soyons imposé la loi de ne surcharger ce Mémoire d'aucune érudition, et de nous renfermer dans le simple exposé de quelques phénomènes et des pratiques qui influent de la ma-

B

nière la plus directe sur les qualités des produits des
récoltes , de leur conservation et de leur emploi ;
nous ne pouvons nous dispenser de citer quelquefois
Olivier de Serres, dans un mémoire destiné particulièrement pour la province qui a eu le bonheur de
le voir naître. Le *Théâtre d'Agriculture* qu'il a publié
vers le commencement du dernier siècle, offre une
preuve des progrès que cet art avoit fait en France
long-tems avant qu'il eût attiré l'attention des peuples
chez lesquels il fleurit de nos jours ; et nous nous
empressons d'autant plus de rendre justice à ce savant,
que plusieurs de nos modernes ont mis à contribution
ce qu'il nous a communiqué, sans indiquer la source où
ils avoient puisé : tout récemment encore, quelques-uns
ont annoncé la manière de filer l'écorce du mûrier
blanc, comme une découverte qui leur étoit propre,
ce qui a déterminé M. *Broussonet*, de l'académie des
sciences de Paris, à donner une nouvelle édition de
ce mémoire , à la suite des Opuscules de Pierre
Richer de Belleval, professeur de Montpellier, afin
d'engager en même temps à répéter les expériences
qu'*Olivier de Serres* avoit commencées en grand, par
les ordres d'Henri IV , dans le jardin des Thuileries.
Les Habitans de la province du Languedoc voudront
bien pardonner cette digression , en faveur, de deux
de leurs compatriotes les plus distingués. *Olivier de*

Serres a honoré son siècle et son pays ; M. *Broussonet*, qui vient de proposer un prix à celui qui, au jugement de la Société royale des sciences de Montpellier, fera le mieux l'éloge historique de cet auteur recommandable par ses profondes connoissances dans l'économie rurale, marche dignement sur ses traces. Voici donc cómme s'exprime *Olivier de Serres* , en parlant de l'espèce de blé connu sous les noms de Barbarie , de Smyrne, de Providence , de Miracle , etc. que quelques botanistes ont qualifié d'espèce nouvelle : nous ne changerons rien à son texte expressif et clair, quoique suranné.

« Une autre espèce de froment y a-il de grande
« valeur : elle produit un grand espi plat, de chacun
« costé duquel sortent trois ou quatre petits espis auec
« leur queue courte , faisans ensemble comme un gros
« bouquet porté par un seul tronc ; mais pour sa rareté,
« e mesnager , n'en peut faire estat certain , bien que
« desirable pour son grand rapport. Ce froment a rendu
« chez moi quarante pour un , semé dans un jardin,
« et employé en terre commune, douze à quinze. Quant
« à son service , il fait pain très - bon et fort saou-
« reux ; mais non si blanc comme l'autre bled , parce
« qu'ayant la pelure du grain (qui est assez gros),
« fort déliée , difficilement se peut-il moudre grossière-
« rement, comme est requis pour faire que le pain soit
« bien blanc ; ains se convertit presque tout en farine,

« auec peu de son , tel défaut revenant néantmoins à
« la commodité du mesnage. »

Mais , comme ce blé a la tige plus forte , il a aussi
l'inconvénient, si le champ est voisin d'un bois ou de
lieux habités, de permettre aux oiseaux granivores de
se percher sur les épis et d'en manger à leur aise, sans
compter ce qu'ils laissent échapper, et qui est perdu : il
paroît d'ailleurs , d'après quelques observations , que ce
blé semé en terre maigre et négligé dans sa culture ,
rentre bientôt dans l'espèce dont il est originaire.

Si les deux espèces de blés que nous avons indiquées,
se rencontrent dans presque tous les cantons , nous ne
pouvons nous dispenser d'ajouter qu'elles peuvent bien
reprendre , par succession de temps , leurs caractères
propres : ainsi le blé fin se rapprochera de l'état glacé
dans les provinces du midi , tandis que celui - ci ac-
querra insensiblement dans le nord , le caractère de blé
fin.

On sait par, exemple, qu'en Languedoc tous les blés
y sont barbus , la *touzelle* exceptée. Si on transporte
ces mêmes grains dans les provinces éloignées, et qu'on
les y sème avant l'hiver, peu-à-peu ils deviendront ras :
on a même observé des *touzelles* à demi et au tiers
barbues; on sait encore que les blés de mars ou printaniers , semés plusieurs années de suite dans de

bonnes terres bien labourées, reprennent bientôt la grosseur , la forme et la pesanteur des blés d'hiver.

ARTICLE III.

CHOIX DU BLÉ.

Quand le blé est pur et de bonne qualité, les organes exercés sont des juges suffisans pour s'en appercevoir: sa forme, sa couleur , son volume, sa sécheresse , sa pesanteur, sa netteté , tels sont les signes d'après lesquels on peut se déterminer sur le choix du grain: mais dans tous les cantons, il existe encore des nuances qui fixent l'attention des commerçans, et dont ils ont formé autant de classes particulières.

SAVOIR:

Blé de tête, ou de première qualité.

Blé milieu, ou de seconde qualité.

Blé inférieur , ou de troisième qualité.

Blé de première qualité.

C'est celui dont le grain est dur , ramassé, pesant, bien nourri , bombé, peu profond dans sa rainure, lisse et clair à sa surface, d'un blanc jaunâtre dans son intérieur. Il sonne lorsqu'on le fait sauter dans la main ; il cède aisément à l'introduction du bras plongé dans le sac : tous indices qui prouvent son excellente qualité.

Blé de seconde qualité.

Il est plus maigre, plus alongé et moins pesant; il se casse aisément sous la dent ; il n'offre pas inté-rieurement une matière aussi serrée, aussi blanche. On peut ranger dans cette classe les blés de mars, ou ceux qui sont très-gris.

Blé de troisième qualité.

Les caractères de ce blé s'éloignent encore de ceux dont il vient d'être question : la rainure est plus pro-fonde, l'écorce plus épaisse, et il est presque toujours mé-langé de différentes semences étrangères ; circonstances qui diminuent les produits de la farine en blancheur et en quantité, rendent le pain bis, sans cependant nuire à sa salubrité.

OBSERVATIONS.

Il arrive souvent que de bonnes années rapprochent les trois qualités de blé, au point qu'il n'existe point, pour ainsi dire, de nuances entre elles ; les différens degrés de la végétation lui ont été si favorables, que, de ce concours de circonstances heureuses, résulte une universalité de bonne espèce de grain : quand, au contraire, l'année a été fâcheuse, le blé de tête ressemble à peine à celui de la troisième qualité.

Indépendamment des circonstances qui assignent dans le commerce un rang au blé, nous observerons que, toutes choses égales d'ailleurs, la même gerbe peut offrir les trois qualités, ainsi que la même moûture donner plusieurs espèces de farine : dans l'un et l'autre cas, ce sont les cribles et les bluteaux qui opèrent ces différences.

Une autre observation, c'est que le meûnier et le boulanger voient au premier coup-d'œil dans le blé la qualité de la farine et celle du pain qui en résultera ; rarement sont-ils trompés dans le choix et dans le prix : il est donc important, dans les grandes administrations, de ne confier les achats qu'à des personnes instruites en meûnerie et en boulangerie.

Mais la plus sûre des méthodes, celle à laquelle on doit avoir recours pour juger de la qualité des blés, c'est de comparer leur pesanteur spécifique. Le grain le plus lourd, à mesure égale, sera toujours le meilleur ; et si, à cette qualité il joint l'avantage d'avoir l'écorce fine et d'être coulant, les résultats en farine ou en pain que l'on en obtiendra, dédommageront amplement du prix de son achat , quelque cher qu'on le suppose.

ARTICLE IV.

DES BLÉS AVARIÉS.

Le blé est , comme toutes les autres plantes , susceptible de s'altérer sur pied : un défaut de constitution , les vicissitudes de l'atmosphère , la situation et la nature du sol , l'abondance et la qualité des engrais , sont autant de causes qui y contribuent , sans compter les négligences à la grange et au grenier qui font perdre aux grains leurs excellentes qualités ; ils ont une mauvaise odeur , échauffent la main , sont quelquefois recouverts de poussière , et rudes au toucher.

Précautions à employer pour arrêter le dépérissement du Blé.

Dans les cantons où la nature refuse de produire les espèces de blé les plus parfaites , il faut multiplier les moyens pour les conserver et prévenir leur dépérissemen insensible. Il seroit inutile de s'arrêter à les indiquer , s'ils avoient toujours pour cause unique une humidité surabondante ; mais des défauts de soins lors

des

des semailles et des récoltes, leur séjour dans un magasin mal situé, ou leur transport négligé, disposent
les grains de la meilleure qualité à s'altérer, si l'on
n'emploie certaines précautions pour les rendre propres
au commerce, et à subir l'opération qui doit les convertir en farine.

Blés germés.

Le pain qui provient du blé germé en partie, n'a
rien de dangereux pour la santé. Ce blé est très-diffi-
cile à conserver, parce que le développement du germe
le dispose à fermenter et à s'échauffer ; il retient en
outre beaucoup d'humidité, raison de plus pour qu'il
fermente et s'échauffe. Les insectes l'attaquent plus
volontiers, parce qu'il est plus tendre, et que la germination lui donne un goût sucré, parce qu'aussi plus
susceptible de s'échauffer, il favorise davantage la
ponte des insectes. Abandonné à lui-même il contracte
de l'odeur et de la couleur ; il devient d'un rouge
obscur : dans cet état il a un mauvais goût et une
saveur piquante qui se communiquent à la farine et au
pain : alors les animaux le rebutent.

Il est imprudent de laisser le blé germé en meule et
dans la grange ; on doit le séparer des blés secs ; il
vaut mieux le battre le plus tôt possible, au risque de

laisser des grains dans l'épi. Mais pour peu que la saison de l'hiver ait été humide, au retour des chaleurs il s'altérera encore plus.

Le blé étant battu, on l'exposera au-dessus d'un four dans des claies serrées ; il sera remué de quart d'heure en quart d'heure avec une pelle ; on laissera une porte ou une fenêtre entr'ouverte, pour donner issue à l'humidité.

Si l'on n'a pas de pièce au-dessus du four, on pourra mettre le blé germé dans le four même, quelque temps après que le pain en aura été retiré ; on laissera la porte entr'ouverte, afin d'en dissiper l'humidité, et la mauvaise odeur qui pourroit en résulter ; on remuera le blé de dix en dix minutes, avec de longues pelles ou des rateaux, pour faciliter l'évaporation de l'eau ; mais on n'attendra pas que le blé soit parfaitement sec pour le tirer du four ; car alors il seroit trop desséché. Le blé ainsi étuvé, on le criblera, avec l'attention de ne le mettre en sacs que lorsqu'il sera bien refroidi ; si on l'enfermoit chaud, il retiendroit un peu d'humidité qui adhèrant à la surface du grain, le feroit bientôt moisir. Lorsque le propriétaire ou le commerçant ont de fortes parties de blé, il est plus expéditif de se servir des étuves.

Un blé échauffé, qui auroit contracté une mauvaise odeur pour avoir resté en tas dans un lieu humide, sans être remué, sera rétabli dans son premier état, au moyen de la dessication au soleil, au four ou à l'étuve.

Blé moucheté.

On nomme blé moucheté, un grain plus ou moins taché, à sa superficie, d'une poussière noire, que le fléau du batteur a fait sortir de l'enveloppe qui la renferme. Si l'on envoie un pareil blé au marché, il est vendu quatre francs ou cent sols de moins que le blé de même qualité, mais sans moucheture. Le porte-t-on au moulin, il engrappe les meules, graisse les bluteaux, ralentit le moulage, donne une farine d'un blanc sale, qui exhale l'odeur de graisse rance. Enfin le pain qui en provient est d'un noir violet, exige plus de frais de cuisson, et fait peu de profit.

De tous les moyens proposés et essayés pour remédier à ces inconvéniens, aucun n'a eu un succès plus complet que le lavage à grande eau, et le desséchement au soleil, à l'étuve ou au four. Cette opération, contre laquelle on a fait beaucoup d'objections, quoique embarrassante dans l'exploitation en grand, et dans les provinces septentrionales, mérite néanmoins la préférence sur toutes les autres. Le fermier n'aura pas à regretter les momens qu'il y emploiera, parce que s'il la néglige, le meûnier et le boulanger le feront à sa place, et retireront le bénéfice auquel il auroit pu prétendre ; d'ailleurs il doit y recourir pour sa propre consommation, parce que lui et ses gens mangeront du pain meilleur et moins coûteux à la cuisson. Tout l'engage donc à mettre en usage un moyen qui lui procurera l'avantage précieux de concourir au bien public en travaillant au sien propre.

Mais quelque efficace que soit le lavage, pour restituer au blé sa première valeur, dans le commerce et dans la fabrication du pain, il est insuffisant relativement aux semailles. Un atôme de poussière de carie, adhérant à la surface du grain, suffiroit pour le vicier et pour vicier la plupart des épis qui pourroient en naître. Il faut donc, avant de confier ce blé aux sillons, lui faire subir une préparation dont nous indiquerons bientôt la composition et l'emploi.

Si le lavage n'étoit pas toujours praticable en Languedoc, où le soleil et l'air enlèvent promptement l'humidité surabondante du grain, déja sec par lui-même, et dont l'écorce serrée en défend l'intérieur, nous ferions mention d'un autre moyen adopté en Champagne, plus aisé à exécuter dans nos provinces septentrionales que le lavage. Il consiste à tenir les meules du moulin très-hautes, et à moudre fort légèrement. La première portion qui passe, est chargée de tout le

noir ; et on donne cette portion aux bestiaux : c'est
à peu près cinq à six livres par sac.

Blés attaqués d'insectes.

Indépendamment de la matière farineuse, que les
insectes dévorent, l'humidité qui résulte de leur transpiration, communique aux grains une odeur fétide,
qui rend le pain rebutant, et peut-être dangereux
dans l'économie animale. Il convient donc, après avoir
séparé par le crible les animaux ou leurs débris, de
les laver, de les faire sécher et de les travailler, afin
d'en dissiper toute odeur.

Il faut se conduire de la même manière pour tout
grain qui aura contracté, par une cause quelconque,
cette mauvaise odeur désignée sous le nom de moisi
ou de *relan*. Si la farine qui en provient, n'est pas ordinairement d'une extrême blancheur, le pain qu'elle
fournit n'en est pas moins de bonne qualité.

Observations.

Dans le nombre des moyens innocens que nous
venons d'indiquer, pour rappeler des blés avariés à
leur premier état de perfection, faciliter en même
temps leur conservation et leur broiement, il en existe
d'autres qu'on peut employer au moulin et dans la fabri-

cation du pain ; il arrive quelquefois que des blés, avec une apparence saine, développent sous les meules une légère odeur, qu'il est aisé également de faire disparoître dans les farines.

Ces précautions d'ailleurs exigent si peu de soins, d'embarras et de dépenses, qu'on seroit coupable de les négliger ; et quand elles en demanderoient davantage, une pareille considération devroit-elle jamais arrêter à la vue des avantages sans nombre qui en seroient le fruit ? Les habitans de la campagne sont assez ordinairement les premiers qui souffrent de la mauvaise qualité des grains. Or, la santé du cultivateur est de la plus grande importance, sur-tout dans une province que les Etats administrent en pères éclairés.

A R T I C L E V.

DES BLÉS DÉTÉRIORÉS.

On doit bien distinguer un blé détérioré de celui qui n'est qu'avarié. Le défaut de ce dernier n'existe pour ainsi dire qu'à la superficie du grain. L'intérieur en est bon ; aucune des parties constituantes n'est endommagée. Il n'en est pas de même du premier ; la moisissure, la fermentation, les insectes, ont pénétré l'intérieur. Il suffit, pour en juger, de le porter sous le nez, ou de le mâcher pour s'en assurer. La matière

(23)

farineuse qu'il renferme, offre une couleur terne qui décèle assez sa détérioration.

O B S E R V A T I O N S.

Si l'on ne peut avoir trop de défiance à l'égard des moyens proposés, pour nettoyer et corriger le vice intérieur d'un grain détérioré, il faut être également bien circonspect sur le prononcé de ces hommes à systêmes, qui, consultés sur cette matière, cherchent en même temps à appliquer leurs sophismes, qu'ils nomment doctrine, aux objets qui ont un rapport direct avec la santé.

On ne peut et on ne doit juger sainement de la bonne ou de la mauvaise qualité des blés, qu'après les avoir vus dans les différens états, les avoir examinés dans toutes les saisons, et les avoir suivis jusqu'au moulin et chez le boulanger. Or, c'est cette expérience acquise qui nous autorise à donner ce conseil, relativement à une question toujours délicate, toujours importante, et sur laquelle il est dangereux de prononcer trop promptement.

Quant aux blés gâtés, on ne sauroit les rétablir par aucun spécifique ; mais quelque soit l'état vicié où ils se trouvent, il ne faut pas absolument les proscrire, et les regarder comme entièrement perdus ; ce qui est souvent arrivé d'après le rapport de ces prétendus savans, dont les assertions, dénuées de toutes preuves, n'ont souvent servi qu'à jeter l'alarme sans remédier au mal. Nous le répétons : à quelque degré d'altération que soient parvenus les grains, comme l'amidon en est la partie la plus considérable et la moins corruptible, au lieu de les jeter à la rivière, il vaut mieux en retirer cet amidon, puisque le surplus peut servir encore sans aucun inconvénient à la nourriture des bestiaux et à l'engrais des porcs; et cela avec d'autant plus de sécurité, que l'amidonnier, forcé souvent d'employer dans sa fabrique les meilleurs grains, les fait gâter pour en extraire l'amidon, et que leurs autres principes fermentés et à demi décomposés, sont dans tous les temps la ressource des bestiaux.

Que de grains de bonne qualité entièrement perdus par la négligence punissable des régisseurs ! L'ignorance est souvent moins coupable que la paresse ou la cupidité. Les propriétaires qui ne peuvent inspecter par eux-mêmes les hommes qu'ils chargent de leurs greniers, devroient bien, à leur défaut, les faire inspecter par quelques personnes de confiance.

Si l'on considère que rien n'est capable de représenter le blé, et que dans un temps de disette l'or même n'a presque aucune valeur à côté du grain, peut-on s'empêcher d'être révolté contre ces négligences affreuses, qui, dans les circonstances où l'on n'a que le nécessaire, exposent à des malheurs sans nombre ?

Nous

Nous réclamons, au nom de la justice et du bien public, l'œil vigilant des Magistrats et des Administrateurs chargés de veiller à la conservation de la subsistance première ; nous ne cesserons de leur représenter que la nature peut sans doute donner des produits en grains de médiocre qualité, mais que rarement ils sont capables de préjudicier à la santé, surtout lorsqu'ils ont été soignés par des procédés bien entendus. Cependant si les négligences ou les méthodes vicieuses ont augmenté les défauts qu'ils avoient déja au moment d'en faire la récolte, il ne faut pas se hâter de porter hautement un arrêt de proscription, que l'on n'ait consulté les ouvrages des physiciens patriotes, qui ont traité avec le plus de clarté ces objets importans ; il faut faire essayer en silence et sous ses yeux, les moyens qu'ils indiquent, pour s'assurer par soi-même si les grains et les farines suspectés peuvent servir encore de nourriture sans aucun inconvénient. Si enfin après avoir réuni les lumières d'observateurs habiles sans préjugés, parfaitement instruits du degré d'altération des grains, des causes multipliées qui les ont gâtés, et des effets qu'ils peuvent produire dans cet état ; si après ces sages précautions ; il reste encore de l'incertitude, il ne faut plus balancer à rejeter de pareils grains de la masse des subsistances, mais ne les perdre jamais de vue jusqu'à ce qu'ils aient le caractère et la forme sous lesquels ils peuvent encore devenir une ressource pour la chose publique.

ARTICLE VI.

DU NETTOIEMENT DES BLÉS.

Avant de parler des moyens de nettoyer le blé, et de le mettre en état de se conserver long-temps sans altération, il convient de remonter aux sources qui le rendent souvent mal-propre et d'une garde difficile, quelquefois même dangereux dans l'usage économique : car la négligence des précautions, lors des semailles et de la récolte, augmente les difficultés qu'on rencontre pour se procurer, malgré les efforts réunis, des blés nets et purs. Cependant la nature livre presque toujours ses présens dans le meilleur état : c'est à l'homme à employer ce que l'expérience et l'observation ont dévoilé de plus essentiel pour en tirer le parti le plus avantageux.

Il est utile de se rendre attentif aux circonstances qui ont précédé et suivi la récolte, puisque de cette attention, résultent nécessairement l'efficacité, l'insuffisance ou la nullité des moyens mis en œuvre pour en assurer les produits. Loin donc que cet objet soit un hors-d'œuvre, il paroît indispensable de le traiter ici ; le laboureur ne doit pas être oublié dans un mémoire destiné à remplir le but auquel aboutissent tous ses travaux.

Ce n'est pas, il est vrai, un ouvrage d'agriculture que les Etats ont demandé. Aussi nous abstiendrons-nous de parler de la culture du blé en général, de la nature des terres qui conviennent à chaque espèce de grains en particulier, des instrumens aratoires, des engrais que les terres éxigent, ni des autres détails concernant l'opération des semailles. Ces objets sont traités séparément sous le mot propre de chaque espèce, dans le *Cours complet d'Agriculture*, par M. l'Abbé *Roʒier*; ouvrage. qui justifie pleinement le titre qu'il porte, et qu'on peut compter dans le petit nombre des bons livres de ce siècle. Nous y renvoyons d'autant plus volontiers, que le savant estimable qui en est l'auteur, habite le Languedoc, et qu'il paroît s'être attaché particulièrement à éclairer toutes les méthodes usitées dans cette province.

ARTICLE VII.

DES SEMAILLES.

Quoique l'on sache de temps immémorial que les blés échauffés ou retraits, qui ont mûri sans se remplir de farine, germent et poussent très-bien, et qu'étant moins chers, il y auroit du bénéfice à les em-

ployer en qualité de semences, il est prouvé cependant
que, toutes choses égales d'ailleurs, ces grains chétifs
produisent assez constamment une paille moins nourrie, des tiges moins hautes, des épis moins nombreux
et des grains moins gros. Ecoutons ce que dit *Olivier
de Serres*, dans son article des semences :

« L'élection des bonnes semences est l'un des plus
« importans articles du gouvernement des terres à
« grain ; car quelle cueillette que misérable pouvez-
« vous espérer des bleds mal qualifiés, semés en vos
« terres, quoique bien labourées? Ceci donne coup à
« notre mesnage ; doncques nous y regarderons curieu-
« sement, afin que choisissant les bonnes semences,
« nous puissions tirer profit et honneur de nostre labou-
« rage. Pour un préalable, considérera le père de
« famille quels sont les grains qui mieux fructifient en
« son terroir, pour les préférer à tous autres ; et suiuant
« les précédens enseignemens, ensemencera tousiours
« sa terre de grains que plus gaiment elle produit :
« jamais de ceux qu'elle refuse, et encore que ses grains
« soyent beaux, bien nets et bien nourris, si es-ce que
« tousiours, ne s'en doit-il servir pour semer ; ainsi
« s'en doit fournir quelquefois d'ailleurs, pour le profit
« que la mutation a accoustumé de rapporter, selon le
« commun desir de toutes choses qui se délectent en
« diversité, ce qui notoirement se recognoist en ceste

« action ; car la terre se resiouit d'estre ensemencée
« d'autre bled que du sien propre ; et au contraire ,
« se fasche de la continuation des semences nées en
« elle-même , s'y abâtardissant à la longue , quelque
« bonté qu'aye le fonds , et ce tems plus-tost et plus
« fort que le terroir se trouve plus humide. »

Il est certain que les cultivateurs instruits par l'expérience et par l'observation , n'épargnent jamais rien sur
la semence ; qu'ils ont soin de la renouveler de tems
en tems : toujours ils y emploient le grain nouveau le
plus pur, le plus net, et font ensorte de le jeter en
terre aussitôt qu'ils le peuvent, selon cette maxime de
l'antiquité :

> Si tu veux bien moissonner,
> Ne crains de trop tôt semer.

On connoît les avantages des semailles précoces,
et combien les riches moissons dépendent de la quantité de racines que les fromens prennent avant et pendant l'hiver , ce qui explique en même tems pourquoi
les pays froids sont si fertiles en grain, malgré le désa-
vantage apparent de leur climat.

Mais à quoi serviroient tous les soins pour n'employer qu'une semence d'élite , et pour la répandre de
la manière la plus favorable à sa reproduction , si,
portant avec elle un principe de contagion capable
d'empoisonner et de salir le blé le plus net et le plus

sain , on ne recouroit en même tems à une opération préliminaire pour l'en garantir : cette opération ne semble point être exécutée, du moins comme il convient, dans tout le Languedoc, puisque la province n'a pas été épargnée plus que les autres, de la carie, maladie, qui, cette année, a diminué dans certains cantons les récoltes d'un tiers.

ARTICLE VIII.

DES INCONVÉNIENS QUI SURVIENNENT AU BLÉ PENDANT QU'IL VÉGÈTE.

Le froment est souvent exposé à l'action de plusieurs causes, qui, pendant qu'il croît , dérangent son économie d'une manière sensible ; les unes, selon l'époque où elles se présentent , interrompent plus ou moins le cours de sa végétation ; les autres se manifestent dès le premier développement, vicient et détruisent son organisation : ainsi, dans le premier cas, le grain conserve sa forme extérieure et sa couleur ; il peut encore servir à la nutrition et à la reproduction : dans le second cas, au contraire, il est entièrement défiguré ; le germe et la matière farineuse sont absolument décomposés ; et par conséquent il est incapable de nourrir et de germer, ce qui doit nécessairement faire distinguer les inconvéniens qui arrivent au fro-

ment, lorsqu'il est sur pied, en accidens et en maladies.

Accidens du Blé.

L'accident le plus redoutable pour le froment , et qui
affecte également tous les graminées, ainsi que beaucoup d'autres végétaux, c'est la *rouille*. Cet accident
survient presque toujours aux plus beaux blés, à l'instant précisément où ils sont dans une vigoureuse végétation. Les Ecrivains sacrés et profanes de l'antiquité en ont fait mention sous le nom de *Rubigo*.

Il règne quelquefois au mois de mai une humidité
chaude, qui, dilatant le tissu des feuilles et les chalu-
meaux, donne occasion à l'épanchement d'un suc muci-
lagineux, qu'on nomme le *miellat*. Cette liqueur, par
sa consistance et sa ténacité, bouche les pores de la
plante, intercepte et arrête sa transpiration, d'où il
suit que le grain est presque réduit à rien.

Quand il arrive tout-à-coup de grandes chaleurs,
lorsqu'on est encore éloigné du tems de la moisson,
la tige du froment, au lieu de grossir, se dessèche;
les grains mûrissent trop promptement, ils n'ont pas
le tems, par conséquent, de se remplir suffisamment
de farine.

Si, pendant la floraison, il tombe des pluies abondantes, accompagnées de vents et d'orages, les poussières des étamines sont délayées, dissoutes et entraînées, ensorte que le froment qui n'a pas été fécondé, demeure petit et vide.

La grêle occasionne du dommage aux fromens, en hachant les épis, et produisant dans la pièce où elle se répand un froid glacial, qui suspend pendant un tems la végétation, pour laquelle il faut toujours une chaleur douce et continue.

Les vents impétueux font un tort considérable au froment, en le faisant verser; la tige plus ou moins ployée, souffre une espèce d'étranglement: la sève interrompue dans son cours, ne monte plus jusque dans l'épi; et le grain, s'il n'est pas encore bien avancé, prend peu de nourriture, et demeure imparfait.

On sait encore qu'une pluie froide et continuelle, pénétrant dans la texture du grain en lait, se combine avec les parties constituantes, leur fait occuper plus de volume, d'où il résulte que le froment est bouffi et léger, à cause de l'abondance de son écorce, et de la petite quantité de farine, qui n'est pas de garde.

Enfin si cette pluie dure plus long-tems, qu'elle se prolonge jusqu'au moment et même après la moisson, le froment, au lieu de se perfectionner dans la gerbe, et d'achever sa maturité à la grange, s'échauffe, et germe au milieu des champs.

Un

(33)

Un autre fléau non moins terrible à appréhender,
ce sont les animaux ; objet bien digne de former un
article particulier.

ARTICLE IX.

MOYENS DE DIMINUER LES ACCIDENS DU BLÉ.

Il y a quelques accidens donton pourroittrouver dans
les circonstances qui les accompagnent, les moyens
de diminuer les effets, en usant de certaines précautions pour les empêcher d'exercer toute leur activité.

Comme la rouille arrive assez ordinairement par un
tems calme, on a imaginé d'agiter le blé à la faveur
des cordages pour empêcher les brouillards prétendus, de déposer ce qui forme cet accident : sans doute
que par le moyen de cette agitation, on détermine la
liqueur extravasée à s'étendre et à couler. D'ailleurs les
secousses imprimées aux plantes par l'action des vents,
leur sont quelquefois très - nécessaires ; elles facilitent
la circulation de la sève, et sont, comme le remarque
M. *Toaldo*, à l'égard des végétaux, ce qu'est l'exer-
cice pour les animaux.

Quoique la pluie enlève très-visiblement les germes
de la rouille, il seroit ridicule de proposer d'arroser
les feuilles des grains qui en auroient éprouvé la mau-

E

vaise influence , parce que ce conseil ne conviendroit
qu'à un particulier possesseur d'un petit champ , et
ayant suffisamment d'eau à sa disposition. Mais M. *de
Châteauvieux* prétend qu'en coupant les feuilles rouil-
lées , 'il en poussera de nouvelles , qui prospéreront
mieux que si on ne faisoit pas ce retranchement; ce
qui ne peut être, il est vrai , employé que dans le cas
où la rouille attaqueroit ces blés en automne , ou
de bonne heure au printemps.

Comme les terres dans lesquelles on a rendu trop considérable l'engrais du parcage , sont plus sujettes à
cet accident que d'autres , on devroit laisser les trou-
peaux moins de temps dans le parc , ou lui donner
plus d'étendue , ou y renfermer moins de bêtes à laine :
par cette attention , non-seulement on évitera la rouille
dans les années où elle a lieu ; mais on empêchera
encore les grains de verser , inconvénient aussi fâcheux
que la rouille : il faut encore que les cultivateurs aient
soin de ne pas faire couper les premiers , les fromens
qui ont souffert de la rouille , afin que , s'il vient à
pleuvoir pendant la moisson , la paille soit lavée , et
que les grains en deviennent plus ronds.

Les accidens causés par la trop grande fertilité des
blés , ont mérité aussi de fixer l'attention d'*Olivier
de Serres* : voici un des moyens qu'il propose pour les
prévenir.

« Si par là fertilité du fonds et bénéfice du Ciel,
« vos bleds s'aggrandissent par trop, en danger, versans
« par terre, de ne pouvoir grener, il y a deux moyens
« pour leur abattre tel orgueil, c'est de les *tondre*, et
« faire paître au bestail, se servant au besoin de l'un
« ou de l'autre. Ce remède se doit tousiours employer
« en tems sec, jamais humide, afin que, par le tré-
« pigner des hommes et des bêtes, on n'enfonce la
« terre molle au détriment des bleds : aussi le plus
« tôt est le meilleur, afin que prenant les bleds encore
« endormis, on ne détourne leur course, comme l'on
« feroit en retardant par trop. Ce sera donc devant Noel,
« ou pour plus grand délai, pour tout le mois de Jan-
« vier ; s'il escheoit de faire manger les bleds au bes-
« tail, que ce soit plus tost à menu qu'à gros, pourvu
« que ce ne soient pourceaux, auxquels raisonnable-
« ment l'entrée est tousiours défendue, à cause du
« dégast qu'ils y font avec leur groin, fouillant indiffé-
« remment toute terre. Depuis les semences jusqu'alors,
« n'est requis faire autre dépense à vos bleds, que la
« susdite, ne de-là jusques à leur maturité, que d'avoir
« soin que les eaux des pluies n'y croupissent jamais. »

Ne pourroit-on pas encore trouver dans la manière
de recueillir le froment, les moyens de mettre ce grain
à couvert de l'humidité qui lui fait tant de tort, et
d'empêcher que les pluies qui tombent pendant et après

ia moisson „ ne pénètrent dans l'intérieur, n'affoiblissent les propriétés des parties constituantes, et ne leur
donnent la disposition prochaine à germer et même
à se gâter ? Ce moyen bien simple, consiste à mettre
le blé en petites meules sur le champ même où on
l'a récolté, et aussitôt qu'il a été scié. Nous en ferons
mention, parce qu'il influe directement sur la conservation du blé.

Mais nous sommes bien éloignés de croire que, malgré tous les efforts de l'art, on puisse jamais garantir le grain une fois développé des accidens qui
dépendent entièrement de l'atmosphère. Comment
en effet empêcher les dégâts de la grêle, des vents,
de la pluie et de la sécheresse ? heureusement les cultivateurs sont dans une position moins critique, à
l'égard des maladies du blé ; ils peuvent, moyennant
quelques précautions, s'en préserver.

ARTICLE X.

DES MALADIES DU BLÉ.

Long-temps les maladies des grains ont été désignées
sous les noms vagues et généraux de pourriture, de
nielle, etc. ce qui a jeté une confusion étonnante
parmi les auteurs qui ont écrit sur cet objet important
de l'économie rurale. Mais selon la remarque judicieuse

de M. *Tillet*, qui a le plus contribué à débrouiller ce chaos. Pour parvenir à la connoissance exacte des maladies des plantes, il est nécessaire de les bien étudier, chacune en particulier, de se rendre attentif aux symptômes qui leur sont propres, et de ne pas s'arrêter à certains accidens extérieurs pour établir entre elles des analogies.

Les maladies principales qui attaquent le blé, sont de trois espèces ; savoir, le *rachitisme*, *le charbon & la carie*. Il ne s'agit pas, comme dans les accidens dont il vient d'être question, d'une simple altération de la paille, de la maigreur des épis, de la petitesse des grains et de leur germination ; c'est une monstruosité particulière qui annonce la perte du grain avant sa formation ; c'est un épi qui n'est composé que d'une poussière noire, et sèche, sur laquelle on diroit que le feu a exercé son action ; enfin c'est un grain qui conserve jusqu'à la moisson sa forme extérieure, mais qui, au lieu de se trouver rempli d'une substance blanche et inodore, ne contient plus qu'une matière pulvérulente, grasse, noirâtre et infecte, enfin une vraie peste des semences.

La plus redoutable de ces maladies, c'est la *carie* : les phénomènes qu'elle présente, sont entièrement différens de ceux du *rachitisme* et du *charbon* : ses suites sont aussi plus dangereuses, parce qu'elle paroît plus uni-

versellement et plus abondamment répandue ; quoiqu'on la distingue avant le mois de février, les progrès de la végétation n'en sont cependant point
retardés ; la tige est droite et élevée, les feuilles sont
communément sans défaut ; mais à peine la floraison
est-elle établie, que les épis cariés se font connoître
par une couleur verte, les balles sont plus ou moins
tachées de points blancs ; les grains acquièrent un
volume plus considérable que dans l'état naturel, la
couleur est d'un gris sale, tirant un peu sur le brun ;
enfin l'enveloppe est mince et moins forte.

Si on écrase le froment carié, on le trouve rempli
d'une poussière noire qui exhale une odeur de poisson
pourri ; cette poussière, vue au microscope, n'offre
aucun mouvement animal ; c'est un amas de globules
transparens, assez égaux entre eux ; mais étant répandue sur un grain parfaitement sain, elle le pénètre
lorsqu'il commence à s'amollir, impregne de son poison
le germe naissant, et perpétue dans la plante le venin
subtil dont elle est le principe ; telle est la cause de la
carie, que l'on auroit peut-être, sans la découverte de
M. Tillet, attribué long-temps aux intempéries de l'air,
aux brouillards, à la nature et à l'état des fumiers,
aux rayons du soleil, aux influences de la lune, et à
quelques autres raisons semblables, aussi peu fondées.

La carie, si terrible dans son origine, devient moins

pernicieuse pour la semence, à mesure qu'elle vieillit ; mais il y a toujours lieu de présumer qu'elle ne se forme pas d'elle-même, qu'elle est un mal étranger à nos climats, et qu'elle n'y règne que par contagion.

Observations.

Pour se convaincre que les maladies du froment résident dans la semence, et qu'elles ne sont pas l'ouvrage de l'atmosphère, du terrain, ou d'une des parties constituantes détruite ; il suffit d'observer que, dans le même champ, sous le même ciel, et parmi plusieurs espèces de blés appartenantes à différens particuliers, il y en avoit la moitié infectée, tandis que d'autres en offroient à peine un épi. Il suffit de voir que le dérangement des parties organiques de la plante est décidé avant qu'il soit possible d'appercevoir ce qui peut l'avoir occasionné.

Un phénomène assez particulier, c'est que la *carie* contagieuse pour le blé, ne le soit point pour les autres grains de la même famille. Cependant on vient de nous adresser d'un des bons cantons de la Brie, une espèce de froment que l'on prétend peu ou point susceptible de la *carie*. Nous nous sommes fait un devoir de le présenter aussitôt à la Société Royale d'Agriculture de la Généralité, qui a nommé des

commissaires pour s'assurer si , en inoculant la maladie à un grain sain , c'est-à-dire en le saupoudrant
de noir , il échappera au virus épidémique ; nous
attendrons en silence que l'expérience ait prononcé
sur ce phénomène , dans la crainte de rappeler ici
l'histoire de la dent d'or, trop souvent renouvelée de
nos jours.

Outre les accidens et les maladies auxquels le
blé est sujet pendant sa végétation , il peut y avoir
encore d'autres circonstances qui donnent lieu à des
états particuliers du grain. Il en est de même des animaux , dont les maladies principales sont connues,
et les variations infinies. Cela ne doit pas empêcher
de chercher les moyens de prévenir celles dont on
a découvert la nature et l'origine.

ARTICLE XI.

DU CHAULAGE CONSIDÉRÉ COMME PRÉSER-
VATIF DES MALADIES DU BLÉ.

De toutes les compositions prescrites dans les différens traités relatifs aux détails de la vie champêtre ,
pour garantir le blé des maladies qui l'affectent, depuis
l'instant qu'il germe, jusqu'à son parfait développement, il n'en est point dont le succès ait été constaté
par un plus grand nombre de faits avérés, qu'une lessive
de

de cendres, animée par la chaux vive : nous la décrirons, après avoir indiqué le choix des ingrédiens qui la composent.

De la Chaux.

Comme le tems des semailles est précisément celui où l'on cesse de bâtir, et qu'alors on ne peut se procurer aisément de la chaux, nous ne saurions trop recommander aux cultivateurs de s'en pourvoir de bonne heure, et de la tenir dans un tonneau fermé jusqu'au moment où l'on doit en faire usage. Si elle étoit ce qu'on nomme vulgairement *morte* ou *effleurie*, elle n'en seroit pas moins bonne ; mais en supposant qu'elle soit naturellement de mauvaise qualité, il faudroit en augmenter les proportions.

Des Cendres.

Les meilleures proviennent du bois neuf : elles contiennent 10 livres de sel par quintal, et sont alors réputées de bonne qualité. Celles qui résultent de la combustion des plantes, telles que les tiges du maïs, du sarrazin, des féves, des navettes, etc. peuvent être employées au même usage, avec la précaution d'en augmenter et d'en diminuer la quantité à raison du plus ou moins de matières salines qu'elles contiennent.

F

Si l'on manquoit de cendres, ou qu'on ne pût s'en procurer qu'à un prix excessif, on auroit recours à la potasse, à la soude et aux cendres gravelées; dans les pays vignobles, au marc du raisin, aux lies du vin même, après en avoir extrait l'eau-de-vie par la distillation : on obtiendroit, en les brûlant, des cendres propres à composer la lessive. Celles de houille ou charbon de terre, et de tourbe, ne conviennent nullement à cet usage.

Préparation de la Lessive.

On se sert, pour cette préparation, d'une cuve destinée à couler la lessive ordinaire : l'ouverture à laquelle on est dans l'usage d'adapter un tuyau, quand on veut conduire l'eau dans la chaudière, doit être fermée. On met au fond de la cuve quelques morceaux de bois qui s'entrecroisent; on recouvre le tout d'un drap de toile forte qui doit déborder la cuve, et au travers duquel l'eau seule puisse passer : on y met de la cendre et de l'eau qu'on y laisse pendant trois jours, ayant soin de remuer de tems en tems le tout avec un bâton; on débouche ensuite le trou qui avoit été fermé; on y place un tuyau, au moyen duquel l'eau est conduite dans une chaudière qu'on a mise sur le feu : chaque fois que cette chaudière est remplie, on en renverse l'eau dans la cuve, en remuant plusieurs fois la cendre, jusqu'à ce que le tout soit entièrement chaud comme une lessive de linge : alors, au lieu de remettre l'eau de la chaudière dans la cuve où est la cendre, on la verse dans une cuve vide ou dans des tonneaux ; lorsque la première ne contient plus qu'une petite quantité d'eau, on en renverse une partie qu'on fait bouillir dans la chaudière, et dans laquelle on jette de la chaux vive. Pour favoriser sa dissolution et son entière division, on mêle cette eau de chaux avec l'eau qu'on a déja retirée de la cuve : la cendre qui reste dans le drap après cette opération, ne peut plus servir ; il en faut de nouvelle, si l'on veut préparer une autre lessive.

Les eaux qui ont servi à lessiver le linge, tiennent encore en dissolution assez de sel pour suppléer aux lessives que l'on propose : on pourroit les réserver pour le chaulage, et y ajouter, si on le jugeoit à propos, une petite quantité d'un des sels nommés.

Quantités proportionnelles des ingrédiens qui doivent composer la lessive.

La quantité de ces différens ingrédiens doit être proportionnée à la qualité des cendres, de la chaux, et à l'état de la semence ; en général pour la préparation de 60 boisseaux de grains il faut :

d'eau . . . . 200 pintes,
de cendres de bois neuf . . . 100 livres,
de chaux vive . . . . 15 livres.

Dans la vue de ne rien oublier, on observera que, lorsqu'on se sert de vaisseaux plus ou moins grands, il faut augmenter ou diminuer proportionnellement la quantité d'eau, de cendres et de chaux qui doivent entrer dans la lessive.

Lavage à l'eau.

Il est prudent de laver à grande eau la semence, avant de la plonger dans la lessive, quand bien même le grain paroîtroit net ; parce qu'il peut quelquefois, malgré cette apparence saine, être taché de poussière de carie, qui échappe à l'œil le plus exercé. Cette précaution, lorsque le blé est moucheté, détruit l'adhérence de la poussière noire, et facilite la séparation des grains cariés ou vides.

On pourroit cependant éviter de faire ces lavages dans les pays où l'on n'est pas à portée d'une rivière ; mais il faudroit y suppléer par des immersions multipliées du grain dans la lessive : car c'est à tort, que l'on prétend qu'il suffit pour s'opposer à la contagion, de ne renouveler l'eau qu'autant qu'elle est chargée de noir ; l'expérience dément cette assertion. En effet, on ne sauroit enlever entièrement la carie, et préserver le grain des atteintes de cette maladie, qu'en faisant succéder aux lotions d'eau simple la lessive proposée.

Emploi de la lessive.

Lorsque la lessive aura acquis un degré de chaleur, tel que la main puisse la supporter, on versera le froment déja lavé dans une corbeille d'un tissu peu serré, et qui ait deux anses relevées. On la plongera à plusieurs reprises dans cette lessive ; on remuera le grain avec un bâton ou une palette de bois, pour qu'il soit mouillé également ; on soulèvera la corbeille pour la laisser égoutter sur le cuvier ; puis on étendra ce grain sur des tables pour le faire sécher promptement : on remplira les corbeilles de nouveau grain, pour recommencer la même opération, jusqu'à ce que les·60 boisseaux aient subi cette préparation, observant de remuer chaque fois, avec un bâton, le fond du cuvier ; de cette manière, chaque grain se mouille et s'imprégne de lessive. Il n'existe pas de méthode capable de mieux remplir l'objet qu'on se propose ; et c'est la seule qui doive mériter la confiance du fermier.

Précautions essentielles après l'emploi de la lessive.

La semence suffisamment pénétrée de lessive, ne doit pas être déposée dans un endroit où il y auroit du blé moucheté, en supposant même que cet endroit eût été nettoyé exactement, parce qu'elle y contracteroit bientôt le principe de la maladie. Il est très-prudent de laver à grande eau les sacs qu'on soupçonne d'avoir contenu du blé carié, ainsi que les corbeilles, et de les passer même à la lessive.

On doit encore avoir la précaution de n'employer les pailles de froment moucheté, ainsi que les criblures des granges et des greniers, qu'après avoir été entièrement consommées. L'eau des lavages, la lessive qui a servi aux immersions, ne doivent pas non plus être jetées sur les terres à blé, ni sur le fumier qu'on se propose d'y répandre; car elles pourroient propager la contagion. Enfin, on ne sauroit le répéter assez, rien n'est indifférent sur cet objet, et la plus légère inaction peut tirer à conséquence.

C'est, suivant toute apparence, à la négligence de quelques-unes de ces précautions accessoires, et cependant indispensables pour la destruction totale du noir, que doit être attribué le succès incomplet dont se plaignent quelquefois les cultivateurs qui emploient la lessive. En redoublant d'attention , ils ne formeront plus de doute sur l'efficacité d'une méthode qui peut être regardée comme le spécifique infaillible de la maladie dont il s'agit.

Prix de la lessive.

Quoiqu'il doive varier suivant les différens cantons, il est cependant facile d'en faire l'évaluation générale.

Le boisseau de cendres vaut communément 6 sous; et cinq boisseaux forment à peu près les cent livres pesant qu'on a prescrites pour une lessive : ce qui fait pour cet objet 1 liv. 10 sols. La livre de chaux coûte environ 8 deniers ; il en faut quinze livres sur cent de cendres ; ce qui, pour la chaux , fait la modique somme de 10 sous ; et un total de 40 sous pour soixante boisseaux de froment : d'où il résulte que les frais ne sont, pour chaque boisseau de grain, que de huit deniers, sans y compter ceux du bois avec lequel on chauffe la lessive ; mais outre qu'on peut substituer au bois des combustibles moins chers, la dépense est encore si modique, qu'elle doit être comptée pour rien, relativement aux avantages du chaulage, considéré comme préservatif des maladies du froment. .

Matières qu'on peut substituer à celles qu'on fait entrer dans la lessive.

Les cultivateurs à portée de se procurer facilement de l'eau de mer, peuvent s'en servir au lieu de lessive, ainsi que l'eau des puits salés, pourvu qu'ils aient le plus grand soin d'en proportionner la dose à la plus ou moins grande quantité de sel qu'elles contiennent. Dans tous les endroits où le sel est marchand, il sera facile de s'en procurer ; il suffit d'en dissoudre quelques livres dans une quantité proportionnée d'eau bouillante, et d'y étendre ensuite de la chaux. On imprégne la semence de cette liqueur, comme on le pratique pour la lessive ordinaire.

L'urine et les fientes en putréfaction, la colombine, l'eau de fumiers, celle des marres, peuvent aussi remplacer les cendres ou les matières salines qu'elles contiennent ; mais dans ce cas-là il est toujours nécessaire d'employer la chaux dans les proportions indiquées.

OBSERVATIONS.

Nous osons espérer que les cultivateurs du Languedoc, forcés sans doute cette année d'employer plus de précautions

cautions qu'ils n'en prennent communément pour leurs semailles, sentiront par le succès qu'ils en obtiendront, les avantages de ne plus livrer dorénavant la semence au hasard des plus fâcheuses conséquences ; que plus éclairés sur leurs véritables intérêts, ils seront bien convaincus que dans leurs foyers ils ont un moyen certain de mettre le froment à l'abri du *noir*, sans être obligés d'augmenter les dépenses en labours et en engrais, sans rien changer aux pratiques adoptées et suivies dans les différens cantons qu'ils habitent ; qu'enfin ils n'auront plus rien à redouter de cette maladie qui, commme on ne l'éprouve que trop souvent, fait perdre un quart de la récolte, en même temps qu'elle diminue la valeur réelle de la portion des grains échappée à la contagion de cette peste des semences.

Pour déterminer les habitans du Languedoc à employer toujours ce moyen, préservatif des moissons, les États pourroient en ordonner un essai authentique dans chaque canton de la province, avec l'appareil propre à échauffer tous les esprits. Il seroit même utile d'en répandre la connoissance par la voie de l'impression, dans l'Almanach et les affiches du pays. Enfin les Curés des villages devroient, à l'approche des semailles, en faire le sujet d'une instruction pastorale à la portée des gens de la campagne ; laquelle s'alliant avec les pré-

G

ceptes de l'économie rurale, produiroit plus d'effets que le traité le plus clair et le plus abrégé.

ARTICLE XII.

CHAULAGE CONSIDÉRÉ COMME ENGRAIS DES SEMENCES.

Quand on seroit bien assuré, d'après l'expérience, que le grain employé comme semence n'auroit pas à sa superficie la plus légère tache capable de faire craindre les effets nuisibles de la carie, la préparation ci-dessus décrite n'en deviendroit pas moins utile, parce que indépendamment qu'elle le préserve de cette maladie, elle lui sert d'engrais. Le blé dont la complexion est délicate, étant recouvert et fortifié d'une enveloppe grasse et savonneuse, germe et mûrit plus vîte, résiste davantage aux intempéries, est plus productif, et fournit des grains de la plus excellente qualité.

Ce n'est pas que depuis long-temps on ne soit assez généralement dans la louable habitude d'arroser la semence avec du lait de chaux plus ou moins épais, avant de la confier à la terre. Mais pour recueillir tout le fruit de cette opération, il faut l'exécuter avec plus de soins et de méthode qu'on n'en emploie ordinairement, sans quoi il n'en résulte que des effets médiocres.

Application du Chaulage-engrais.

On laissera séjourner, l'espace de vingt-quatre heures, le blé de semence dans l'eau de chaux, à laquelle
on aura ajouté des fientes d'animaux, des eaux de fumier, enfin tout ce qu'on pourra se procurer de matière putréfiée. Le grain ainsi trempé sera exposé à l'air
assez de temps pour qu'il soit parfaitement imprégné,
et qu'il puisse glisser aisément dans la main du semeur.

Effets du Chaulage-engrais.

Il est facile de concevoir que la semence pénétrée
de toute l'humidité visqueuse qu'elle peut absorber et
retenir à sa surface, se développe beaucoup plus promptement ; et qu'ayant acquis par ce moyen une saveur
âcre, caustique et amère, elle devient moins aisément
la proie des animaux destructeurs ; aucun grain n'est
perdu en terre ; tous donnent des épis forts et vigoureux, sur-tout si à cet avantage on ajoute celui de
semer clair et assez profondément.

Mais les effets du chaulage, soit comme préservatif
des maladies des blés, ou en qualité d'engrais des
semences, sont bien connus des cultivateurs éclairés.
Ce moyen approuvé par la saine physique et par l'expé-

rience, doit être distingué de cette foule de recettes bi-
zarres, de ces poudres ou essences prolifiques, pompeu-
sement vantées par des ignorans comme des prodiges
de fécondité. Que ces recettes ridicules soient bannies à
jamais de nos livres élémentaires, puisqu'elles peuvent
faire un tort infini aux progrès de l'art et à la fortune
des fermiers! L'agriculture a ses charlatans, comme les
autres sciences; mais elle a heureusement aussi des principes certains. Il importe donc de prémunir les habitans
du Languedoc contre ces hommes à secrets, qui, profitant
de l'enthousiasme des uns, et abusant de la crédulité des
autres, offrent journellement de prétendus spécifiques
plus capables de nuire à la végétation que de la favoriser. Connoissance parfaite du sol, engrais suf--
fisans, labours profonds et répétés, préparation
des semences et économie dans leur distribution,
semailles précoces et enterrées ; voilà les maxi-
mes fondamentales du premier de tous les arts.

Observations.

Dans le nombre des cultivateurs de la généralité de
Paris, qui ont chaulé leurs grains avec succès, d'après
les principes que nous avons exposés, la Société Royale
d'Agriculture a distingué M. *Etienne Chevalier*, son correspondant à Argenteuil. Elle a fait examiner ses terres

par des Commissaires nommés à cet effet, qui en ont
rendu un compte très-favorable à la Compagnie. Ils
ont reconnu que les blés de ce cultivateur distingué
étoient plus beaux que ceux de ses voisins, quoique
semés dans une même qualité de sol et à des expositions semblables. Indépendamment de cet avantage, il
n'avoit pas eu de noir, dans une année où la plupart
des récoltes en ont été infectées ; il a été constaté en
outre que dix pièces, semées à mi-semence, ont rap-
porté un quart de plus que la même étendue de terrain semé à semence entière.

Les auteurs qui ont le mieux écrit sur l'agriculture,
se sont apperçus de la perte et des autres inconvéniens
de la pratique de semer épais. Tous se sont réunis
contre cette mauvaise manière. Etonnés de ce qu'on
perd inutilement une grande quantité de blé, et qu'on
ne recueille que quatre ou cinq pour un, quoique chaque plante produise plusieurs épis, dont le plus médiocre donne au moins dix grains, ils n'ont pas trouvé
d'autre cause que celle de la semence trop abondante,
ni rien oublié pour le démontrer aux cultivateurs
praticiens, qui, aveugles sur leurs propres intérêts,
ne suivent pas moins à cet égard les usages que leur
ont transmis leurs parens, sans vouloir faire attention
que, la semence bien préparée et répandue à une distance uniforme, tous ses grains germent, poussent,

tallent, épient, au lieu que quand la plante est trop rapprochée, les racines se confondent, s'entremêlent, s'affament les unes et les autres; d'où résultent la foiblesse des tiges et la petitesse des grains.

En réclamant contre l'abus de semer trop épais, appuyons-nous des expériences faites en différens endroits, et sur toutes sortes de terres du Languedoc. Elles ont prouvé, de la manière la plus victorieuse, combien cette pratique est défectueuse, en ce que la diminution de la semence a été de plus de moitié lorsque le produit de cette méthode a surpassé l'autre d'un quart et même d'un tiers. Les mémoires où ces expériences intéressantes se trouvent consignées, ont mérité l'approbation particulière des Etats, qui en ont ordonné la distribution dans tous les districts de la province, persuadés que l'épargne sur la semence pourroit adoucir le paiement des tailles et des autres charges, devenir conséquemment pour les pauvres cultivateurs un soulagement, et une grande ressource pour le pays. Mais que peuvent les meilleures vues contre les préjugés et la routine?

Le premier des deux écrits que nous rappelons aux Languedociens, puisqu'ils ont été composés pour leur territoire, a pour titre : *Mémoire sur la meilleure manière d'ensemencer les terres ;* on le doit à M. *de Joubert,* si connu par son amour pour les sciences qu'il cultive, et pour les arts qu'il encourage. L'auteur s'élève avec raison contre deux erreurs bien préjudiciables à l'agriculture : l'ensemencement superficiel et la trop grande quantité de grain qu'on répand. Il prouve que dans la manière usitée de semer, beaucoup de grains demeurant à la surface, deviennent la proie des insectes et des oiseaux ; que se trouvant recouverts seulement par quelques lignes de terre, ils sont encore exposés à toutes les rigueurs de l'hiver ; et qu'en été l'excessive sécheresse et les grandes chaleurs leur préjudicient considérablement. Il n'a rien oublié pour établir qu'il faut semer clair et enterrer profondément le grain, parce que la plante qui en résulte a deux sortes de racines bien distinctes selon la place qu'elle occupe. Elles sont pivotantes, vigoureuses et pleines de chevelu, lorsque le grain a été enterré à la distance convenable ; traçantes et grêles au contraire, quand la semence a été jetée à la manière ordinaire.

Plus les racines s'étendent, se ramifient, plus elles sont en état de porter le suc nourricier à la plante ; et plus celle-ci acquiert de consistance, plus elle devient productive. Or, si dans un champ semé épais, tous les grains poussent à la fois, les racines doivent se rencontrer, s'entrelacer, se porter obstacle et se nuire mutuellement.

Pour mieux établir ces deux vérités, M. *de Joubert* a

fait connoître la figure de ces racines par une gravure. D'après l'examen des terres légères du bas-Languedoc, il croit que la semence doit être jetée de manière à laisser entre chaque plante un intervalle de cinq à six pouces ; et il propose le semoir imaginé par M. de *Monréal*, qui réunit la commodité à l'économie, puisque d'une part il épargne un semeur, et que de l'autre il espace le grain à une distance uniforme.

Le second de ces mémoires a été publié par M. *Mourgue*, de Montpellier. Il a pour titre : *Essai sur la quantité de semence la plus avantageuse au produit des récoltes.* Surpris également de la trop grande quantité de semence que l'on répand non-seulement de blé, mais de seigle, d'orge, de vesce, de luzerne, etc., il a démontré que cette méthode nuisoit à la végétation du blé, dans l'accroissement des racines, du tuyau et de l'épi. Chacune de ces parties lui a servi de preuves pour faire sentir les avantages de semer clair, comment on peut jeter moins de grain en semant à la main ou au semoir ; l'appréciation de la quantité de semence qui se perd ; celle qui suffiroit ou qùi pourroit suffire à la rigueur.

Suivant les expériences variées et multipliées de M. *Mourgue*, en jetant un setier de semence par séterée de Montpellier, on met huit fois plus de grain qu'il n'en faut. Il fait voir qu'une mine est encore quatre fois plus qu'il n'est nécessaire, c'est-à-dire, trois

fois

fois au-delà de ce qui peut suffire pour les bonnes terres, dont le produit sera de quinze à vingt pour un. Il évalue à la quatrième partie des grains ensemencés, les pertes inévitables, occasionnées par les accidens, les insectes, les oiseaux et autres animaux destructeurs.

Les essais, dit M. *Mourgue*, sont le moyen unique de se convaincre. Que les propriétaires, que les agriculteurs partagent un champ en trois ; qu'une partie soit ensemencée à l'ordinaire, une autre à un tiers de moins, et la troisième à moitié : on se décidera ensuite sur ce qui résultera. Mais les cultivateurs ont eu l'occasion de voir, de comparer même le produit des blés semés clair avec ceux des blés semés épais ; et quoique tout l'avantage soit en faveur de la première méthode, ils ne se corrigent pas, et leurs récoltes ne répondent ni aux peines qu'ils se donnent, ni aux dépenses qu'ils font. Malgré cette obstination de leur part, ne cessons de les solliciter, pour leurs propres intérêts, et de leur mettre sous les yeux les vérités les plus utiles. Il vient un tems où les nuages qui les couvrent, disparoissent sans retour.

C'est sur la plante même du blé, d'après la manière dont elle germe et jette ses racines, que MM. de Joubert et Mourgue fondent leurs préceptes d'ensemencement. Leurs mémoires ne contiennent rien qui ne soit justifié par l'expérience ; ils sont parfaitement bien écrits ; tout y est intéressant ; jamais le mécanisme de la végétation du blé n'a été mieux développé ; et nous ne craignons pas d'avancer qu'aucun savant avant eux n'a traité cette question avec plus de clarté et de précision. Ils méritent donc la reconnoissance de la province et de tous les agriculteurs du monde.

Mais il ne s'agit pas ici d'établir dés règles générales à l'égard de la profondeur à donner à la semence, et de la quantité juste qu'il faut en répandre, puisque les bonnes terres ne doivent pas en recevoir autant que les maigres, qui favorisent moins la talle ; c'est au cultivateur à déterminer lui-même, d'après les principes qu'on lui donne, la proportion de grain qui convient à la nature de son sol, la manière de l'espacer et de l'enfouir, pour qu'il fructifie aussi avantageusement que la saison, la bonté du terrain, et le plus ou moins d'engrais le permettent. En plaçant la semence à cinq ou six pouces, les habitans du Languedoc, comme ceux des autres provinces, pourront se flatter d'éviter une grande partie des inconvéniens qui nuisent à l'abondance et à la qualité des récoltes.

Un autre moyen d'augmenter les récoltes, sans multiplier les travaux et les dépenses, c'est, suivant l'observation de M. *de Genssane*, dans son *Histoire naturelle du Languedoc*, de semer de bonne-heure. Or, voilà précisément ce qu'on ne fait pas, sur-tout dans le bas-

(59)

Languedoc, où l'on attend souvent que les pluies d'automne, qui y sont presque périodiques, soient passées; et il y a des années où l'on trouve à peine le tems de semer avant Noël. La tige, mince et peu nourrie, ne donne alors que des épis mesquins et peu grainés.

Quelque précieuses que soient pour l'agriculture ces observations, nous ne nous permettrions pas de les insérer dans ce mémoire, si, toujours occupés de chercher à concilier aux blés la meilleure qualité, nous n'étions persuadés que la pratique de semer clair et d'enterrer le grain à une certaine profondeur, contribue pour beaucoup à leur donner du poids, et à augmenter l'abondance de la farine. On va voir que cette pratique a encore de l'influence sur la pureté et la netteté des blés au moment de la récolte.

ARTICLE XIII.

DU SARCLAGE.

Nous avons été forcés de remonter jusqu'aux semailles, pour indiquer les causes qui rendent souvent les blés sales et d'une garde difficile. Mais si leur abondance et leur qualité dépendent de la manière dont cette opération a été exécutée; il y a encore d'autres soins qui, négligés pendant le cours de la végétation, peuvent concourir à la malpropreté des grains

H ij

et à leur mélange avec des semences étrangères : il est utile de les indiquer.

Le blé de semence renouvelé, choisi, parfaitement nettoyé et bien préparé, ne sauroit empêcher que les engrais, le vent, ou d'autres causes, ne rassemblent souvent dans les champs des graines étrangères, qui croissent en même tems que le blé ; c'est ce qui détermine cette opération qu'on nomme le sarclage. Elle est exécutée dans les environs de Paris pour toutes les productions, tandis qu'ailleurs on n'en sarcle aucunes.

Il seroit cependant à desirer qu'on fût persuadé plus qu'on ne l'est communément, de l'importance du sarclage, et combien il est essentiel de ne point le négliger, puisque les plantes qui occupent en grande partie la place du bon grain, affament et étouffent celui qui est en végétation, et partagent en pure perte sa subsistance. Outre cet inconvénient, les semences qu'elles produisent, ne peuvent être aisément séparées par le van et par le crible, à cause de leur forme analogue à celle du blé, ensorte qu'elles déprécient d'autant, dans le commerce et dans l'emploi, sa qualité et ses effets.

Il y a des terrains plus ou moins fertiles en mauvaises herbes ; le seigle est quelquefois employé pour les désinfecter, parce que, tallant plutôt, le tuyau s'élève, et l'épi sortant du fourreau long-tems avant elles, il

subjugue les plantes inutiles, les empêche de monter
en grain, et par conséquent de se perpétuer.

Mais la méthode de semer clair et d'enterrer le grain
profondément, a des avantages qu'on ne sauroit encore
trop évaluer ici, sur-tout dans une province où la herse
et le rouleau sont peu employés. En supposant que
la terre soit nettoyée du chiendent et des autres herbes
qui font la loi au grain par la profondeur de leurs racines et par la vigueur de leurs tiges, le blé espacé et
enterré, comme nous l'avons déja dit, sera moins en
proie aux mauvaises herbes qui lèvent au printems. Ses
racines s'étendent, et empêchent celles des autres plantes. Le sarclage alors est facile; et en l'exécutant, on
risquera moins d'ébranler la bonne plante pour arra-
cher la mauvaise.

Comment les Languedociens peuvent-ils continuer
d'être sourds à la voix de l'expérience qui leur crie:
Semez clair, et vous récolterez épais? Il n'y a pas de
méthode qui coûte si peu à mettre en pratique. Vous
ne pouvez qu'y gagner : nul travail de plus, nulle
main-d'œuvre nouvelle, nulle dépense à faire. La plus
grosse perte, la perte la plus réelle et la plus nuisible,
est occasionnée par le blé lui-même, dont les germes
rapprochés s'affoiblissent et se détruisent réciproquement. En vain vous accusez toujours les brouillards,
les rosées, les pluies et le soleil, de tous les mal-

heurs qui arrivent à vos champs : semez clair, le sarclage en deviendra plus facile ; enterrez la semence
profondement , et préparez-la avec une lessive animée par la chaux ; vos blés plus purs et plus nets ne
jauniront, ne noirciront plus. Vos terres aussi bien
préparées et semées qu'elles doivent l'être , qui vous
rapportoient au plus cinq à six-pour un , produi-
ront, avec moins de dépense, sans entraîner plus de
soins, deux fois autant, un grain de meilleure qualité , et beaucoup plus de paille , avantage considérable pour la nourriture des bestiaux et l'engrais des
terres.

Ce cri s'est déja fait entendre dans quelques cantons
du royaume, où l'on commence à sentir la vérité du
proverbe provençal :

Qui seme trop épais, vide son grenier deux fois.

Il faut espérer que bientôt on viendra à bout de convaincre tous les cultivateurs que les maladies des
grains et la médiocrité de leurs produits ne sont nullement l'ouvrage du ciel en courroux ; qu'elles résident
presque toujours dans les semences ; qu'ils ont sous la
main le spécifique pour s'en garantir ; qu'enfin, malgré
les avantages réunis de la saison , pendant les différentes
époques de la végétation, l'abondance et la qualité des

(63)

récoltes se ressentent plus ou moins sensiblement des soins qu'on a pris pour les semailles.

O B S E R V A T I O N S.

S'il est étonnant que les meilleures méthodes ne soient pas suivies dans toutes les provinces, pour semer, cultiver et récolter les grains, il l'est bien davantage que ces méthodes ne soient pas réciproquement connues ; chaque canton a les siennes ; et souvent dans le cercle de quelques lieues, les usages ne se ressemblent point.

On voit, dans le *Cours complet d'Agriculture*, les raisons qui accréditent les unes et les autres de toutes ces méthodes ; l'usage n'en est pas souvent le seul motif. L'auteur estimable de cet intéressant ouvrage assure que si dans le Languedoc, par exemple, il avoit le choix des méthodes adoptées pour couper le blé, il préféreroit celle de la Flandre Françoise, du Hainaut et de l'Artois. Elle consiste à se servir de la faulx proprement dite, armée de playons : c'est l'instrument le plus expéditif, celui qui couche, arrange, étend le mieux les tiges sur le sol, qui égraine le moins l'épi, et coupe les pailles le plus près qu'il est possible.

Les ennemis qui nous restent maintenant à combattre, pour conserver le blé parvenu à maturité, sont les animaux qui s'en nourrissent, et l'humidité qui en accélère le dépérissement. Occupons-nous d'abord du premier objet ; car c'est le plus redoutable fléau dans les provinces méridionales. Nous passerons ensuite à l'examen du second.

Il seroit difficile sans doute de présenter toujours à cet égard de nouvelles vues, après les hommes éclairés en tout genre, qui se sont livrés avec succès à l'étude de l'économie rurale : nous croyons cependant nécessaire de rassembler, dans les articles qui suivent, ce qu'il y a de plus conforme à la saine physique et à l'expérience, sur les moyens de préserver le blé des accidens qui le menacent sans discontinuer. Quand leurs observations, et celles que nous avons eu occasion de faire, ne serviroient qu'à les répandre davantage, elles pourront toujours devenir de quelque utilité.

ARTICLE XIV.

DES ANIMAUX DESTRUCTEURS DU BLÉ.

Les productions végétales ont chacune leurs ennemis particuliers, qui semblent leur déclarer la guerre au moment où on vient de les confier aux sillons, lorsqu'elles se développent et après qu'on les a récoltées. A la vérité, il n'est pas toujours au pouvoir de l'homme de s'en garantir, malgré la multitude des moyens qui lui ont été proposés, toujours faciles et

efficaces

efficaces dans les livres, mais toujours insuffisans dans les champs, à la grange et au grenier.

Les oiseaux, les pigeons fondent sur la semence au moment où on vient de la confier aux sillons, si elle n'est pas assez enterrée, assez recouverte, et qu'elle n'ait pas été trempée dans une lessive qui, en accélérant la germination, puisse encore écarter ces animaux. On détruit les taupes, en jetant dans leurs trous des moitiés de noix, qu'on a fait bouillir dans une lessive ordinaire préparée avec la cendre de bois.

Il faut tendre des piéges aux mulots, et ne pas négliger d'écarter, par des épouvantails, les francs-moineaux, dont le larcin annuel est estimé à près d'un demi-boisseau par chaque tête, sur-tout dans le voisinage des bois ou des lieux habités.

Les cultivateurs n'ont pas seulement à redouter les animaux, tant que leurs grains sont sur pied ; ils doivent encore se mettre en garde contre les souris, qui, dans la plupart des fermes, s'emparent d'un vingtième du blé. Pour arrêter ce fléau, il ne s'agit que de transporter les gerbes d'une grange à l'autre, de se trouver là avec plusieurs chats, d'écraser et d'étouffer à coups de pieds et de bâtons tout ce qui se sauve de leurs griffes ou de leurs dents. On bouche aussitôt les trous qui leur servoient de repaire, ou dans lesquels ils se sont réfugiés lorsque la grange a été bouleversée.

I

C'est un moyen prompt et facile d'exterminer cette engeance si vorace.

On peut faire servir encore les chats à la destruction des rats et des souris, quand ceux-ci ont établi leur domicile dans le magasin ; mais comme les premiers communiquent aux grains une odeur désagréable, par les ordures qu'ils y font, il est nécessaire, avant de leur en permettre l'entrée, de les tenir renfermés plusieurs jours dans un endroit, de les y bien nourrir, de leur distribuer des caisses ou des terrines remplies à moitié de sable ou de cendres. Une fois qu'ils y ont déposé leurs sécrétions plusieurs jours de suite, on place ces vases de distance en distance dans le grenier, et les chats continuent d'y aller.

Il est donc possible de mettre le grain à l'abri des ravages des rats qui le mangent, et des chats qui le gâtent ; mais la chose n'est pas aussi facile quand il s'agit de se garantir de ces essaims d'insectes si redoutables à cause de leur petitesse et de leur voracité, dans un pays chaud sur-tout, où leur génération est énorme.

Si nous n'avions, il est vrai, à combattre les insectes qu'à la grange ou au grenier, on pourroit encore se flatter de leur faire la loi ; mais ils en sortent quelquefois pour aller, au gré des vents, déposer dans les champs sur les pièces de blé leur nombreuse postérité ; témoin la chenille de l'Angoumois, qui dévora, en

1760, les récoltes de cette province, et celle qui s'est montrée dans le Poitou en 1785, qui fit un tort également préjudiciable. Ces fléaux des moissons ne sont heureusement que passagers ; car le mal étant déja produit quand on a pu s'en appercevoir, il est difficile de le prévenir et d'y remédier.

Des insectes à blé.

Il existe beaucoup de recherches et d'expériences sur les insectes à blé. Cependant, malgré le zèle patriotique des Sociétés savantes, qui ont fait de cette question le sujet de leurs prix, il nous en coûte infiniment de déclarer ici que les mémoires qui ont obtenu leurs suffrages, sont encore bien éloignés d'atteindre au but desiré. Rien de ce qui pouvoit satisfaire la curiosité, n'a échappé aux observateurs ; mais tout ce qui concerne les moyens d'en préserver le blé, et de les détruire dans celui qui en est infecté, ne paroît pas avoir été traité avec le même intérêt ; on s'est contenté de rapporter des méthodes déja connues ; leur multiplicité en décèle l'insuffisance et le peu de valeur.

Nous nous dispenserons donc de parler ici des ruses et des manèges que l'on a prétendu qu'ils employoient pour mettre leurs jours en sûreté, et tromper leurs persécuteurs, dans la crainte qu'il n'en soit des insectes à blé comme de ceux à qui on a accordé une intelligence humiliante pour l'espèce humaine, et sur le compte desquels on est obligé de revenir tous les jours. Telle est la fourmi, telle est l'abeille, tels sont encore beaucoup d'autres animaux, qui, vus de plus près par de bons observateurs, montreront toujours la sagesse du Créateur, mais jamais un instinct supérieur à la raison, un instinct qui aille au-delà des lois de la conservation et de la propagation.

De tous les insectes qui font tort aux cultivateurs les plus attentifs, nous ne nommerons que le charançon et le ver à blé, parce que d'une part ils sont les ennemis les plus redoutables du blé dont ils paroissent avoir juré la perte ; et que de l'autre, ce que nous allons en dire, pourra s'appliquer à cette classe d'ennemis.

Dans le nombre de savans qui ont traité du charançon, M. *Joyeuse*, ancien Commissaire de la marine, paroît l'avoir suivi de plus près, et observé le mieux ses mœurs et son allure ; aussi le travail de cet excellent naturaliste a-t-il été couronné par la Société Royale d'Agriculture de Limoges. Nous ne saurions mieux faire que de nous borner à l'indiquer. Quiconque desirera s'instruire à fond des habitudes de vivre de cet insecte, et de la manière dont il se reproduit, ne peut consulter un meilleur ouvrage.

Le ver à blé ne semble pas avoir autant intéressé

que le charançon. Cette espèce d'indifférence viendroit-
elle de l'idée qu'on auroit eu que ce dernier insecte
est moins commun, et que ses ravages ne sont pas
aussi terribles? Cependant il n'y a pas de boulanger
qui n'ait à se plaindre du tort sensible qu'il lui fait
chaque année. A peine est-il éclos, qu'il grimpe à
la superficie du tas de grain, pour former insensiblement une espèce de nappe soyeuse plus ou moins
épaisse.

Moyens d'empêcher le ravage des insectes.

Il est malheureux, sans doute, que les différens
moyens employés jusqu'à présent pour prévenir l'introduction des insectes dans le blé, ou les en chasser quand
une fois ils s'en sont emparés, soient quelquefois dangereux, et par cela même impraticables; que les propriétés merveilleuses attribuées aux fumigations, aux décoc-
tions, aux odeurs fortes, aux exhalaisons suffoquantes,
n'aient jamais eu de réalité. Ceux qui sembloient pro-
mettre quelque réussite, agissoient sur le blé lui-même;
et le remède alors étoit pire que le mal. On peut citer
pour exemple la vapeur du soufre, qui communique
de l'odeur et de l'humidité au grain; la pratique des
Italiens, qui consiste à le plonger dans l'eau bouillante; et tant d'autres moyens journellement annoncés

dans les feuilles périodiques comme des nouveautés.

Les premiers moyens connus, mis en usage pour se défaire des charançons, sont donc encore employés aujourd'hui dans les provinces ; nous voulons dire, le pellage, le criblage et le four : on a seulement perfectionné les instrumens à la faveur desquels on exécute ces opérations.

Le mouvement de la pelle imprimé à un tas de blé, peut bien inquiéter l'animal tant que durera l'opération, parce qu'il a beaucoup d'attrait pour le repos, qu'il quitte son lieu natal pour aller chercher un abri ; mais dès qu'on cesse de remuer le blé, il y revient un moment après, pour continuer ses dégâts et déposer sa postérité.

Le crible, cet instrument essentiel dont nous parlerons bientôt, est en état sans doute de séparer du grain le charançon qui s'y trouve à nu et en liberté. On peut même, à la faveur de cette opération répétée souvent pendant l'hiver et avant le printems, détruire jusqu'aux derniers de ces insectes, mais non pas ceux qui sont cachés sous l'enveloppe vide du grain.

Le criblage ne peut opérer sur le ver à blé, le même effet que sur le charançon, parce que, adhérant à la surface du blé, il glisse sur le crible, et ne s'en détache point ; il faut attendre qu'il soit passé à la première

métamorphose. Cet état d'engourdissement permet
alors de l'attaquer avec plus de sûreté et de succès. On
brise la croûte plus ou moins épaisse que cette chenille fait à la superficie du tas, et on le crible ensuite ;
elle se sépare.

Quelques fermiers ayant remarqué que le charançon
recherchoit avidement l'humidité , parviennent à en
diminuer le nombre, en distribuant sur les bords des
tas de blé. des petites bottes de pailles mouillées,
qui, le lendemain couvertes de cet animal, sont jetées
au feu. Quant au ver, ils mettent le blé en *crête*, ils
placent au centre plusieurs voliges de bois blanc, sur
lesquelles l'insecte monte ; et ils s'en débarrassent en
partie.

Tous ces moyens, et beaucoup d'autres que nous ne
rapportons point, ne pouvant que diminuer le mal sans
en détruire la source, on a eu recours à l'action du feu.
Persuadé, d'après quelques essais, qu'une chaleur de
dix-neuf degrés suffisoit pour faire mourir le charançon,
lorsqu'il se trouvoit, seul et sans blé , renfermé simplement dans un sac de papier ; on en a conclu avec quelque fondement, que l'étuve produiroit beaucoup plus
promptement cet effet.

Mais des expériences variées et répétées en différens
tems, par des hommes occupés de la recherche de la
vérité, ont prouvé que si la chaleur ordinaire de l'étuve

suffisoit pour faire périr le ver à blé, il falloit pour le charançon, qui avoit la vie plus dure que lui, employer au-delà de 80 degrés pour en détruire la totalité. Le malheur est qu'une semblable chaleur dessèche trop fortement le grain ; et que si elle ne le torréfie point, elle met cependant la farine dans le cas de donner un pain moins blanc, moins léger et moins savoureux.

D'autres expériences entreprises dans les mêmes vues, ont prouvé aussi que le four devoit être préféré à l'étuve, lorsqu'il s'agissoit de faire mourir les insectes mêlés et confondus dans le blé ; qu'il suffisoit d'y mettre le grain deux heures après que le pain en étoit retiré, et de l'y laisser un jour ; que pendant ce tems il n'éprouvoit pas de chaleur capable d'altérer aucun de ses principes ; que les œufs, les vers, les larves et les papillons étoient entièrement détruits.

Si le charançon ne peut soutenir l'épreuve du four sans périr, ce n'est pas à la chaleur qui y règne qu'il faut attribuer cet effet, parce qu'elle égale tout au plus celle de l'étuve, mais bien à la forme de cet instrument, dont la chaleur réfléchie de toutes parts se porte sur l'animal, raréfie l'air qui l'environne, et le fait périr suffoqué, à peu près de la même manière que dans des vaisseaux de verre lutés, ou renfermés dans des sacs de papier.

Dans l'étuve, au contraire, le charançon ne reçoit

pas

pas immédiatement les impressions du feu ; la vapeur humide qui s'exhale du grenier, lui sert comme de véhicule, qui partage l'action de la chaleur, et dans lequel il nage et respire ; mais quand il est isolé comme dans un sac de papier, ou renfermé dans un petit espace tel que le four, l'air ne tarde pas à perdre de son élasticité, en se raréfiant par le feu, et se chargeant des émanations de l'animal, qui meurt suffoqué. Voilà donc une circonstance qui prouve qu'une chaleur moindre peut produire un effet plus considérable.

Le chaud, le froid, le mouvement sont donc les seuls moyens sur lesquels on puisse compter pour diminuer les ravages des insectes. Mais comme il est prouvé qu'ils ne pondent que lorsque le thermomètre s'approche du dixième degré de M. de Réaumur, ne pourroit-on pas arrêter leur multiplication, en établissant dans toutes les saisons de grands courans d'air frais dans les magasins, ou mieux leur en interdire l'entrée, à l'aide de quelques précautions que nous indiquerons.

Mais en vain la prévoyance du cultivateur, l'industrie du marchand et les lumières du Physicien se réuniroient pour mettre, dans tous les cas, le blé à l'abri de la rapine. Si les insectes n'appartiennent ni à la grange ni au grenier, qu'ils se soient montrés dans les champs sous forme de papillon, à l'époque où les épis ont commencé à se former ; et qu'après avoir exercé, dans

K

l'état de chenille , leurs ravages sur le grain encore tendre , ils restent en terre pour s'y changer en chrysalides , et reparoître au retour de la saison ; comment les détruire , à moins que les pluies , les gelées et d'autres circonstances favorables à leur destruction , ne concourent à l'opérer ? comment parvenir à les découvrir tous , s'ils ont choisi pour retraites les fumiers , les mousses , les pierres répandues dans les champs , ou celles qui les bordent , à moins que de zélés citoyens enflammés pour la cause commune , ne se déterminent à remonter jusqu'aux sources de ces retraites , et à y établir une guerre presque continuelle , pour en prévenir, s'il est possible , la reproduction.

OBSERVATIONS.

Comme on n'est pas encore parvenu à anéantir complettement le charançon dans le blé, dès qu'une fois il en est infecté, et que parmi les différens moyens mis en usage jusqu'ici pour opérer cet effet , il n'en est pas de plus simple, et qu'on puisse employer quand on veut, que le criblage bien fait et répété à propos ; il faut continuer à recourir à cette opération , puisqu'elle n'est ni coûteuse ni embarrassante ; que loin de nuire à la qualité spécifique du grain , elle empêche au contraire qu'il ne s'échauffe et ne contracte de l'odeur.

Le succès des expériences faites en Angoumois, par MM. *Duhamel* et *Tillet*, prouve d'ailleurs que quand le pelage et le criblage sont insuffisans pour débarrasser les blés des insectes qui s'y trouvent mêlés en abondance, il faut se servir du four, dont l'opération éloigne toute idée d'embarras et de dépense : cet instrument se trouve dans presque toutes les maisons ; chacun peut disposer de celui de son voisin, et la chaleur dont on profite seroit perdue sans cet emploi ; mais après cette opération un pareil blé ne doit jamais être mis dans le commerce qu'il ne soit refroidi et criblé à plusieurs reprises.

La portion de grain qui a servi à la pâture des insectes est bien une perte réelle, mais un autre dommage qu'ils occasionnent, c'est celui de leurs émanaions et de leurs secrétions qui demeurent adhérens au blé, et qu'il est difficile ensuite de détruire ; il faut donc songer particulièrement aux moyens de prévenir leur invasion dans les magasins, puisqu'on remédie si difficilement à leurs dégâts dès qu'une fois ils y ont eu accès.

Au reste, nous observerons en terminant cet article, que sans adopter aveuglément tous les remèdes qu'on propose, on ne devroit les rejeter qu'après avoir tenté quelques essais méthodiques qui en assurent la véritable propriété ; il ne faut pas cesser de poursuivre une race que nous avons tant d'intérêt d'exterminer, puisque ses désordres, en nous ruinant, peuvent encore occasionner des maladies et des disettes

ARTICLE XV.

DU BLÉ AVANT D'ÊTRE BATTU.

Dès que le blé est parvenu au point de maturité desiré, il peut commencer à perdre des avantages sous lesquels il s'annonçoit d'abord, si l'homme ne s'occupe à temps des moyens de lui conserver toutes les qualités qu'il doit avoir, pour donner ensuite des résultats parfaits. Or, c'est l'état où il se trouve après avoir été coupé qui doit régler la nature et les espèces de soins à employer dans cette vue ; car le blé le plus mûr a encore besoin de se perfectionner à la grange, de se façonner dans l'épi et de gagner de plus en plus de la qualité.

Blé en petites meules.

Si la saison a été favorable à la végétation du blé et à sa récolte, il ne reste plus qu'à le mettre en meules ou à le serrer dans la grange, selon la coutume du pays et les ressources locales.

Mais si les pluies abondantes surviennent au moment de la moisson, ce seroit en vain qu'on attendroit qu'elles cessassent pour la commencer, il faut profiter des intervalles de beau tems, afin d'empêcher qu'une partie du blé ne vienne à germer sur pied ; et, au lieu de le laisser en javelles isolées, se hâter d'en réunir plusieurs et d'en former dans le champ même des petites meules méthodiquement construites : cette pratique adoptée dans certains cantons naturellement humides et froids, y devient, presque toutes les années, d'une nécessité indispensable : chaque meule doit avoir six à sept pieds d'élévation et contenir cinquante à soixante gerbes.

Les accidens de ce genre sont heureusement rares dans les provinces méridionales, où la chaleur du climat et de fréquentes rosées donnent à la végétation une activité surprenante, et aux semences farineuses une sécheresse qui peut braver long-tems les effets d'une humidité extérieure ; mais la crainte d'un évènement contraire dans quelques cantons de la province semble nécessiter de faire mention d'une pratique aussi aisée qu'elle est salutaire pour sauver la moisson dans les années humides, et la rentrer seche à la grange.

Ce n'est pas le tout d'avoir garanti le blé de l'humidité extérieure, provenant de la pluie qui tombe pendant la moisson. Celle qu'il contient encore intérieurement suffiroit pour l'altérer si on n'empêchoit pas sa réaction, en en combinant une partie et en évaporant l'autre : ce double effet s'opère dans les gerbiers ou à la grange.

Blé en grandes meules.

Cette méthode de conservation est particulièrement adoptée dans les pays chauds, parce que la récolte s'y fait de bonne heure et que le blé a atteint
son degré de sécheresse au moment de la moisson ;
les gerbes amoncelées en forme pyramidale au milieu des champs, ont à leur base un massif un peu
élévé, qui, saillant dans le pourtour de huit à dix
pouces, en défend l'accès aux animaux. En évitant les
frais de bâtisse, on a encore par ce moyen l'avantage
de diminuer les occasions d'incendies.

Blé à la grange.

Le blé à la grange ne diffère de celui en meules
qu'en ce que l'un est abrité par un toit, et l'autre par
une couche de paille ; que le premier est plus sous la
main du propriétaire, tandis que le second demande une
plus grande surveillance. Au reste, il est prouvé que dans
l'un et l'autre cas le grain, quelle que soit sa qualité,
s'améliore encore dans la gerbe, prend une belle couleur jaune et acquiert le dernier degré de maturité.

Blé en épi., séparé de la paille.

L'usage de quelques cantons de détacher l'épi entier du tuyau ou de la paille, de le conserver ainsi dans la grange, de ne le battre qu'à mesure de la consommation, est fondé sur la conviction dans laquelle on est, que le blé se perfectionne infiniment en séjournant dans la gerbe ; chaque grain, en effet, se trouve comme isolé, recouvert d'une matière sèche et lisse qui le préserve des effets de la chaleur, le tient dans l'état froid, et rend insensible l'évaporation de son humidité surabondante ; ensorte que par ce moyen, le blé ne perd presque point de sa couleur et de son poids, qu'il possède long-temps la faculté germinative et le goût de fruit, qui caractérise sa nouveauté, avantage qui se perpétue dans le pain qu'on en prépare ; on peut même comparer le blé gardé dans cet état à l'amande renfermée dans sa coque.

Outre les avantages de garder le blé en épi détaché de la gerbe, cette pratique, vantée par quelques auteurs, dispense de battre quand on n'a besoin que de pailles et ménage encore de l'emplacement.

Du battage.

Sans vouloir examiner à fond si la méthode adoptée

en Languedoc, de séparer l'épi par le moyen du pied des animaux, mérite la préférence sur celle de le battre au fléau, on fera observer que par la première méthode, il semble qu'on laisse plus de grains dans l'épi, que la paille perd une partie de sa valeur, soit pour la nourriture des bestiaux, soit pour leur servir de litière; cette perte est d'autant plus fâcheuse, que la paille des provinces méridionales est plus sucrée et plus nutritive que celle du nord ; il seroit donc bien important de substituer le fléau, à moins que l'adhérence du grain ne rende indispensablement nécessaire l'effort du pied des animaux.

Des aires.

Le lieu où se bat le grain est banal dans presque tout le Languedoc, mais il faudroit que le sol fût toujours assez dur pour résister à l'effort du pied des animaux, et entretenu dans un très-grand degré de propreté ; parce que le bout du blé qui vient de quitter la balle est toujours plus susceptible de se charger des ordures des aires qui se pulvérisent plus ou moins aisément.

Cet inconvénient a des effets bien plus marqués dans les provinces humides : les blés peu secs, favorisent l'adhérence de cette poussière, au point qu'on a une

peine

peine infinie à l'enlever : il seroit encore nécessaire qu'il y eût toujours dans chaque aire un crible pour séparer les semences étrangères ; cette opération, qu'il faut toujours faire au grenier, étant exécutée sur le champ, a cet avantage, que la houpe ou la rainure du grain apporte nécessairement moins d'obstacles à son nettoyement.

O B S E R V A T I O N S.

Les détails dans lesquels nous avons été forcés d'entrer, démontrent assez qu'il faut songer à la conservation du blé au moment même qu'on a décidé d'en faire la moisson, et que le grain, malgré toute sa perfection à cette époque, n'en demeure pas moins un certain tems dans l'épi, soit que la gerbe se trouve arrangée dans le gerbier ou serrée dans la grange ; en cet état il se bonifie, acquiert une supériorité sensible ; chaque grain, autour duquel l'air circule, est encore dans une sorte de moüvement végétatif ; ce *gaz*, ce principe volatil quelquefois nuisible dans les blés nouveaux provenant d'années humides, se combine à la longue avec les autres parties, et perd de sa proprieté malfaisante : ainsi plus le grain reste dans la gerbe, plus il se nourrit, se charge en couleur et devient propre à se conserver, moins aussi il perd de son volume.

L

Cela posé , nous observerons qu'on se presse trop de battre en Languedoc ; l'humidité végétative renfermée dans le tuyau , qui continue d'agir dans le grain , n'a pas le tems de se combiner avec les autres principes et de procurer le dernier degré de maturité, à-peu-près comme il arrive à certains fruits qui achèvent de mûrir après qu'ils ont été cueillis , sur-tout lorsqu'on leur a conservé un peu de la tige à laquelle ils appartenoient ; d'où il suit que , suivant l'expression du cultivateur , *le blé n'a pas reſſué et jeté ſon feu ;* que porté au grenier , il faut le remuer continuellement pour empêcher qu'il ne s'échauffe et ne fermente.

D'ailleurs l'expérience comparative que M. l'Abbé *Rozier* a eu l'occasion de faire dans cette province , démontre qu'il y a une économie de deux sols au moins par mesure de grain pesant cent livres poids de marc, lorsqu'on bat au fléau, au lieu de se servir du dépiquage avec les mules , indépendamment des autres avantages dont nous avons déjà fait mention ; ce qui l'autorise à avancer , dans le *Cours complet d'Agriculture ,* que » le besoin , et peut-être une économie mal entendue , » ont donné l'idée du dépiquage. Dans cette saison les » bras sont rares , tout homme est occupé , et par con- » séquent son salaire est cher. On a des mules , des » chevaux ; on veut les employer afin de ne pas dé- » bourser de l'argent, et on les occupe à dépiquer ;

» mais pendant que ces animaux sont ainsi occupés,
» ils ne labourent pas les champs, on n'en prend pas
» d'autres pour les suppléer. Cependant le moment
» presse, la terre demande à être travaillée, le temps
» des semailles approche, enfin on est en retard lorsque
» le moment est venu, les animaux sont excédés, et en
» un mot le travail est mal fait, le tout pour n'avoir pas
» voulu débourser de l'argent. C'est prendre dans une
» poche pour mettre dans une autre, et on n'en est pas
» plus riche. On ne sauroit trop le répéter, ce qu'il y
» a de plus précieux pour les gens de la campagne,
» c'est le temps. Sur cent cultivateurs, on en trouvera
» à peine un seul qui ait de l'avance pour son travail.
» On se plaint ensuite que les terres ne rapportent
» pas. Labourez à propos, et labourez bien, et vos
» champs rendront plus que ceux de vos voisins. Ceux
» qui s'obstinent à vouloir faire dépiquer, doivent louer
» des bêtes, et ne pas détourner les leurs du labourage,
» parce que le déboursé n'est qu'apparent, et non réel
» quant au fond. «

Ces observations nous paroissent judicieuses ; mais
l'opération de battre au fléau, ou de dépiquer par le
moyen du pied des animaux, n'a pas moins intéressé
Olivier de Serres ; il donne même la composition des
aires sur lesquelles on l'exécute, et voici de quelle manière il s'exprime :

» Non plus peut-on assurer laquelle des deux façons
» est la meilleure pour retirer le bled ; car, et le battre
» et le fouler font très-bien ce mesnage, si que peu de
» grain reste dans la paille quand on manie le fléau et
» les bestes ainsi qu'il appartient. Seulement dirai-je
» de l'aire à recueillir le bled, que soit ou à couuert
» ou à discouuert, est nécessaire d'en affermir si bien
» le plan, que la violence du battre ne du fouler n'en
» puisse enlever la terre pour empoudrer le bled, ains
» qu'on l'en retire pur et net. Pour ce faire convient
» de remuer demi-pied de terre avec un hoyau du lieu
» dont est question, afin d'en oster tous empêche-
» mens. Après y mêler de pure argille assez bonne
» quantité, incorporant bien ensemble les deux terres :
» en applanir la superficie justement sans aucune pente,
» en l'arrousant petit à petit avec de l'eau dans laquelle
» on aura infusé du fien de bœuf, pour la garder de
» crevasser et fendre : et lorsqu'elle sera un peu en-
» durcie, la battre avec un battoir de paveur, large
» par bas, pour en affermir le fons. Ainsi sera l'aire
» trois ou quatre fois arrousée et battue, dont elle se
» rendra solide et unie pour très-bien servir. Les anciens
» ont bien ordonné d'autres mystères à la façon de
» l'aire, comme y mettre de la lie d'huile d'olive, du
» sang de bœuf et autres drogueries, dont toutesfois
» les mesnagers d'aujourd'hui ne se soucient, se con-

» tentans de la susdite simplicité pour faire une bonne
» aire «.

La pratique de battre adoptée en Languedoc, malgré
les avantages d'expédier à-la-fois et sans beaucoup de
soins la totalité de la moisson, est-elle enfin capable
de dédommager des sacrifices qu'il faut nécessairement
faire? La question pourroit être décidée en répétant des
expériences comparées, et en grand, sur les lieux : elles
sont faciles à tenter, puisque dans les cantons voisins
de cette province, où les grains sont également secs et
recueillis à-peu-près à la même époque, on est dans
l'habitude de battre au fléau, persuadé que si cette dernière méthode n'est pas la plus expéditive, elle est
du moins la plus économique.

ARTICLE XVI.

DU BLÉ APRÈS QU'IL EST BATTU.

Occupé jusques à présent de la conservation du blé
garni des différentes enveloppes qui tendent à le préserver des effets de l'humidité et de la chaleur, nous
allons maintenant le considérer à nu, et déposé dans
le magasin, ce qui conduit naturellement à parler de la
disposition des greniers, de leur entretien et des soins
qu'on doit y multiplier en proportion des circonstances
qui s'opposent à leurs effets.

Il ne sera pas question dans cet article des magasins propres à conserver les grands approvisionnemens pour prévenir les disettes : cet objet a été trop souvent discuté, et ce seroit nous écarter de notre but que de le traiter ici de nouveau ; que dirions-nous d'ailleurs qui n'ait été répété cent fois ? il vaut mieux ne considérer que ce qui concerne les greniers des particuliers.

Du grenier.

Il ne manque certainement pas de blé en Languedoc, mais d'endroits propres à le serrer, et de moyens efficaces pour en assurer la conservation pendant un certain tems, sans préjudicier à sa qualité spécifique.

Les greniers ordinaires sont des espèces de galeries au dessous de la toiture, avec des fenêtres et des portes mal distribuées, nombreuses et trop grandes, ce qui fait que pendant l'été il y règne une chaleur étouffante, les insectes s'y multiplient de toutes parts, et comme le comble leur sert de retraite, il est extrêmement difficile de les détruire entièrement ; ensorte que le blé qui a passé une année dans de pareils greniers a perdu beaucoup de sa valeur.

Dans les provinces méridionales, les blés peuvent être déposés dans des magasins au rez de chaussée, parce que c'est ordinairement la partie la plus froide de l'endroit, mais c'est aussi la plus humide dans les climats moins chauds.

Il existe donc beaucoup de greniers, mais peu qui semblent avoir été destinés pour remplir leur objet ; parce qu'en construisant un édifice, on a toujours cru que le faîte du bâtiment pouvoit servir à cet emploi, sans trop songer à la nature de la denrée qu'on devoit y déposer. On va s'y arrêter un moment, au cas que par la suite on soit tenté de former en Languedoc de grands établissemens de greniers.

Construction du grenier.

Pour que le grenier réunisse tous les avantages né-cessaires à la conservation et à l'amélioration du blé, il seroit à desirer d'abord que le sol sur lequel seroit élévé le bâtiment ne fût pas humide, et que la charpente fût de bois coupé dans la bonne saison, parce que celui qui est trop verd est sujet à attirer les in-sectes, qui s'attachent aux poutres et se communiquent ensuite au grenier ; la charpente vieille a le même in-convénient.

Il faudroit encore que le toit fût revêtu intérieurement de paillassons, afin d'empêcher l'air chaud et humide de pénétrer à travers ; qu'il fût lambrissé ; que les murs n'eussent aucune crevasse, aucune fente capables de receler des insectes et de favoriser leur ponte ; il est bon sur-tout qu'il n'y ait pas sous le grenier, d'écuries, d'étables, ni de matières végétales ou animales en putréfaction.

Le grenier devroit, selon le précepte de *Columelle*, être garni de petites croisées fort étroites à hauteur d'appui, en face les unes des autres, très-multipliées du côté du nord, parce que cet aspect est froid et sec ; il suffiroit seulement qu'il y eût, aux deux extrémités opposées, une ouverture qui, en produisant l'effet du ventilateur, établiroit un degré de froid qui ne permettroit pas aux insectes de pondre ou d'éclore : on adapteroit aux fenêtres un double châssis, dont un extérieur revêtu de coutil, et l'autre en vitrage en dedans : on les ouvriroit et les fermeroit alternativement, selon le tems et les opérations du grenier.

On devroit préférer de planchéïer le grenier, parce que le carreau se dégrade aisément, et revient, à la longue, plus cher que le bois ; ménager entre le plancher et le sol un intervalle pour établir de petites trappes qu'on ouvriroit de distance en distance, ce qui produiroit, avec les ventouses, des courans d'air frais.

Entretien

Entretien du grenier.

Si l'emplacement et la bonne construction des endroits où l'on met en dépôt ses provisions, influent sur la durée de leur garde, on ne peut non plus se dispenser de convenir que les soins apportés à la bonne tenue du magasin ajouteroient encore aux effets des autres moyens qu'on y emploie ordinairement.

Il faudroit, avec des balais, nettoyer de tems en tems les murs, afin d'enlever la poussière qui y adhère, ainsi que les papillons, qui ont besoin pour s'accoupler d'être fixés et en repos; ne laisser sur le plancher aucunes ordures capables d'exhaler de l'odeur ; il faudroit enfin intercepter les rayons du soleil dans les temps chauds, et produire dans le grenier la plus grande obscurité.

Un grenier situé, construit et entretenu suivant ces principes, seroit propre, non-seulement à la conservation des grains, mais encore à celle des farines, qui ne se détériorent souvent que par l'influence du local; ce qui donneroit à la méthode que nous indiquerons bientôt, tous les avantages qu'il est possible de desirer.

Du criblage.

Le défaut de sarclage, l'habitude où l'on est en

M

Languedoc, ainsi que dans beaucoup d'autres provinces,
de battre sur des aires mal-propres admet nécessairement
dans les blés des hétérogénéités que l'oubli des précautions lors des semailles augmente encore; l'imperfection
ou le manque d'instrumens propres à les en débarrasser
fait, qu'indépendamment des *hottous* il s'y rencontre des
semences étrangères , des pierres , de la terre ; tel est
au moins l'état où se sont trouvés les blés adressés à
MM. les Députés pour les expériences qui ont été faites
sous leurs yeux. Il faut donc, si l'on veut avoir des
grains propres et sans mélange , se servir des moyens
capables de les nettoyer , pour en rendre la conservation et plus facile et plus durable.

Des cribles.

On s'est occupé à les multiplier au lieu de les perfectionner : un grand nombre de cribles est dispendieux , embarrassant, et occasionne une perte de tems
considérable ; c'est ce qui a déterminé M. *Dransy* ,
Ingénieur du Roi, a en imaginer un susceptible de tous
les avantages qu'on ne pouvoit se flatter d'obtenir de la
réunion de plusieurs, et qui produit tous les effets du
crible de fer , du ventilateur et émotoir, et du crible
piqué.

Le crible , quoique connu dans quelques cantons de

la province , est bien éloigné encore d'avoir atteint la perfection desirée. Celui dont on voit ici la figure, joint à la faculté de rafraîchir le grain, celle de l'écurer en même tems , de le dépouiller des balles, des pierrailles, de la poussière, des insectes ou de leurs débris, et généralement de toutes les semences étrangères dont le volume est inférieur à celui du blé.

Mais combien cet instrument essentiel sur les aires, au grenier et au-dessus de la trémie du moulin, exige de soins pour produire tous ces effets ! Pour cribler parfaitement, il ne faut pas expédier trop de blé à la fois : six cents livres environ suffisent par heure. Un jeune homme peut aisément le faire tourner au moyen d'une manivelle.

On observera cependant que pour entretenir ce crible , s'il y a un étage supérieur, et qu'il s'en trouve un autre au-dessous pour recevoir le blé criblé, un seul ouvrier conduira le travail ; mais s'il n'y a qu'un étage, il sera nécessaire d'en avoir deux pour engrainer et séparer à mesure le blé criblé.

Machine à monter les sacs.

Dans les grands établissemens , on monte les blés et les farines au grenier, dans des sacs, à dos d'hommes. Cet usage dispendieux , qui exige de la part des ouvriers beaucoup de force et une très-grande habitude, donne encore lieu à des déchets. Les ouvriers apportent des ordures dans le grenier, écrasent des grains, et en sèment sur l'escalier : mais à l'aide du treuil, les jeunes gens les moins forts, le voiturier lui-même, attachent par un nœud coulant le sac à la corde du haut, tandis qu'un autre le reçoit dans le grenier : par ce moyen on abrège infiniment le travail ; on monte en moins d'une minute et demie, à un troisième étage, un sac du poids de 325 livres.

Brouette à rouler les sacs.

Aussitôt que le treuil a fait parvenir les sacs au grenier, on les prend sur la brouette pour les rouler à la place où les blés doivent être manœuvrés : car il n'y en a point qui n'aient besoin d'être nettoyés et rafraîchis.

Cet instrument est d'une très-grande commodité ; il n'exige pas d'effort : on reconnoît qu'il est parfaitement fait, quand il se tient droit de lui-même. La brouette prend un sac debout dans sa place, et le roule dans une autre. Un seul ouvrier peut, sans fatigue, transporter les grains d'un magasin dans un autre pendant toute une journée, et rouler les sacs à la balance à l'endroit où ils doivent rester.

La même brouette est également en état de transporter les sacs de farines, dont le poids est réglé par les lois de la mouture et du commerce, et de les placer dans l'endroit où ils doivent rester. Les grandes administrations, les boulangers même ont adopté l'usage de cet instrument.

Balance.

Chaque magasin doit être garni de poids et de balance bien ajustées, pour y peser les grains et les farines à mesure qu'ils arrivent.

Autrefois on ôtoit le poids de dessus la balance, afin d'enlever le sac lorsqu'il étoit pesé ; ce qui occasionnoit une perte de tems considérable : mais aujourd'hui que la mécanique a dirigé ses vues vers les opérations de première utilité, on a imaginé un instrument de fer, nommé *sergent*, suspendu au plancher par une corde, et auquel est attaché un crochet de fer à la hauteur du fléau de la balance, ensorte qu'en appuyant sur le sergent fixé dans ce crochet, le fléau chargé du poids lève, et aussitôt le plateau du sac est à terre, de manière qu'il est facile de déranger les cordes pour ôter le sac et en mettre un autre : on observera que ce sergent s'accroche par le bas à une des cordes du plateau, et qu'ainsi on n'a d'autre opération à faire que de décharger les petits poids pour achever l'appoint.

Des sacs.

Il convient de choisir le treillis le plus serré, et qui imité celui d'Alençon : il est du moins le plus propre à l'emploi des sacs. La province pourroit en faire exécuter de pareil dans ses fabriques. Quand la toile est trop claire, la farine se tamise, sur-tout dans le moulin, à la huche et pendant le transport : les insectes d'ailleurs ont la facilité d'y pénétrer.

Examen des sacs.

Si l'examen du grenier est un point capital pour la conservation du blé, celui des sacs mérite également la plus scrupuleuse attention. La meilleure qualité de toile étant une espèce d'éponge, elle peut se charger d'humidité, la retenir, et contracter une odeur désagréable. Les sacs entassés les uns sur les autres, peuvent avoir renfermé, l'année précédente, des blés charançonnés, humides, mouchetés, et recéler par conséquent de quoi gâter le grain. Il est donc prudent de ne s'en servir qu'après les avoir bien secoués, lavés, séchés et exposés à l'air, d'imiter enfin le vigneron, qui a grand soin de ne pas serrer son vin dans des tonneaux, qu'ils ne soient très-propres et exempts de toute odeur.

OBSERVATIONS.

La masse des blés se trouve ordinairement partagée en deux lots ; l'un reste dans les mains du fermier, et l'autre passe dans celles du commerçant. Avec quelle rapidité ce présent de la nature ne perd-il pas de sa première valeur, par la cupidité ou l'inattention des hommes à qui on en confie le soin, par l'emplacement ou la mauvaise construction du lieu où on le met en réserve, par l'imperfection des instrumens dont on se sert pour le nettoyer, le rafraîchir, le monter et le distribuer dans le magasin ! Combien de fois n'est-il pas arrivé que le grain récolté et serré dans le meilleur état, s'est insensiblement détérioré, après avoir coûté en pure perte, du tems, des soins et des frais !

On ne peut douter que si les laboureurs avoient toujours soin de faire nettoyer leurs grains, ils les conserveroient plus facilement ; et retireroient, en les vendant plus cher, bien au - delà de ce qu'il auroit pu leur en coûter par les frais et les déchets du criblage.

Toutes ces grossières hétérogénéites, qui restent confondues dans le blé au moment de passer sous les meules, se pulvérisent avec lui, et se mêlent dans la farine. Ce qui nuit en même tems à la blancheur, à la qualité et à la salubrité du pain. On sent les avantages d'acheter, même à un prix plus cher, les blés les plus beaux, les plus nets ; et combien pour les amener à cet état, les inquiétudes renaissent, jusqu'à ce qu'ils soient sur l'aire ou dans le grenier !

Comme il importe peu à l'ouvrier chargé de cribler, que le blé soit parfaitement nettoyé, parce qu'il n'en reçoit pas moins son salaire, il est essentiel que la partie du bout du crible, servant à mouvoir l'auget, fasse beaucoup de bruit, afin que d'une part le blé soit tamisé avec plus de facilité, et que de l'autre l'homme employé à ce service ne puisse jamais en imposer sur l'activité et la continuité de son travail.

La conservation du blé intéresse trop essentiellement les grandes administrations en général, et tous les ordres de citoyens en particulier, pour ne pas donner à cet objet important la plus grande étendue. Les agens employés dans ce cas sont l'air et le feu : nous allons faire connoître leurs effets à l'égard des différentes pratiques adoptées pour mettre les blés en réserve, afin que bien appréciés on puisse comparer leurs inconvéniens avec les avantages du moyen qui mérite deleur être substitué.

EXPLICATION

Fig. 3
Fig. 2
Fig. 1
A
B
C
D
G
M
Fig. 4
L
Echelle
Pieds

EXPLICATION

DE LA PLANCHE PREMIÈRE.

FIGURE 1ere. représente le Crible.

A. Trémie et auget.
B. Ventilateur.
C. Cylindre octogone.
D. Coffre du crible.
E. Partie du bout du crible servant à développer la manière
dont on fait mouvoir l'auget.

FIGURE 2e. représente le Treuil.

F. Profil en face de la machine à monter les sacs.
G. Profil de côté de la même machine.
H. Garouane dans laquelle sont deux poulies, contenant chacune un cable, l'un montant et l'autre descendant, pour
élever les sacs alternativement.

FIGURE 3e. représente le Sergent.

I. Bascule pour élever un bout de la balance chargée des poids
qui ont pesé le sac.

FIGURE 4e. représente la Brouette à rouler les sacs.

L. Profil de côté d'une brouette à rouler les sacs.
M. Profil en face de la même brouette.

N

ARTICLE XVII.

CONSERVATION DU BLÉ PAR L'INTERMÈDE DE L'AIR.

Si ce moyen demande des soins et des précautions, il est sans contredit un des meilleurs qu'on puisse mettre en usage , et le plus conforme aux lois de la nature.

Blé dans la petite paille.

Le blé étant vanné et criblé, on pourroit le mêler avec la petite paille, et le conserver un tems infini sans avoir besoin de le remuer. Cette méthode entretient du froid et de la sécheresse dans le tas, favorise l'opération qu'on appelle le *ressuement*, qui se fait au profit du grain lui-même ; enfin elle lui procure tous les avantages qu'il acquiert étant gardé en gerbe ou en épi.

Dans les années humides on pourroit même transporter le blé dans la petite paille, qui par sa nature produiroit du froid dans le grain, le mettroit à l'abri de l'humidité et de la chaleur, ces deux agens de la fermentation.

Blé en couches.

La méthode la plus universellement connue de con-

server le grain, dès qu'une fois il est battu, vanné et criblé, consiste à le transporter au grenier. Là on le répand
sur le carreau ou le plancher, en couches plus ou moins
épaisses ; on le remue à la pelle, et on le passe souvent
au crible, avec l'attention de ne pas le perdre de vue,
quand il provient d'années froides et humides, parce
qu'alors il suit une marche entièrement opposée à celle
des bons blés récoltés secs, c'est-à-dire qu'il semble
tendre toujours à sa détérioration.

Les grains ainsi abandonnés à l'air humide, à la
poussière qui tombe du plancher, aux ordures qu'y
apportent les ouvriers, aux insectes qui s'y introdui-
sent et s'y multiplient, exigent un travail d'autant plus
soutenu, que les masses sont plus considérables. A
peine a-t-on combattu les effets de la chaleur, de l'humidité et du local, qu'il faut songer à dépouiller les
grains de tout ce que le moyen défectueux de conservation y a ajouté d'étranger. Heureux encore si, après
beaucoup de soins, de dépenses et de sollicitudes, la
denrée n'en a pas souffert dans ses qualités intrinsè-
ques, au point d'être forcé de s'en défaire promptement
et à vil prix !

Pour prévenir les effets funestes de cette méthode,
on ne donne au tas de blé qu'un pied ou dix-huit pouces
d'épaisseur, selon qu'il est plus ou moins humide. On
a soin de placer aux deux extrémités un crible, et de

travailler continuellement, sur-tout dans la saison chaude, en faisant passer successivement le grain d'un lieu
dans un autre, en le rafraîchissant par de l'air nouveau
qui emporte une partie de l'humidité qui transude du
blé.

Blés dans des paniers de paille.

Nous nous félicitons d'avoir été des premiers à faire
connoître un moyen simple et facile de conserver le
blé, pratiqué par M. l'Abbé *Villin*, ancien Curé de
Cormeil en Picardie.

Fondé sur ce que les œufs de poule se gardent très-
long-temps, même en été, étant déposés tout frais sur
des couches de petites pailles qui les empêchent de se
toucher, l'auteur a imaginé, pour conserver le blé, des
paniers de paille de seigle, posés par étages sur des
traverses de bois soutenues par des montans disposés
dans toute l'étendue d'un grenier. Ils ont la forme de
cônes renversés. Leur hauteur est de trois pieds; leur
capacité commence à se rétrécir à un pied et demi,
où il y a un ventre ou augmentation de diamètre; ils
diminuent ensuite, et se terminent par une ouverture
de quatre pouces, laquelle se ferme à l'aide d'une planche à coulisses.

Chaque panier peut contenir environ deux setiers de
blé, mesure de Paris. Il est composé de rouleaux de

paille de seigle unis les uns aux autres par des liens
flexibles de bois de tilleul. Vers l'endroit où le panier
se rétrécit, il y a extérieurement un rebord de paille
qui le retient sur les montans. Le haut du panier, qui
est la base du cône, est recouvert d'un clayon dont
l'usage est d'empêcher les chats d'y faire leurs ordures.

Ces paniers se démontent ; ils sont de deux ou trois
pièces liées par des attaches ; et par ce moyen on peut
les entrer, même par des portes étroites de grenier. Au
milieu du panier, M. l'Abbé *Villin* avoit coutume de
placer du haut en bas un tuyau de paille formé de différens faisceaux.

Les avantages de ces paniers sont 1°. de tenir le
froment net ; 2°. de le mettre à l'abri des chats qui
peuvent y chasser les souris sans le gâter, parce qu'ils
n'ont pas la liberté d'y entrer ; 3°. d'en écarter la mite
et le charançon, qui n'y trouvent pas leur retraite
comme dans les murs et les planchers, et dont la multiplication ne peut y être grande, parce que ce froment
est remué très-facilement. Pour cet effet on débouche
toutes les planches à coulisses de chaque panier ; on
place des corbeilles sous ceux du plus bas étage, pour
recevoir environ un huitième de grain ; on remonte ce
grain dans les paniers supérieurs. On conçoit que les
paniers ayant une forme conique, si on laisse échapper un peu de blé, tout ce qui y est contenu est remué

dans l'instant. Les grains roulant les uns sur les autres,
le blé a de l'air par les parois du panier; il en a par
le tuyau de paille qui est au centre, et qui sert en outre de thermomètre quand le froment s'échauffe et fermente. Ce tuyau se couvre à son extrémité, d'une humidité qui l'annonce : alors on ôte les coulisses pour le
remuer.

OBSERVATIONS.

C'est un principe reçu que plus les masses sont
considérables, plus elles sont susceptibles de s'échauffer
et de fermenter ; en conséquence si le blé est humide,
rempli d'insectes, et que la saison soit chaude, il ne
faut pas le perdre de vue un instant : on doit le remuer
à la pelle aux deux extrémités du tas, et le passer au
crible ventilateur, jusqu'à ce qu'il ait acquis la sécheresse
et la fraîcheur desirées. Mais malgré la vigilance la
plus active, on ne remplit que très-imparfaitement
l'objet qu'on se propose ; indépendamment des frais et
des travaux continuels qu'elle entraîne, les insectes,
après l'opération du pellage et du criblage, reviennent
toujours de l'endroit où ils avoient fui, rentrent dans
le tas, et continuent de braver, comme auparavant, le
froid et les autres moyens employés infructueusement
pour les combattre.

Une attention qu'il faut avoir, c'est de ne jamais attendre pour travailler le blé qu'il exhale de l'odeur, et que la main introduite dans le tas éprouve de la chaleur ; car le grain auroit déjà subi un commencement de fermentation ; il pourroit être assez altéré pour ne plus fournir de bon pain, et même cesser de devenir une ressource pour les volailles auxquelles on le jetteroit pour le manger.

Dans les chaleurs excessives, et lorsqu'on est menacé d'orage, il est bon de redoubler de soins, de remuer le blé à la pelle et au crible, dans la crainte que le grain recouvert d'humidité, et cette humidité pouvant devenir le conducteur de l'électricité, il ne lui arrive ce que nous voyons arriver à certains corps fermentescibles qui passent à la putréfaction avec une rapidité incroyable : il s'agit donc de faciliter l'évaporation de cette humidité, en déplaçant le blé, en obligeant une colonne d'air frais et sec de traverser les couches, à changer et à renouveler celui qui se trouve interposé entre chaque grain ; mais malgré tous ces moyens réunis, on vient encore difficilement à bout d'empêcher le dépérissement du blé abandonné en couches, dans un grenier mal situé, accessible aux insectes et aux autres causes d'altération que nous avons rapportées.

ARTICLE XVIII.

CONSERVATION DU BLÉ PAR LA SOUSTRACTION DE L'IMPRESSION DE L'AIR.

Les vicissitudes perpétuelles de l'atmosphère concourant sans cesse à accélérer la décomposition du blé ; on a imaginé de soustraire le grain aux impressions de l'air ; mais cette opération exige des précautions indispensables sans lesquelles il est impossible de réussir. D'abord le grain doit être parfaitement sec, et le lieu où l'on se propose de l'enfermer à l'abri de toute humidité, incapable même d'en contracter par la suite.

Blé dans les citernes.

Les peuples souvent en guerre ou accablés sous le joug du despotisme, creusent des fosses profondes qu'ils entourent de paille de tous les côtés pour enfouir leurs grains et les recouvrir de deux ou trois pieds de terre ; quelques uns placent entre la terre et les grains, des planches pour éviter les mélanges : la denrée se conserve par ce moyen très-long-tems et est encore à l'abri des déprédations.

Pour interdire toute communication entre l'intérieur

du

du monceau et l'air extérieur, il y a plusieurs méthodes pour réussir ; la première, c'est d'asperger à plusieurs reprises la surface du monceau avec une certaine quantité d'eau : le grain mouillé se gonfle et germe, les radicules forment insensiblement une masse de racines et de tiges qui en se desséchant forment une croûte universelle.

Une autre méthode, préférable à la premiere à tous égards, consiste à couvrir le monceau de grain de deux pouces de chaux ou de plâtre réduits en poudre très-fine, à mouiller par aspersion la partie extérieure de cette couche ; celle-ci alors ne permet plus l'accès de l'air extérieur.

S'il existoit des insectes dans le monceau de blé, ils y périroient à cause du defaut d'air libre pour respirer, ou bien parce que leurs dégâts une fois faits ils ne pourroient pas en recommencer de nouveaux, attendu que leur accouplement et leur régénération deviendroient impossibles.

OBSERVATIONS.

Il est incontestable que le grain déposé dans un endroit à l'abri des alternatives du chaud et du froid, du sec et de l'humide, ne puisse se conserver un temps infini sans fermentation ; nous en avons une infinité d'exemples et on ne sauroit révoquer en doute leur authenticité.

O

En 1707 , on découvrit dans la citadelle de Metz un magasin de grains qui y avoient été placés en 1523, le pain qu'on en prépara fut trouvé très-bon , et en 1744 le Roi et la famille royale goûterent du pain fait avec ce blé, récolté depuis plus de deux siècles. A Sedan on trouva pareillement une masse de blé qui existoit depuis 110 ans : tous ces blés étoient recouverts d'une croûte épaisse de quelques pouces, qui interdisoit la communication entre l'intérieur du monceau et l'air extérieur.

On voit dans l'histoire combien les anciens pour se préserver de tout évènement fâcheux, étoient occupés dans les temps d'abondance à se ménager des armes contre les disettes , et l'on ne peut assez admirer la sagesse de leur administration, qui savoit faire un aussi heureux usage du superflu des bonnes années, pour subvenir aux besoins que les mauvaises occasionnent ; mais on a droit d'être surpris que leurs dépôts publics, leurs greniers de conservation aient demeuré imparfaits pendant autant de siècles.

Ces citernes , ces puits profonds, ces creux souterrains, trop vantés par les modernes, conservent à la vérité le blé à l'abri de l'humidité , de la chaleur et par conséquent des insectes ; mais ils le racornissent et lui font acquérir les défauts qu'on reproche aux blés *durs de plancher* ; tous les moyens employés d'ailleurs pour empêcher la pénétration de l'air font gâter une couche assez épaisse de grains, et la couche inférieure contracte souvent une odeur de moisi , de *chanci* , d'où il résulte un produit médiocre en farine et un pain moins savoureux.

Mais on étoit trop heureux alors de pouvoir se procurer, dans les circonstances fâcheuses ; de quoi subsister , et les défauts que nous remarquons pouvoient disparoître à côté des avantages de trouver l'abondance au sein même de la disette. Maintenant que la nature du blé est mieux approfondie, qu'il est aisé de conserver pendant quelque temps , sans en sacrifier une partie, les grains pourvus de la fraîcheur, de la couleur et de toutes les qualités qu'on desire rencontrer dans le bon blé nouveau ; pourquoi nos efforts ne tendroient-ils pas à ce but puisqu'il n'en coûtera pas plus de dépense et de soins ? C'est sur ce principe qu'est fondée la méthode que nous proposerons bientôt , après avoir parlé de celle qui a le feu pour agent.

ARTICLE XIX.

CONSERVATION DU BLÉ PAR L'INTERMÈDE DU FEU.

Il a bien fallu chercher à priver les grains de leur humidité quand ils en contenoient assez abondamment pour menacer ruine et ne pouvoir être moulus convenablement.

Dans les endroits où l'on bat le blé aussi-tôt qu'on l'a récolté, on devroit toujours avoir la précaution de l'exposer au soleil avant de le porter au grenier ; cette précaution, en faisant dissiper l'eau de végétation qu'il perd dans le gerbier ou à la grange l'empêcheroit de s'échauffer et de contracter une mauvaise odeur. Mais il n'y a que la chaleur du feu qui dans l'espace de vingt-quatre heures puisse mettre le blé le plus humide en état de se conserver et de se transporter au loin sans subir des avaries.

Blés étuvés.

Toute l'Europe a applaudi aux opérations que M. *Duhamel* a exécutées en petit et en grand sur cette matière, avec un désintéressement et un patriotisme dignes des plus grands éloges. Mais malgré notre vénération pour ce laborieux citoyen, nous n'avons pu nous dispenser de faire, de son vivant, quelques objections contre l'étuve, contre cette invention que nous ne nous lassons point d'admirer tout en la critiquant.

Défauts de l'étuve.

Quelque familier que l'on soit avec l'étuve, il est impossible de fixer le temps que le grain doit y séjourner, ni de déterminer au juste le degré de chaleur con-

venable pour sa parfaite dessication : la plus modérée
préjudicie toujours au commerce par le déchet prodi-
gieux qu'elle occasionne au poids et à la mesure, par
les frais de construction, de chauffage et de main-
d'œuvre qu'elle entraîne ; elle enlève en outre au blé
cet état lisse et coulant qu'on nomme la *main* ; elle le
rougit et elle efface les traces, les signes d'après lesquels on décide du terroir qui l'a produit, des bonnes
ou mauvaises qualités que la saison ou les négligences
lui ont données ; enfin la farine qui résulte d'un grain
étuvé est toujours terne, et le pain qu'on en prépare,
manque de ce goût de fruit qui caractérise ordinairement les bons blés non étuvés.

Insuffisance de l'étuve.

Sans vouloir attacher à l'étuve plus d'imperfections
qu'elle n'en a réellement, nous ferons seulement remarquer que ses partisans séduits par un zèle assurément
bien louable, ont étendu son pouvoir beaucoup trop
loin, en annonçant que le feu appliqué au blé pour le
dépouiller de son humidité surabondante, suffisoit en
même temps pour le mettre à l'abri des insectes, pour
faire même mourir ceux qui s'y étoient déja intro-
duits ; qu'enfin on pouvoit l'abandonner ainsi au grenier sans avoir besoin de le remuer et de le travailler :

le malheur est que toutes ces belles promesses ne se soient jamais réalisées.

D'abord les recherches savantes de M. *Joyeuse*, commissaire de la marine, ont prouvé que du blé étuvé n'en est pas moins susceptible de devenir la proie des insectes : ensuite les expériences en grand, entreprises par les ordres de M. *Duverney*, au parc de Vaugirard, nous apprennent que pour faire mourir la totalité des insectes qui se trouvent dans le blé, il falloit pousser la chaleur jusqu'au quatre-vingt-dixième degré ; ce qui desséchoit trop le grain, et le torréfioit pour ainsi dire. Enfin, M. le Président *de Meslay* a démontré que du blé dépouillé de son humidité par l'étuve, ne tarde pas à la reprendre ; et qu'abandonné en couches dans un grenier sec, il n'en étoit pas moins propre à s'échauffer et à fermenter, si l'on n'a pas soin de le remuer. Tous ces faits attestés par les témoignages les plus irréprochables, sont justifiés par de nouveaux essais, et il n'est plus permis de les révoquer en doute.

Utilité de l'étuve.

Il seroit injuste de contester à l'étuve quelques avantages dont l'évidence est frappante. Exposons-les avec la même franchise dont nous avons usé relativement à ses inconvéniens ; nous n'avons nul intérêt à déguiser la vérité.

Toutes les années ne fournissent pas des grains sus- ceptibles de se conserver ; il en est auxquels les diffé- rens degrés de la végétation ont été si avantageux, que de ce concours de circonstances heureuses résulte une universalité de bonne espèce, qui fait époque parmi les cultivateurs. Mais il y a des blés provenans d'années pluvieuses et de récoltes humides, qui menacent ruine dès qu'ils sont au grenier : l'air sec et frais seroit insuffi- sant pour enlever ou combiner sur le champ leur humi- dité surabondante, et prévenir la germination qui en est la suite. Il faut donc leur administrer un secours prompt, plus actif que le pellage et le criblage.

Le feu seul alors , le feu est le moyen le plus efficace ; il met d'abord les grains en état de se con- server et de se moudre avec plus de profit, de four- nir ensuite des résultats moins médiocres ; car il est inutile de se faire illusion. Un blé qui n'aura pas été récolté sec, ne pourra jamais réunir toutes les qualités que possède celui qui n'a pas été nourri d'eau, quels que soient les soins multipliés des marchands, l'indus- trie des meûniers et la manipulation éclairée du bou- langer. Mais enfin ces avantages sont certains, et les inconvéniens naturels de l'étuve ne doivent être comptés pour rien quand il s'agit de sauver une provision ; il suffit que son usage ne puisse nuire à la santé.

Cependant, quoiqu'on soit assez généralement d'accord sur l'utilité de l'étuve dans tous ces cas, ou pour faire perdre aux grains, tels que le sarrasin, le maïs et les semences légumineuses, leur viscosité naturelle, on ne doit jamais s'en servir pour ceux destinés à la reproduction. Trop d'exemples prouvent combien le germe souffre étant exposé à la chaleur du feu : nous sommes donc forcés de convenir que le succès de l'étuve dépend encore de plusieurs circonstances difficiles à saisir et à concilier.

Pourquoi les auteurs qui ont prétendu faire du feu l'agent exclusif de la conservation des grains, en présentant l'étuve comme un des moyens les plus salutaires, ne font-ils pas leurs efforts pour ajouter à cet instrument ce qui lui manque, pour le rendre moins coûteux, plus commode et plus utile : c'est-là au moins où devroient aboutir toutes leurs recherches.

OBSERVATIONS.

On a eu bien tort sans doute de comparer le dessèchement du grain opéré par l'étuve, à celui qui résulte de l'action de l'air. Le premier a lieu très brusquement. D'abord le blé augmente de volume ; l'humidité de végétation, celle qui appartenoit à la bonne nature de blé, se raréfie et s'évapore ; mais celle qui entre comme partie constituante est forcée de quitter son aggréga-
tion

tion par un degré de chaleur que n'a aucun climat ;
elle entraîne avec elle un principe odorant, que nous
nommons l'*esprit recteur*, combine ou altère les autres
principes, ce qui apporte nécessairement dans la constitution du grain un dérangement réel, dérangement
dont le germe reproductif se ressent le premier.

Le desséchement du blé par l'intermède de l'air, est
absolument différent ; il n'y a que l'humidité surabondante qui s'évapore insensiblement, tandis que l'autre
se combine plus exactement, sans qu'aucun des principes se trouve dans un état de chaleur qui les approche de la décomposition. Ainsi le grain arrive peu
à peu à l'état d'un blé vieux, dont la farine, comme
on sait, n'a plus ce moelleux, faute d'humidité nécessaire, et ne donne qu'un pain peu savoureux ; tandis que
par le moyen de l'étuve, cet état, qu'on peut comparer
à celui qu'ont les semences légumineuses quelques années après leur récolte, est l'ouvrage de vingt-quatre
heures.

Mais autant l'étuve préjudicie aux grains qui réunissent toutes les qualités requises, autant elle pourra devenir utile lorsque nous aurons de grandes provisions
à garder, que le sol de notre habitation sera humide,
que les grains récoltés dans un temps pluvieux, seront
disposés à passer à la germination, ou à contracter
un peu d'odeur. Elle enlèvera aux blés médiocres l'eau

surabóndante, combinera celle qui est essentielle, dé-
truira leur état gras et visqueux ; enfin elle achèvera la
maturité : ce qui les mettra en état de se conserver plus
long-temps , et les rendra un peu moins susceptibles de
l'attaque des insectes. Malgré cela, c'est toujours un
malheur d'avoir besoin du secours de l'étuve , pour
donner aux blés tous ces avantages.

En attendant qu'à l'imitation des Chinois, nous éta-
blissions des étuves publiques , les Seigneurs pourroient
faire ménager, au-dessus des fours banaux, une espèce
de chambre, dans laquelle les grains de tout un canton, trop nouveaux, trop humides, naturellement gras ,
acquerroient en moins de vingt-quatre heures, sans
beaucoup d'embarras et de frais, la faculté de se moudre avec plus de profit, de fournir, moyennant cette
dessication préalable, une farine plus abondante, plus
susceptible de se conserver, et de devenir au pétrin
d'un meilleur travail.

Mais nous ne saurions trop le répéter, quel que soit
l'état où se trouve le blé, les laboureurs ne le conservent
presque jamais conformément à sa nature et aux vrais
principes. Le premier objet qu'ils doivent se proposer,
est le nettoiement ; et rien n'est moins parfait : le grain
à moitié purgé de ses parties hétérogènes , est amon-
eelé dans un endroit ouvert de toutes parts, exposé
aux influences de l'air, à la voracité des animaux de

toute espèce. Nous allons indiquer un dernier moyen,
pour éviter tous ces vices de localité, et les inconvéniens perpétuels auxquels le grain est assujetti, tant
qu'il reste entre les mains du cultivateur. Ce moyen
est on ne peut plus praticable dans une province où
les grains appartiennent presque toujours à des récoltes
sèches, qui ont rarement un excédant d'eau de végétation à perdre.

ARTICLE XX.

CONSERVATION DES BLÉS EN SACS ISOLÉS.

Dès que le blé est entièrement nettoyé de toutes ses
hétérogénéités, parfaitement sec et exempt d'insectes,
il faut, au lieu de l'abandonner en couches ou en tas, le
mettre dans des sacs, et placer ces sacs par rangées droites dans le grenier, en ne laissant que la place nécessaire
pour passer entre les murs ; ce qui forme autant de vides
par lesquels l'air agité circule et rafraîchit le grain. Chaque sac doit être réglé sur des mesures et des poids
conformes à ceux du pays, en observant de faire ensorte qu'ils en renferment le plus possible, parce que
plus le sac aura de capacité, plus le même local pourra
contenir de grain.

On isolera ces sacs avec des petits morceaux de bois,
qu'on fixera à leur circonférence par le moyen d'un

petit crochet attaché à leur extrémité, et qu'on mettra à la partie du sac la plus saillante.

Cette méthode simple et facile épargne du temps, des soins et des dépenses, employés souvent en pure perte par les moyens ordinaires : les sacs isolés doivent être considérés comme autant de petits greniers renfermés dans un grand.

Avantages des sacs isolés.

La méthode de conserver ainsi les grains est également applicable aux farines; elle réunit une foule d'avantages dont on va présenter ici les plus essentiels, afin de pouvoir les comparer aux inconvéniens des autres pratiques usitées.

1°. Le blé étant mis en sacs aussitôt qu'il a été parfaitement nettoyé et ventilé, procure la facilité de voir le rapport entre la mesure livrée et celle que présente la mise en sacs, déduction faite des criblures.

2°. Il n'en coûtera plus aucuns frais de main-d'œuvre et de déchet, quelque long que soit le séjour du blé au grenier.

3°. On évitera le dépérissement du blé abandonné à l'action de l'air, aux animaux qui y ont accès, aux ouvriers employés à la manutention.

4°. Le même grenier pourra contenir du blé en sacs,

une fois autant et même plus que lorsqu'il est répandu sur le plancher à la manière ordinaire ; on pourroit même, dans des circonstances, augmenter et doubler les sacs , en les mettant au-dessus de la première rangée.

5°. Les fermiers seront à portée de conserver les produits de leurs moissons d'une année à l'autre, sans danger, sans frais, sans quitter leurs champs un jour favorable aux ensemencemens , à la récolte , en un mot , sans qu'il soit nécessaire d'employer un aussi grand emplacement.

6°. Les particuliers logés étroitement, auront la faculté de conserver à peu de frais leurs provisions, dans tous les endroits de la maison , sans courir aucun risque de la part du local.

7°. On aura la facilité de visiter, quand on voudra, les sacs , de les examiner, de les déplacer , de les remuer, sans occasionner de déchet.

8°. Si les rats et les souris percent un sac, ils ne pourront s'y retrancher long-temps sans être apperçus ; s'ils parviennent à établir leur domicile dans le grenier, les chats leur feront la chasse avec plus de facilité : on pourra d'ailleurs se servir, pour les exterminer, de tous les moyens connus, sans aucun danger pour la denrée.

9°. Un grain gâté peut, à la manière des levains, jeter la corruption dans des masses où il est difficile ensuite d'arrêter ses effets rapides, tandis que dans ce cas il n'y auroit qu'un sac à séparer et à travailler.

10°. Si un sac placé au fond d'un bateau, ou resté un certain tems auprès des murs, a déja contracté une disposition à s'échauffer et à fermenter; pour y remédier, il sera possible de l'éloigner des autres sacs, de le remplacer ou de l'employer, sans que la totalité puisse en recevoir du dommage.

11°. Le nombre des sacs pouvant se compter par rangées, et le vide qu'un seul occasionne devenant très-sensible, on s'appercevroit à l'instant du tort qui se feroit au grenier.

12°. Ceux qui auront la direction des magasins, manqueront de prétextes pour compter des frais d'entretien et de déchets, qui souvent montent à deux pour cent du prix d'achat des grains.

OBSERVATIONS.

Quoiqu'on ne puisse contester les avantages de la méthode proposée, il n'est pas douteux que la première mise des sacs, et leur entretien ensuite, ne donnent lieu à quelques objections, parce que assez ordinairement on est plus frappé de la dépense du moment que des bénéfices à venir. Mais on observera que cette première mise une fois faite, sera amplement

compensée par les avantages sans nombre qui en seront
la suite.

Connoît-on bien les pertes réelles en grains qu'on
éprouve annuellement par les autres méthodes? Pour
manœuvrer les grains, ne faut-il pas des cribles, des
pelles, des balais et d'autres ustensiles qu'on est obligé
de renouveler? Calcule-t-on souvent les déchets et autres frais de main-d'œuvre, que la saison, le local et
la nature de l'objet rendent quelquefois indispensables?
Distingue-t-on parmi ces déchets ceux qui viennent
de l'infidélité, d'avec ceux au contraire qui appartiennent aux suites de la pratique défectueuse, qui, dans
l'un et dans l'autre cas, sont toujours considérables? et
comme il est toujours nécessaire d'avoir un certain
nombre de sacs pour le transport au marché, du moulin, au magasin, croit-on qu'en les vidant, les rem-
plissant et les entassant les uns sur les autres, on ne les
use pas beaucoup plus vîte, qu'en les laissant debout
et isolés sans y toucher.

Mais sans accumuler ici les faits bien capables de
justifier les avantages des sacs isolés, parcourons l'histoire des siècles les plus reculés, et nous verrons que
ces urnes, ces jarres, ces corbeilles, dans lesquelles
nos bons aïeux gardoient leurs provisions, étoient fondées sur les mêmes principes; nous verrons que toutes
les méthodes de conserver les grains en petites et en

grandes meules , en gerbe , en épis , dans la paille au vent , dans des nattes en forme de paniers, ou de sacs, dans des citernes revêtues intérieurement de. paillassons , dans des barils, des caisses , des greniers à compartimens ; nous verrons que toutes ces métho-des ont pour but de conserver la denrée principale sans aucune frais : toujours on cherche à empêcher que l'air chaud et humide ne s'y introduise, à entretenir assez de froid et de sécheresse pour que, les parties consti-tuantes se trouvant dans un état d'immobilité et d'iner-tie, les grains se conservent en bon état, sans souf-frir de déchet , sans avoir besoin d'être travaillés.

Mais ne sait-on pas que dans les années où les grains sont difficiles à garder, les vices des méthodes occa-sionnent des pertes considérables., et que par la sup-pression des frais, des déchets et des avaries, on peut calculer que sur vingt années on en gagnera une au moins ? Toutes ces considérations démontrent combien on doit être attentif au moyen proposé.

ARTICLE XXI.

DE L'ACHAT DU BLÉ.

Nous avons dit que le concours de tous les sens devoit être invoqué lorsqu'il s'agissoit de fixer son choix sur la qualité du blé ; mais leur témoignage est souvent

mis

mis en défaut par une coupable industrie , toujours aux aguets pour tromper la bonne foi confiante.

Il est affligeant sans doute que dans un commerce d'où l'amour de l'humanité, ce sentiment si pur et si naturel, sembleroit devoir bannir toute infidélité, tout intérêt sordide, on voie cependant les fraudes se multiplier à mesure que les grains passent en des mains différentes. Mais nous n'avons intention de considérer le commerce du blé, que relativement à notre objet : trop d'ouvrages dictés par l'amour du bien ou par l'intérêt personnel, ont traité cette question sous tous ses points de vue.

Le commerce du blé se fait de différentes manières. Tantôt le boulanger achète chez le laboureur; tantôt c'est chez le marchand ou au marché qu'il vient s'approvisionner ; souvent enfin le commissionaire le représente : dans chacun de ces cas, il y a des règles à suivre, tant pour tirer parti de la qualité du blé, que pour éviter les infidélités du commissionnaire surtout, qui, quelquefois, trompe celui de qui il achète et celui pour qui il achète.

Nous croyons que le boulanger devroit toujours préférer de faire ses achats au marché, parce que, indépendamment de l'avantage qu'il auroit de tirer de la première main, et de ne pas être trompé sur le prix courant, l'objet seroit toujours devant ses yeux, et il pourroit s'assurer de la qualité à mesure qu'on videroit les sacs.

Une vérité dont on ne sauroit assez se pénétrer, c'est que le vendeur, quel qu'il soit, a le plus grand intérêt de présenter sa marchandise sous la plus belle apparence. Il est donc nécessaire que les moyens dont il se sert pour y parvenir, soient parfaitement connus de celui qui achète.

Si l'on traite d'après l'échantillon, ce dernier, quoique conforme au blé dont il est l'image, ne peut-il pas tout naturellement acquérir de la supériorité, sans que la fraude s'en mêle? D'abord si on l'apporte dans la poche pour le montrer, il devient plus lisse par le frottement, et plus sec par la chaleur : l'ôte-t-on du petit sac qui le contenoit, ceux qui l'examinent le font sauter dans la main, en dissipent la poussière; et tout en reprochant au vendeur les défauts de sa marchandise, ils en rejettent insensiblement les grains vides, les semences étrangères. Ce sont donc eux-mêmes qui, sans s'en appercevoir, rendent insensiblement l'échantillon d'un blé de médiocre qualité, pareil à celui des meilleurs blés.

Supposons maintenant que le dessein soit pris d'offrir un échantillon différent du blé qu'on a intention de vendre, on ne sauroit alors être trop sur ses gardes. Si le grain est en tas dans un des angles du grenier, ou qu'il soit répandu en couches sur le plancher, la superficie peut être d'une autre qualité que le fond, et le centre peut ne pas ressembler aux côtés ; s'il est au marché, l'entrée et le fond du sac peuvent se ressembler, tandis que le milieu sera différent ; et si l'objet de la vente est considérable, le dessus de la pile des sacs sera conforme à l'échantillon, tandis que le marchand, abusant de la confiance du boulanger séduit par cette régularité illusoire, aura glissé, à la faveur de la quantité, plusieurs sacs de blés inférieurs.

Ces observations, dont la vérité ne se justifie que trop souvent, devroient bien rendre le boulanger circonspect dans ses achats. Lorsqu'il s'approvisionne, il pourroit diviser l'échantillon en trois parts, qui seroient cachetées sur ficelle, et contiendroient un écrit signé du vendeur et de l'acheteur, exprimant la mesure, le poids et le prix du grain, la quantité qu'on en a acheté, et l'époque où on doit le fournir. L'un resteroit entre les mains du marchand ; le boulanger garderoit l'autre ; le troisième échantillon enfin serviroit de pièce de comparaison.

Il seroit nécessaire, lorsque le boulanger auroit acheté au grenier ou dans les magasins, d'enlever le blé du fond du tas avec la pelle, pour le confronter avec celui de la superficie, d'enfoncer la main de plus en plus autour du tas et dans le centre ; mais au marché, il fau-

Q ij

droit réserver le dernier sac qui a servi de montre, et comparer, sans discontinuer, chaque sac, jusqu'à ce que tout le grain soit mesuré.

Enfin il faudroit, pour prévenir tous les inconvéniens, que le commerce des blés se fît au poids et à la mesure. Ces deux moyens employés, toujours concurremment, procureroient beaucoup d'avantages pour le public : cette loi préviendroit une foule d'abus, entre autres celui des blatiers, qui mouillent souvent leurs grains pour leur faire acquérir une augmentation en poids et en volume. Ces marchands ambulans n'achètent la plupart du tems que des blés très-inférieurs, qu'ils revendent après cela aux particuliers pauvres ou aux boulangers de campagne. Heureusement que ceux-ci les consomment sur le champ ; car de pareils grains, surchargés artificiellement d'eau, seroient bientôt altérés.

OBSERVATIONS.

Ces précautions essentielles dans les achats, ne sont ni gênantes ni coûteuses ; en rendant le boulanger sûr de son blé, elles lui donneront de la tranquillité sur les besoins de sa consommation : elles intéressent donc à-la-fois sa fortune, sa réputation et le bien public.

Dans le cas où il arriveroit un renchérissement inopiné depuis l'instant où le blé seroit vendu, jusqu'à celui où l'on seroit convenu de le livrer, la cupidité aux aguets ne pourroit plus en imposer à la bonne foi confiante ; les échantillons cachetés et déposés deviendroient des preuves juridiques pour le vendeur comme pour l'acheteur ; et à l'ouverture du sac, on décideroit aisément lequel des deux seroit fondé en plainte.

Mais quoique la pesanteur spécifique soit, comme nous l'avons dit, un des moyens les plus certains pour juger de la qualité du grain, il est essentiel en achetant au poids, de mesurer ensuite, puisque le setier d'un bon blé sec pourroit donner, s'il étoit humecté, près d'un boisseau ou vingt livres de plus, sans pour cela fournir davantage de pain que le même grain auquel on n'auroit pas ajouté d'eau.

Il y a une autre fraude dont il convient d'avertir encore le boulanger ou le marchand de farine : lorsqu'un setier de blé de tête, mesure de Paris, doit peser deux cents cinquante livres, le marchand ou le commissionnaire l'envoie au moulin où le boulanger fait moudre ; ce dernier croit avoir le blé qu'il a acheté, puisque le meûnier lui mande qu'il pèse le poids annoncé ; mais pour donner le change sur cette pesanteur spécifique, au lieu de livrer le blé convenu de la meilleure qualité, on en achète d'autre très-inférieur, dans des endroits éloignés, et on le substitue à la place en y ajoutant l'excédant du poids de celui qui a été vendu. En supposant que cet excédant aille à dix livres, c'est à peu près un demi-boisseau, qui vaut vingt sous: le marchand gagnera donc quarante sous au moins.

Cette fraude est d'autant plus préjudiciable, qu'indépendamment de la perte réelle, il n'a pas la qualité de blé sur laquelle il compte, et que souvent il accable de reproches le meunier qui n'a aucun tort. Mais, nous le répétons, si le boulanger ne veut plus courir les risques d'être trompé dans ses achats, il doit comparer chaque fois la mesure au poids, examiner si le fond des sacs est semblable à la superficie, ayant continuellement devant lui l'échantillon ou la montre, quand on vide dans la mesure ou dans la jarre.

Nous sommes bien fâchés que les malversations de quelques particuliers faisant le commerce des blés, nous aient forcé de donner ces observations ; car il existe beaucoup d'endroits où aucun écrit, aucunes précautions ne sont en usage, ni nécessaires, et où il règne une bonne foi, une candeur dignes de l'âge d'or. Nous aimons à croire que c'est ainsi que les choses se passent en Languedoc.

ARTICLE XXII.

TRANSPORT DU BLÉ.

Il ne suffit pas d'avoir pris les mesures les plus sages pour avoir des blés purs, nets, et de bonne qualité, pour ne pas être trompé dans les achats ; il est nécessaire encore de veiller à ce qu'ils arrivent à leur destination, pourvus de tous les avantages qu'ils avoient au départ du grenier.

Il convient, avant de sortir le blé du magasin, pour le voiturer par eau ou par terre, de le passer au crible, quelles que soient sa pureté, sa netteté et sa sécheresse, parce que sur la route, principalement dans de longs trajets, il a toujours plus de propension à se charger d'humidité ou à s'échauffer, sur-tout quand il est à nu. Il est bon encore d'examiner si les sacs sont en bon état. Toutes ces circonstances intéressent la conservation et l'économie.

Si le blé est destiné à être transporté par eau, il faut que l'endroit où on le déposera, en attendant qu'on le charge sur le bateau, soit propre et à l'abri des injures de l'air ; on doit encore former un soustrait de claies, élevé du fond du bateau, et posé sur des pièces de charpente. On recouvrira ces claies avec de la paille sèche, afin que l'air circule et entretienne la fraîcheur ;

et on isolera le blé sur les côtés du bateau, pour le mettre également à l'abri de l'humidité. On recouvrira les bateaux avec des bannes disposées de manière à faciliter l'écoulement des eaux pendant les pluies et les orages.

On pourroit encore transporter le blé en sacs par eau : ce moyen épargne les frais de vider, de remuer, et les déchets inévitables pendant les transports les mieux soignés, ainsi que les frais qu'exigent les déchar-gemens, sans compter que le blé parviendra dans le même état de sécheresse et de netteté où il se trou-voit au sortir du grenier. On ne sauroit disconvenir que les mêmes moyens ne puissent être employés avec un égal succès, pour le transport des blés par terre.

Mais dans quelque état que soit le blé arrivé à sa destination, l'usage du crible est encore une chose indispensable. On ne doit pas perdre de tems pour le porter au grenier, le remuer et le cribler à plusieurs reprises, pour lui faire perdre l'humidité, la chaleur et l'odeur qu'il auroit pu contracter en route, et lui resti-tuer son premier degré de bonté ; enfin c'est le seul moyen de préparer le blé à soutenir la durée des voyages.

OBSERVATIONS.

S'il y a des précautions à prendre pour ne pas être trompé

trompé dans les achats en blé, il ne faut pas moins
veiller à ce que le grain ne soit pas changé en route,
ni négligé dans son transport : tout ce qui peut intéresser l'art du boulanger, doit être pour nous un objet
principal.

Nous présumons donc que le blé est de bonne qualité, qu'on aura prescrit au commissionnaire les règles
qu'il faut suivre dans l'achat, qu'il aura comparé la
mesure du marché où il achète, avec celle du canton
qu'il habite, qu'il aura calculé les frais de voyage, de
louage de sacs, et autres dépenses d'exportation, qu'il
sait enfin à combien reviendra le blé rendu chez lui ;
il doit ensuite faire attention de marquer et contremar-
quer les sacs de son nom, pour éviter les erreurs, les
méprises, les échanges, et à mesure qu'on y met les
grains, de plomber et cacheter sur la ficelle. Il faudroit
sur-tout que les bateaux et les voitures destinés au
transport des grains, fussent exactement couverts et
construits de manière que l'humidité y pénétrât difficilement, que les sacs fussent arrangés, garnis et parfaitement isolés, sans quoi l'on ne doit pas espérer que
le grain arrive sans avoir été fatigué sur la route, et
même avarié.

La méthode des sacs isolés pourroit donc non-seulement être adoptée dans les voitures et les bateaux,
pendant le transport par eau ou par terre, mais encore

R

dans les halles, dans les ports, et en général dans tous les endroits où l'on décharge les grains, soit comme dépôts, soit comme approvisionnemens.

Quand cessera-t-on d'entasser les sacs les uns sur les autres, quelquefois à plus de vingt pieds de hauteur, et plusieurs piles réunies ensemble? Dans quels lieux, dans quel tems cette pratique est-elle suivie? sur un sol humide, lorsqu'il fait chaud, quand les grains proviennent de récoltes pluvieuses, et après leur transport dans des voitures mal couvertes. On ne nous opposera pas sans doute les soins et les embarras que cette méthode entraîneroit: que sont de pareils obstacles, lorsqu'il s'agit de conserver dans toute leur bonté des matières de premier besoin, dont les pertes réunies auroient suffi pour la nourriture d'un canton, dans lequel ils causent au contraire la cherté et souvent la disette?

Après avoir considéré le blé sous tous les points de vue qui pouvoient servir à le faire connoître dans les divers états où la nature le présente; après avoir exposé les différentes précautions et les travaux nécessaires pour lui conserver ses bonnes qualités, ou lui ôter les défauts que des accidens ou des négligences lui avoient communiqués; un autre objet doit nous occuper. Alors d'autres soins, d'autres manipulations: une première décomposition mécanique va lui faire

perdre son nom , sa forme et ses propriétés ; ses parties constituantes, distinctes et séparées pour ainsi dire
dans le grain , seront désunies , puis confondues et
mélangées ; l'écorce ou enveloppe qui l'avoit garanti
des influences de l'atmosphère , va en être rejeté ;
enfin ce ne sera plus du blé.

DEUXIÈME PARTIE.

DE LA MEUNERIE.

L'EXPÉRIENCE journalière prouve que le blé le plus parfait au sortir du grenier peut perdre de ses qualités par l'ignorance du meunier ou par l'imperfection du moulin ; qu'il y a autant de différence entre un bon et un mauvais moulage, qu'il en existe entre un blé d'élite et un blé inférieur. On doit donc regarder la mouture comme la première opération du boulanger ; et sous ce point de vue elle mérite d'être traitée particulièrement dans cette seconde partie.

ARTICLE PREMIER.

DES SOINS PRÉALABLES A LA MOUTURE.

En supposant que toutes les conditions nécessaires pour obtenir des blés nets, aient été parfaitement remplies par le laboureur ou par le commerçant, on pourroit les envoyer au moulin sans aucune opération préalable. La poussière qui auroit pu s'introduire au grenier par les mailles de la toile du sac, ou qui se détache toujours à mesure que le grain sèche, seroit

facilement séparée, au moyen d'un crible placé au-
dessus de la trémie ; opération qui sert encore à rafraîchir le grain, à dissiper l'odeur qu'il auroit pu contracter, et à le mettre en état, en subissant l'action des
meules, d'acquérir le moins de chaleur possible.

Une précaution essentielle qu'exige le blé le plus
parfait, c'est que quand les eaux sont basses, ou quand
le tems est calme, il faut éviter d'en envoyer moudre
une plus grande quantité que le local du meunier ne
le permet ; car c'est souvent là que le grain négligé,
abandonné, perd de ses bonnes qualités. Il est donc
prudent, lorsqu'on entreprend la mouture d'une provision de blé considérable, de ne le faire transporter
au moulin qu'à mesure que l'on moud, parce que ne
pouvant seul jouir du moulin, il est nécessaire, comme
dit le proverbe, *que chacun engraine à son tour.*

Si l'on est forcé de se servir des blés nouveaux avant
qu'ils aient ressué au grenier, il faut toujours faire
ensorte de les mêler avec des blés vieux ; la mouture
s'en fait plus aisément, et ceux-ci produisent une farine
qui donne par ce moyen au pain le goût de fruit.

Mais ce mélange ne doit avoir lieu que pour les blés ;
car nous ne pouvons nous dispenser de désapprouver
l'usage adopté en quelques cantons du royaume, d'envoyer moudre à la fois plusieurs espèces de grains,
dont la nature, la configuration et le volume étant

entièrement différens, exigent chacun une mouture particulière. Jamais ils ne peuvent donner une farine aussi
abondante que s'ils eussent été écrasés séparément. Il
faut donc toujours les moudre à part, quoiqu'on ait
l'intention de mêler ensuite leurs farines. La pratique
contraire produit encore une perte considérable : ainsi
le particulier et le meunier ont le plus grand intérêt de
la rejeter.

Les blés, sans avoir été soumis à l'étuve, peuvent
avoir acquis une sécheresse précieuse pour la qualité
du pain, mais préjudiciable à l'opération qui doit les
convertir en farine : car, pour bien moudre le blé, il
faut qu'il conserve une portion d'humidité, sans laquelle la totalité du grain se pulvérise au même degré, et occasionne beaucoup de déchet. Le son également divisé passe à travers les bluteaux les plus serrés,
se mêle à la farine ; d'où il ne résulte qu'une farine terne
et piquée de son, ce qui lui enlève sa valeur dans le
commerce et dans le pain qu'on en prépare. Le blé du
Languedoc est toujours dans ce cas : il faut constamment lui restituer l'eau que le même grain de contrées
moins chaudes a souvent par surabondance ; ce qui
exige une conduite entièrement opposée.

Mouillage du blé.

Cette opération ne doit pas avoir lieu avant que le

blé ne soit préalablement bien criblé, et qu'on ne soit assuré de jouir du moulin quelques jours, sur-tout pendant les vives chaleurs de l'été ; car le blé ainsi arrosé d'une humidité étrangère, courroit les risques de fermenter et de se détériorer d'autant plus vîte qu'il seroit entassé et en masse considérable.

Sur un quintal de blé on répand, selon qu'il est plus ou moins sec, sept à huit livres d'eau à différentes reprises, par le moyen d'un arrosoir, ayant soin de remuer sans discontinuer, afin que le grain en soit pénétré. On réunit ensuite la masse, et vingt-quatre heures après le mouillage on la met en sacs. Le blé humecté de cette manière donne des résultats plus parfaits sans avoir aucun inconvénient.

OBSERVATIONS.

Les blés qui auront contracté à leur superficie une odeur de moisi, faute d'être remués au grenier, ceux auxquels les insectes ont communiqué leur émanation, enfin les blés recouverts de noir, tous ces grains avariés dont nous avons déja parlé, étant lavés à grande eau la veille de leur emploi au moulin, acquerront en même tems la qualité pour laquelle nous venons de recommander le mouillage. Mais, autant qu'on le peut, il faut choisir le moment favorable pour faire moudre, se précautionner contre les inondations, le tems calme et les gelées qui suspendent le jeu des moulins à eau et à vent ; enfin avoir toujours de la farine en avance, pour ne pas se laisser prendre au dépourvu.

Une autre précaution que doit prendre le particulier qui fait moudre, c'est de ne jamais abandonner le son au profit de son domestique, parce que celui-ci envoyé au moulin pour y servir le grain, ne veillera point à ce que le blé soit moulu avec avantage; que le meunier auquel il aura pu recommander ses intérêts, moudra et blutera mal, donnera de son gras à la servante et peu de farine à la maîtresse. On ne sauroit trop éviter de fournir à autrui l'occasion de tromper.

ARTICLE II.

DE LA MOUTURE.

Sans rappeler ici par leurs noms physiques, les différentes parties constituantes du blé, nous nous bornerons à faire remarquer qu'il porte avec lui trois caractères distinctifs dans les mains du meunier : l'enveloppe qui est le son; la farine déja divisée dans le grain dont elle occupe le centre, qu'on désigne sous le nom de farine de blé ; enfin un autre produit, le plus voisin de l'écorce, et qui étant détaché se présente

sente sous la forme de petits grains, vulgairement appelés *gruaux*. Or l'art de moudre consiste à séparer ces différentes parties les unes des autres, à conserver à chacune les propriétés spécifiques qui les caractérisent. On reconnoît enfin qu'une mouture est bien faite lorsque le son vient rouler au-dessus, et qu'il cherche à se séparer de la farine.

Suivons maintenant le blé au moulin, et examinons ce qu'il devient dans l'opération de la mouture. Le grain tombé de l'auget et arrivé sous les meules, y est d'abord déchiré, brisé, comprimé, écorcé; et passant du centre à la circonférence, la partie divisée, et connue dans le commerce sous le nom de farine de blé, se sépare du gros son; et l'autre qui est la substance la plus dure, la plus sèche et la plus pesante, les gruaux enfin échappent à la première trituration, et se présentent en grains ronds, plus ou moins blancs, revêtus à leur superficie d'une pellicule mince. Ces trois résultats se montrent constamment dans une mouture quelconque. Ces gruaux autrefois si méprisés, aujourd'hui traités comme le grain lui-même, étant reportés plusieurs fois sous les meules, fournissent plus des trois quarts de leur poids en farine blanche désignée par les noms des moutures qu'on en fait; et les sons réduits presque à leur état d'écorce, donnént encore, par une suite de la perfection de la meunerie,

S

une farine bise qui peut contribuer à la nourriture.

O B S E R V A T I O N S.

Que la farine sortant des meules, soit blutée en même tems que l'on moud, ou bien, que cette opération de la mouture se fasse chez le particulier, de la même manière qu'elle se pratique au moulin, les produits n'en seront pas moins semblables entre eux ; mais si les meules fatiguées, montées trop hautes ou tournant trop légèrement, n'ont fait que concasser le grain, il restera beaucoup de farine adhérente au son, tandis que ce sera la farine qui abondera en son, si les meules trop rapprochées, ou mues par un courant trop rapide, ont réduit une portion de l'écorce en poudre fine.

C'est donc du premier broiement que dépend la perfection de toutes les farines. Quel que soit le moulin dont on se serve, de quelque manière que l'on procède à la mouture, quelle que soit l'espèce de grain qu'on y soumette, la bluterie la mieux conditionnée et tous les soins ne pourront jamais restituer à une farine les qualités qu'une mouture défectueuse lui aura fait perdre ; car le mal est déja décidé avant qu'elle arrive à la huche. On ne sauroit donc être trop attentif à cette première opération, qui fait la base d'une bonne mouture, puisqu'une fois manquée, il n'est plus possible d'y revenir. Quel remède en effet employer, si le son en est divisé au même point que la farine, si celle-ci a éprouvé un degré de chaleur assez considérable pour être altérée dans ses principes? Les suites de ce dernier inconvénient sont trop importantes pour ne les pas exposer ici.

ARTICLE III.

DES EFFETS DES MEULES SUR LE BLÉ.

Les effets du feu sur les grains sont connus : ceux qu'ils éprouvent par l'action trop violente des meules peuvent leur être comparés ; et nous ne pensons pas qu'il soit permis d'en douter, d'après une suite d'expériences entreprises à dessein de les démontrer : contentons-nous d'en présenter les principaux résultats.

La chaleur que les blés éprouvent en se convertissant en farine, est d'autant plus considérable qu'ils sont plus humides, que le courant d'eau ou de vent est plus rapide, et que les meules sont plus ou moins serrées; mais il est de la dernière conséquence en meunerie, que cette chaleur n'excède pas douze degrés au-dessus de la température, et que la farine enfin ne soit pas ce qu'on nomme *brûlée* ou *étouffée*, parce que cet inconvénient est aussi onéreux pour le boulanger que pour le consommateur.

Or, dès qu'une farine examinée à l'anche, se trouve avoir une chaleur au-delà de douze degrés, on doit être assuré que le moulin va trop vîte, qu'il expédie trop de grain : en conséquence il faut alléger les meules, leur donner la quantité de blé relative à leur force, sans quoi le meunier mérite les reproches les mieux fondés ; car on doit toujours supposer qu'une farine qui a ce degré de chaleur à l'anche, en avoit davantage sous les meules, vu qu'en sa qualité de poudre blanche elle est un mauvais conducteur de la chaleur. Elle la perd assez promptement, sur-tout quand elle est en petite masse, et presque réduite en vapeur.

Pour mieux connoître l'altération successive que pouvoit éprouver le blé dans les moulins économiques, depuis la première jusqu'à la dernière mouture, nous avons comparé souvent toutes les espèces de farines entre elles, dans les moulins qui échauffoient le plus, et dans ceux qui échauffoient le moins ; nous avons constamment observé que la quantité de matière glutineuse a toujours diminué en raison du nombre de fois que les farines passoient sous les meules, et que celles-ci donnoient davantage de chaleur.

Si, comme l'expérience nous l'a appris, douze degrés de chaleur sont déja capables d'altérer les principes des farines, que l'on juge de ce qui doit arriver dans nos provinces, où pour broyer en une seule fois la totalité du grain, on fait usage de toute l'impétuosité du moteur, au lieu d'en tempérer la violence. On serre les meules, qui, défectueuses par elles-mêmes, tournent si rapidement qu'elles parcourent leur cercle plus de cent fois par minute, et occasionnent une chaleur telle qu'à peine la main peut la supporter.

MM. les Commissaires des Etats ayant fait moudre sous leurs yeux, au moulin de Basacle, le 6 juin 1783, plusieurs setiers de blés pour en connoître les produits en farine et en pain, ont remarqué que les meules en activité avoient un mouvement si rapide, que l'une faisoit 85 tours par minute ; une autre, 100 ; une autre, 104 ; la quatrième, 110 ; qu'enfin le thermomètre plongé dans les farines qui sortoient de ces meules, étoit monté jusqu'au 37e. degré de Réaumur.

Quelques auteurs peu instruits de la constitution physique du blé, et des effets qu'une chaleur violente fait éprouver à ses principes, ont cru remédier à cet inconvénient, en recommandant de répandre les farines sur le carreau ou le plancher du magasin, après la mouture, pour qu'elles refroidissent. Mais cette précaution n'est ni sage, ni utile, ni nécessaire. Est-ce en été ? l'air trop chaud est incapable de les tiédir promptement : en hyver ? il n'y a rien à craindre, quand elles garderoient long-tems leur chaleur : enfin s'il règne de l'humidité, c'est le moyen de leur faire acquérir une augmentation de poids toujours préjudiciable à la conservation.

Comme cette chaleur, quelque violente qu'elle soit
au sortir des meules, se trouve dimfinuée au moins de
moitié dès que les farines sont séparées du son, et
qu'elle est à peine sensible quarante-huit heures après
le blutage, on doit bien présumer qu'en séjournant au
moins tout ce tems au moulin, avant d'être envoyées
au marché ou chez le propriétaire, il n'y a rien à appréhender en les laissant dans les sacs, quoiqu'elles y perdent plus lentement leur chaleur.

L'erreur vient toujours de ce qu'on n'a pas assez distingué la chaleur que le frottement des meules et l'imperfection du moulin communiquent aux farines, de
celle que la fermentation y établit. La première est,
pour ainsi dire, étrangère à la matière : elle n'existe
qu'à la superficie, et se dissipe en très peu de tems.
Il n'en est pas de même de la seconde : la farine quitte
son état d'inertie pour passer à une nouvelle manière
d'être ; ses parties constituantes sont dans une sorte de
mouvement qui tend à leur décomposition ; et la chaleur qui en est la suite, ne fait qu'augmenter si l'on
n'a pas l'attention de la répandre sur le plancher, de
la ventiler au moyen de la pelle et du crible, pour
arrêter, par le mouvement et le froid, la fermentation
qui menace de s'y établir ou qui a déja commencé.

Mais le refroidissement opéré le plus promptement
possible sur une farine vivement échauffée par les

meules, ne remédiera jamais à aucun des inconvéniens qui en sont la suite fâcheuse. Une fois la mouture finie il ne sera guère possible de réparer le mal,
quelque bon procédé qu'on employe dans les opérations subséquentes, puisqu'avant de sortir du moulin
la farine aura déja un défaut de qualité. On ne sauroit donc être trop en garde contre les forts moulins,
et contre les meuniers, qui ne sont occupés que de la
quantité de grains qu'ils expédient, sans considération
pour la qualité.

OBSERVATIONS.

Si l'art de moudre consiste à séparer les différentes
parties qui constituent le grain, sans les altérer, il
faut, pour opérer cet effet, que la farine soit tiède au
plus en sortant des meules, que le son soit large, parfaitement évidé, et qu'il ait la même couleur avant
d'avoir été dérobé au grain : tel est du moins le but
qu'on doit se proposer, quelles que soient l'espèce de
grain et la méthode de moudre employées.

Mais si la farine arrive chaude ou brûlante à la huche, ses parties savoureuses se volatilisent, la matière
huileuse du blé augmente de couleur, et rancit : la substance glutineuse, éprouve une sorte de décomposition ;
enfin la farine est piquée, rougeâtre, molle au travail,
et n'a plus de corps.

Comment donc parvenir à empêcher que le meunier ne dénature le blé à ce point, si, dépendant lui-même du moulin qu'il a à conduire, et de toutes les pièces qui composent sa machine, il lui est impossible, malgré ses soins et son habileté, de rectifier ce qu'elles ont de défectueux en elles-mêmes?

Cette partie intéressante de la mécanique vient de fixer l'attention de l'Académie des Sciences de Paris ; elle l'a jugée digne d'en faire un prix extraordinaire, que cette Compagnie a accordé à M. *Dransy*, Ingénieur du Roi. La manière honorable avec laquelle MM. les Députés des Etats avoient accueilli les changemens dans les moulins que propose cet artiste distingué, étoit déja un garant du succès qu'il a obtenu ; et il est bien juste que ce soit la province du Languedoc qui jouisse la première du fruit qu'on a droit d'attendre de son travail : ce nouveau triomphe est même pour l'auteur patriote une double couronne.

Pour faciliter l'intelligence des moyens proposés, M. Dransy a adressé aux Etats un mémoire détaillé, accompagné de plans, dessins et profils de tout ce qui concerne sa nouvelle construction ; et pour pouvoir offrir quelques points de comparaison, il a donné la description des moulins économiques ordinaires, et de toutes les parties accessoires. On verra bientôt que l'auteur n'a rien oublié pour faire ensorte de rendre cette

cette grande et industrieuse machine plus solide, et l'opération de la mouture plus parfaite. Terminons ce que nous avons encore à dire sur la meunerie, par le parallèle de la mouture pratiquée en Languedoc, et de celle adoptée aux environs de la capitale, ainsi que dans quelques cantons du royaume.

ARTICLE IV.

DES DIVERSES ESPÈCES DE MOUTURES.

On a tellement subdivisé la mouture, qu'on a jeté beaucoup de confusion dans les idées à l'égard de cette opération. Cependant on peut rapporter toutes les méthodes de moudre, connues et pratiquées, à deux espèces particulières, savoir : la mouture à blanc ou par économie , la mouture rustique ou à la grosse. Par la première, il s'agit de moudre et de remoudre ; dans la seconde il n'est question que d'un seul moulage : ainsi celle-ci est finie lorsque le grain est broyé, et que la farine sort d'entre les meules, tandis que l'autre ne fait que commencer. Arrêtons-nous à montrer les inconvéniens et les avantages de l'une et de l'autre.

Mouture à la grosse.

C'est la mouture pratiquée en Languedoc ; et quoiqu'elle y soit moins imparfaite, que dans les autres provinces, elle n'en a pas moins les inconvéniens qu'occasionne nécessairement l'usage de tenir les meules trop rapprochées, d'avoir un courant trop rapide, de ne moudre qu'une seule fois, de se servir de bluteaux trop ouverts, et de rendre les produits ensemble sans aucune séparation.

Comment en effet peut-on se flatter de retirer d'un seul moulage la totalité de farine que les grains renferment? Ces derniers étant composés de différentes parties plus ou moins dures, plus ou moins sèches, il faut bien nécessairement qu'il y en ait qui échappent à la première trituration, et ne se trouvent que grossièment divisés, tandis que les autres seront en poudre impalpable.

Inconvéniens de la Mouture à la grosse.

Nous nous garderons bien d'attribuer à la mouture pratiquée en Languedoc plus d'inconvéniens qu'elle n'en a réellement ; il suffira bien d'en faire remarquer les principaux.

Les meules étant rapprochées, et faisant jusqu'à 100 tours par minute, une partie du son est réduite en poudre très-fine ; l'autre est rougie. La farine sort brûlante, piquée et remplie de petit son ; elle perd par ce

moyen, de sa valeur dans le commerce et dans l'emploi. *Premier inconvénient.*

Les meuniers rendant les produits pêle-mêle et confondus ensemble, sans aucune distinction, ils ont la
faculté de substituer des blés inférieurs à ceux de première qualité, du son à de la farine, sans qu'il soit
trop possible de reconnoître si les résultats appartiennent réellement au grain qu'on a donné à moudre.
Deuxième inconvénient.

On peut au moulin mouiller le blé plus que son
degré de sécheresse ne l'exige ; ce qui d'une part augmentera les difficultés de garder la farine et les sons,
et donnera de l'autre un moindre produit en pain :
le meunier en outre aura un bon de mesure ou de
poids, qui rendra nulles les précautions de peser ou
de mesurer avant et après la mouture. *Troisième
inconvénient.*

Tous ces inconvéniens sont bien plus considérables
encore, lorsque l'intérieur du moulin est ouvert de toutes
parts à l'humidité, aux insectes, à la poussière, que
les meules sont tendres et mal rhabillées, que le moulage trop accéléré en fait détacher une poussière fine
qui, ajoutée à celle dont le blé non criblé est recouvert
à sa superficie, passe dans la farine, et la rend sableuse
et colorée.

T ij

De la mouture économique.

La préférence que mérite la mouture économique sur celle usitée en Languedoc , est incontestable ; et malgré ses détracteurs, elle n'en a pas moins mérité les recherches des Physiciens, la protection éclairée du gouvernement, et des encouragemens honorables pour ceux qui se sont occupés de la perfectionner et de la répandre.

Un criblage dirigé comme il convient, un excellent moulage répété plusieurs fois , une bluterie bien conditionnée, le tout mis en jeu par des agens qui ne coûtent rien , constituent essentiellement la mouture économique ; et les meilleures farines, dans quelque pays qu'elles se fabriquent , seront toujours celles qui résulteront de cette mouture bien exécutée. Quand verrons-nous donc la routine céder à l'expérience et à ses résultats ?

La mouture économique peut donc être définie l'art de faire la plus belle farine , d'en tirer la plus grande quantité possible , d'écurer les sons sans les réduire en poudre , et de les séparer si exactement des produits, qu'il n'en reste pas la moindre parcelle.

Avantages de la mouture économique.

Nous déplorons bien l'aveuglement où sont ceux qui

pouvant se servir de la mouture économique, continuent de donner la préférence à la mouture à la grosse.
c'est autant leur intérêt que la qualité et le bon marché du pain, que nous avons principalement en vue,
en présentant ici les avantages les plus frappans de
la mouture économique.

Tous les produits de cette mouture étant rendus à
part, on peut juger de leurs qualités respectives ; et s'ils
sont bien réellement les résultats du blé qu'on a donné
à moudre. *Premier avantage.*

Si le blé a été mouillé plus que son degré de sécheresse ne le comporte, ou s'il est mal moulu, les produits qu'on en obtient, manifestent sur le champ ces
défauts. *Deuxième avantage.*

Chaque mouvement de la roue du moulin fait aller
les cribles destinés à nettoyer les grains, les meules
qui doivent les broyer, enfin les bluteaux qui séparent
les farines d'avec les sons ; ce qui produit une grande
épargne de tems , de frais de transport et de main-
d'œuvre, puisque ces différentes opérations s'exécutent
de suite, dans le même endroit et par le même moteur,
sans presque aucun déchet. *Troisième avantage.*

Ajoutons à ces avantages un tableau pour fixer les
bases sur lesquelles portent les différens produits de la
mouture économique.

État des produits en farines et issues, retirés par la mouture économique d'un setier de blé, mesure de Paris, du poids de 240 livres.

Poids du setier de blé. . . . . 240 liv.

Farine blanche.

Première, dite de blé. . . . . }
2ᵉ, dite première de gruau. . . } 160 liv.
3ᵉ, dite deuxième de gruau. . . . }

Farine bise.

4ᵉ, dite troisième de gruau. . . . }
5ᵉ, dite quatrième de gruau. . . . } 20 liv.

Issues.

Remoulage. . . . . }
Recoupes. . . . . } 54 liv.
Sons. . . . . }

Déchet de mouture. . . . . . . 6 liv.

Poids égal au setier. . . . . . . 240 liv.

Tels sont les résultats d'une mouture parfaite. Il est physiquement impossible au meunier le plus habile d'aller au-delà sans nuire à la qualité de la farine, sans diminuer en même tems de sa valeur dans le commerce ou dans l'emploi en pain.

On sent combien la comparaison des produits de la mouture du Languedoc avec ceux de la mouture économique seroit infidèle , puisque la mouture à la grosse, varie infiniment, non-seulement de ville à ville, mais encore de moulin à moulin, selon que les meules sont plus ou moins serrées, les bluteaux plus ou moins ouverts, et le moteur plus ou moins fort.

O B S E R V A T I O N S.

Les prôneurs de la mouture à la grosse ont beau objecter en faveur de leur opinion, qu'on peut faire monter les produits de cette méthode de moudre à 186, et même à 190, au lieu de 180 livres de farine qu'on retire d'un setier de blé de 240, par la mouture économique ; mais l'on doit remarquer que par ce moyen on laisse passer à travers les bluteaux le petit son et celui qui adhère aux gruaux. Or, ce dernier son, le plus farineux de tous, que la mouture économique détache, divise, et qu'on nomme vulgairement *remoulage*, se trouvant dans la proportion d'un boisseau, pèse 13 livres ; lesquelles ajoutées aux 180 livres de farine, forment un total de 193 livres ; et il est prouvé que le mélange en sera meilleur au travail, et fournira un pain plus beau, plus savoureux et plus nourrissant. Enfin, dans le cas où il y auroit détresse, si l'on étoit forcé d'employer les 8 à 10 livres qui résulteroient de la remouture du petit et du gros son, on porteroit les produits du setier à 200 livres; ce qui surpasseroit encore ceux de la mouture à la grosse les plus exagérés.

Ce sont ces avantages que des procès verbaux d'expériences et d'observations ont constatés de la manière la plus positive, qui ont déterminé les grandes administrations de Paris à adopter la mouture économique, et à faire convertir en farine, le plus tôt qu'elles le peuvent, les grains de leur approvisionnement. Les plus incrédules peuvent se convaincre aisément des avantages de cette mouture, en essayant les deux procédés, et en comparant leurs résultats.

Quelle épargne ne feroit-on pas, si d'un bout à l'autre du royaume on parvenoit à retirer des grains la totalité de farine qu'ils renferment! On se trouveroit dans l'abondance au moment où l'on croiroit n'avoir que le nécessaire; on auroit le nécessaire quand il y auroit à craindre une disette. Dans le premier cas il conviendroit de se borner aux 180 livres qui existent réellement dans le grain; dans l'autre, on seroit toujours à même de faire monter ce produit à plus de 200 liv. avantage que n'aura jamais la mouture à la grosse, dont les résultats sont d'autant plus abondans, que cette espèce de mouture est plus défectueuse.

Les

Les blés qui servent à la consommation de Paris,
donnent, comme on sait, de très-belles-farines et en
quantité : sont-ils transportés en Bretagne, par exemple,
où la mouture à la grosse est on ne peut plus défectueuse pour tous les ordres de consommateurs, ils
rendent une farine semblable à peine pour la qualité
à celle des grains les plus médiocres, moulus par le
moyen de nos moulins économiques bien montés. Cette
mouture, telle qu'elle est pratiquée dans la plupart des
provinces, doit être regardée comme l'art de faire manger aux hommes la farine avec le son, et aux animaux
le son avec la farine.

S'il y a quelques endroits où l'on ne retire point de
la mouture à la grosse les grands produits dont nous
avons parlé, il en existe d'autres où cette mouture est
restée dans un tel état d'imperfection, par rapport au
petit nombre de meuniers et au défaut de concurrence,
qu'elle ne rend souvent que des produits bien inférieurs
à ceux de la mouture économique. Qu'arrive-t-il alors?
c'est qu'en supposant le blé à prix égal, le pain dans
ces endroits est plus cher qu'à Paris, quoique le contraire dût avoir lieu, à cause des frais de manutention,
toujours plus considérables dans la capitale.

Que d'avantages pour le public, si dans les grands
endroits on pouvoit réunir plusieurs moulins, et former des établissemens de mouture économique! Ce

V

seroit sur-tout dans les villes maritimes qu'il faudroit distinguer et favoriser ces établissemens, parce que, quand on seroit menacé d'une disette prochaine, ils mettroient à portée de tirer des grains de l'étranger, de réparer par leur industrie la détérioration que la denrée auroit pu éprouver pendant son trajet, et de procurer, par la perfection de leurs ustensiles, une subsistance qu'on auroit pu perdre au moins en partie, faute des moyens propres à la rendre utile et convenable à la nourriture. En tems de guerre ces établissemens offriroient encore des secours importans à la marine du Roi et aux colonies, comme l'a si bien démontré M. *Melinet*, dans un mémoire qu'il nous a communiqué, sur la nécessité de multiplier en France les établissemens de mouture économique.

On pourroit, dans ces établissemens, laver les grains noircis par la poussière de carie, leur enlever ce qui s'opposeroit à la perfection des moutures, leur restituer les qualités que l'intempérie des saisons ou la négligence des régisseurs auroient pu affoiblir ; enfin leur appliquer la chaleur de l'étuve quand il s'agiroit d'arrêter leur dépérissement, et de prolonger la durée de leur conservation.

Mais le moulin économique n'est pas encore au degré de perfection qu'il peut atteindre : il est à desirer qu'au lieu de chercher à augmenter le nombre des remoutures, on puisse les restreindre, puisque chaque fois que le grain et ses produits passent sous les meules, il y a toujours une altération plus ou moins sensible. Cette observation n'a pas échappé à ceux qui s'occupent de la perfection de l'art de moudre; et c'est précisément ce qu'a eu en vue l'auteur qui va parler.

Parmi les changemens que M. *Dransy* propose, les plus essentiels sont de donner à la lanterne du moulin un diamètre une fois plus grand que dans les moulins actuellement établis, de rayonner les meules dans une direction circulaire, de se servir de bluteaux tournans au lieu de bluteaux frappans, de suspendre la meule courante, de manière qu'une fois en équilibre et parfaitement droite, elle puisse constamment subsister dans le même état. Au reste, c'est dans son mémoire qu'on verra tous ces développemens. Les Etats ayant délibéré, dans leur dernière assemblée, que ce mémoire feroit partie de celui-ci, nous nous hâtons de remplir des vues d'utilité publique, qui méritent les hommages non-seulement du Languedoc, mais même de toute la France.

MÉMOIRE

Sur la construction des Moulins à farine , sur les différentes manières de tirer le parti le plus avantageux des courans d'eau , et sur les meilleurs procédés pour la mouture des grains.

Par M. DRANSY, Ingénieur du Roi.

LA mouture des grains a été, comme toutes les inventions humaines , très-imparfaite à son origine ; on remarque même que ces inventions ont fait des progrès d'autant moins rapides, qu'elles étoient d'une utilité plus directe. C'est ainsi, par exemple, que l'art de la porcelaine est plus avancé parmi nous, que celui de moudre les blés et de bluter leurs farines.

Ainsi la meunerie, de tous les arts le plus utile, est celui qui a été le plus négligé ; la mouture dite à blanc, connue en France sous le nom de mouture économique, quoique regardée à juste titre comme supérieure a toutes les autres methodes de moudre , n'en est pas moins éloignée encore du degré de perfection desiré. C'est ce que j'espere démontrer dans ce Mémoire.

J'avouerai cependant, à l'honneur de la Nation, que de nos jours cette partie de l'économie, oubliée pour ainsi dire pendant des siècles, a mérité l'attention des savans. M. *Malouin*, entre autres, en a donné une description à la suite des Arts et Métiers que l'Académie a publiés. Cet ouvrage renferme tout ce qu'on peut desirer quant à la partie historique : il est seulement fâcheux que son respectable auteur, guidé souvent par M. *Malisset*, ne s'en soit pas toujours tenu, pour l'objet pratique, aux lumieres et à l'expérience de ce zélé promoteur de la mouture économique. Ce qui concerne l'opération de la mouture seroit plus développé, plus intelligible, et la construction du moulin d'une plus facile exécution.

Un autre ouvrage, dirigé d'une manière encore plus immédiate vers l'art dont il s'agit, c'est le *Manuel du Meunier*, composé par un citoyen estimable qui pratique lui-même la mouture. Je ne puis non plus refuser des éloges aux vues d'utilité qui ont animé M. *Buquet*; mais je le crois trop bon patriote pour soupçonner qu'il désapprouve quelques réflexions que mes recherches et mon application en ce genre m'ont suggérées.

J'observerai d'abord que, pour faire valoir la préférence que la mouture économique mérite sur toutes les autres méthodes de moudre, M. *Buquet* en a tellement exagéré les avantages, que si ses confrères eussent adopté ses principes, loin de concourir aux progrès de l'art, comme il le desiroit, il l'auroit ramené à son premier état d'imperfection. La mouture à la Lyonnoise, par exemple, qu'il présente comme un raffinement de la mouture économique, n'en est, à bien dire, que l'abus, puisqu'en forçant les produits, et remoulant á différentes reprises les sons, elle n'est réellement bonne qu'à faire des farines bises, c'est-à-dire, à faire ce que tous les moulins d'une certaine force peuvent produire d'une seule mouture : car si la première méthode consiste à retirer tout ce que les grains renferment de farine, sans mélange de son ; l'autre tend au contraire à diviser les gruaux d'avec la farine.

Une observation non moins importante, que je ne puis me dispenser de faire encore ici, c'est que les plans contenus dans le *Manuel du Meunier*, sont si peu exacts, qu'il est impossible de construire un moulin solide d'après les dimensions données. La direction des courans d'eau y est également très-défectueuse ; la pesanteur et l'assemblage des roues en rendent le jeu fort embarrassé. Le mécanisme de l'intérieur du moulin est infiniment plus compliqué ; le trop grand nombre d'engrenages occasionneroit non - seulement des réparations journalières, mais encore des frotte-mens si considérables, que le criblage et la bluterie emploieroient plus de force que le moulin lui-même.

Au reste l'*Art du Boulanger* par M. *Malouin*, et le *Manuel du Meunier* par M. *Buquet*, ont été trop bien examinés et appréciés dans *le Parfait Boulanger*, pour que j'insiste plus long-tems sur les détails relatifs à ces ouvrages. Je viens à mon objet.

Le mécanisme des moulins, l'action des meules sur les grains, les inconvéniens et les avantages des diffé-rentes pratiques usitées, les préjugés des meuniers, tel est l'objet de mes expériences et de mes observations. Je me fais un devoir de les soumettre aujourd'hui à l'examen des Etats généraux du Languedoc. Heureux si mon travail peut devenir utile aux habitans de cette belle et grande province !

RÉFLEXIONS

SUR LA MOUTURE ÉCONOMIQUE.

Malgré le mérite incontestable de la mouture écono-mique, j'observerai que s'il est désavantageux de ne moudre qu'une seule fois, comme dans la mouture du Languedoc, il ne l'est pas moins dans la mouture éco-nomique de trop multiplier le nombre des remoutures.

D'ailleurs les opérations de cette méthode sont longues et multipliées ; elles occasionnent des déchets, des retards et des frais : ainsi ce que l'on gagne d'un côté, on le perd nécessairement de l'autre. De plus elles exigent une manipulation, une sorte d'adresse dont tout meunier n'est point susceptible. En subdivisant le même grain en gruaux, recoupettes, recoupes et sons, on n'a rien corrigé des défauts des meules, et de l'assujettissement que les vices de la construction des moulins économiques entraînent.

La mouture économique, telle qu'elle est pratiquée, a donc rendu l'art du meunier plus difficile, lorsqu'il falloit le simplifier, et ne s'attacher qu'aux principes de mécanique, d'où dépend la perfection de la mouture. On s'est contenté de l'augmentation des produits : le meunier, quelle que soit l'intelligence qu'on lui suppose en mouture, fera la plupart du tems des farines piquées, sans qu'il lui soit trop possible d'éviter ce défaut, puisqu'il est maîtrisé par la construction de la machine, par l'état des meules et la nature des bluteaux. On se convaincra plus particulièrement de la difficulté de l'art du meunier, si l'on examine de plus près la machine qu'il doit conduire.

Avant d'entrer dans le détail des changemens que je crois devoir proposer pour la plus grande perfection des moulins, et de la méthode de moudre, il m'a paru

essentiel

essentiel de donner une idée des moulins tels qu'ils sont établis en France : ce préliminaire servira à faire connoître de plus en plus l'accroissement du travail que la mouture économique a occasionné au meunier.

DESCRIPTION DES MOULINS ÉCONOMIQUES.

J'ai construit en 1765 les moulins de Corbeil, avec lesquels on a formé, depuis, l'établissement considérable de mouture économique ; et voici ce qui compose ces grandes machines.

Une roue d'un diamètre plus ou moins grand, suivant la force du courant, donne, par le moyen d'un rouet adapté à son axe, le mouvement à une lanterne. Cette lanterne a pour axe un fer perpendiculaire qui passe par le milieu de la meule, et qui est solidement établi sur le plancher, ou pour mieux dire, sur le *béfroy*. On l'appelle *fer de la meule ;* et la meule à travers de laquelle il passe, se nomme *meule gissante.*

Fer de la meule.

Il est composé de trois parties, savoir, d'un *carré,* d'une *fusée* et d'un *pivot.* Il tourne sur son pivot, dans sa position. La fusée se trouve précisément dans un *boîtard* de bois, posé au milieu de la meule gissante; dans le boîtard sont encore deux *boîtillons* de bois dur,

X

qui contiennent la fusée dans son mouvement de rotation, et lui servent comme de coussinets.

Des meules.

La qualité des meules est une condition absolument
nécessaire pour faire d'excellente farine. On ne doit les
mettre en travail qu'après qu'elles sont parfaitement
sèches. Les plus poreuses sont ordinairement préférées.
Cependant il ne faut pas que les écartemens soient
trop grands : elles ont communément six pieds deux
pouces de diamètre dans les environs de Paris.

Meule gissante.

Il faut préférer la meule la plus pleine, et choisir le
côté le plus beau pour cet objet. Elle doit être percée
dans son milieu d'un trou rond, pour recevoir le boîtard, fixée dans un parfait niveau et au milieu de la
direction de l'arbre de la roue, afin que le fer de la
meule se trouve dans un parfait aplomb.

Meule courante.

Il faut qu'elle soit parfaitement ronde, ne pesant pas
plus d'un côté que de l'autre, bien ajustée et dressée,

avec et sur la meule gissante. Cette meule doit être con-
cave d'environ sept à huit lignes, depuis l'ouverture
dite l'*œillard*, en venant à rien jusqu'au milieu du
demi-diamètre, quon appelle *entrepied;* et cette conca-
vité s'appelle l'*entrée du grain*, parce que c'est au commencement de l'entrepied que le grain commence à se
moudre. Cette meule courante doit être percée d'un trou
rond assez grand. A l'orifice de ce trou, du côté qui
regarde la meule gissante, se trouve un morceau de fer
que l'on appelle *l'anille*.

De l'anille.

C'est un morceau de fer à quatre bras, ayant la
forme d'un X. Elle est percée dans son milieu d'un
trou carré; c'est dans ce trou carré de l'anille que passe
la partie carrée du fer de la meule, que les meuniers
appellent *papillon*.

Observations.

Il faut remarquer que le carré ou papillon du fer de la
meule, dont la forme est conique, va en augmentant
sur les épaulemens de la fusée ; que le trou de l'anille,
de même dimension dessus et dessous, ne peut pas
descendre jusque sur les épaulemens de cette fusée,
parce qu'il seroit impossible de dresser la meule dans

la perfection qu'elle exige. La meule courante ainsi en équilibre se trouve disposée à toutes les positions, ce qui est absolument nécessaire pour qu'elle soit subordonnée à la volonté du meunier.

Il est aisé de concevoir que dans l'opération, cette meule se trouve emportée par le mouvement de rotation du fer de la meule sur son pivot, de sorte que le plus ou le moins d'élévation de la meule courante sur la meule gissante lui donne la faculté de moudre plus ou moins le grain qui se trouve entre elles.

Du rhabillage des meules.

On est dans l'habitude, aux environs de Paris, de rayonner les meules de la manière dont on le verra, *fig. 1, pl.* 2. Cette opération consiste à former avec un marteau destiné à cet usage, depuis l'entrepied jusqu'aux extrémités des meules, sur 9 à 10 lignes de largeur, des rayons distans les uns des autres de 3 pouces ; et cette distance sur laquelle portent les coups de marteau, forme sur cette partie une sorte de grainure à peu près semblable à une forte lime ; mais ce grain doit être si peu profond, que si l'on pose une règle sur deux rayons avec un filet de papier entre la règle et le grain, il n'en puisse être arraché sans se déchirer. Il est à remarquer que le rayon devient luisant par

le frottement des deux meules, qu'il doit toujours rester luisant; et si le grain devient luisant lui-même,
alors les meules sont réputées *lasses*. Il faut les rebattre;
ce que les meuniers nomment *rhabiller les meules*.

Les meules étant ainsi rhabillées, il faut mettre la
meule courante de niveau sur la meule gissante; et
cette opération, la plus difficile, s'appelle *dresser la meule*.

Dressage de la meule.

Je viens de faire observer que le fer de la meule étoit
composé de trois parties. Celle que l'on appelle *pivot*
ou pointe, est portée dans une crapaudine pleine d'huile.
Cette crapaudine est enchâssée dans une pièce de bois,
nommée le *palier*; ce palier porte sur deux traverses
que l'on nomme les *brais*, et placé entre deux encoches,
dont les vides sont remplis par deux forts coins de
bois qui se chassent et se retirent à volonté. Sous le
palier, et à chacun de ses bouts, sont deux autres encoches qui laissent deux vides entre lui et ses deux
brais : ces vides sont remplis par deux forts coins qui,
comme les quatre premiers, se chassent et se retirent
à volonté.

On doit se rappeler encore que la forme du carré du
fer de la meule est conique, que ce fer carré passe
dans l'anille, dont le trou est de même dimension dessus

et dessous, de sorte qu'entre le fer carré et le trou de l'anille il se trouve des vides des quatre côtés , et ces vides doivent être remplis par quatre coins de fer ou *pipes*. Mais avant d'opérer sur ces pipes qui servent à dresser la pente de la meule, il faut être sûr de l'aplomb du fer de la meule , dont le défaut s'appelle *pente de fer*. Ces défauts s'apperçoivent par le moyen de la meule; et pour en rendre l'explication plus facile, je préviens que cette meule a quatre points cardinaux, dont les dénominations sont le côté d'*amont* , le côté d'*aval*, le côté de la *roue* et le côté de l'*anche*.

A l'aide d'un lévier que l'on nomme *trempure*, et qui se trouve sous le palier ou le pivot du fer de la meule, on élève la meule courante d'environ deux ou trois lignes. La meule ainsi élevée, on procède au dressage comme il suit.

Le maniement de la meule s'opère en appuyant sur la meule courante par ces divers points cardinaux. Si en appuyant sur le côté d'amont de la meule, elle se relève vivement pour retomber du côté d'aval, alors il faut la tourner d'un demi-diamètre , et appuyer de nouveau : si elle retombe toujours avec vitesse du même côté, c'est la pente de fer qu'il faut corriger; et on a recours , pour cet effet, aux coins de bois qui sont au palier et aux brais, en frappant sur les coins opposés à la pente. Mais si après l'avoir retournée d'un demi-diamètre, elle retombe sur le côté d'amont, ce qui se reconnoît encore plus facilement en appuyant sur le côté opposé, c'est la pente de la meule qui doit être reconnue. Il faut la corriger en frappant sur les coins de fer dits pipes, opposés à la pente. Ce que l'on vient de dire pour les côtés d'amont et d'aval, doit avoir lieu de la même manière pour ceux de roue et d'anche.

Mais dans les opérations qui dépendent presque entièrement de la justesse du tact, on n'acquiert la perfection que par une manipulation journalière : toute explication ultérieure deviendroit donc minutieuse, embarrassante et même superflue. Il suffira d'observer que les moulins, sujets par leur nature à la perfection du dressage des meules, sont presque toujours défectueux ; un rien est capable de déranger l'équilibre de la meule. On va en fournir la preuve.

Inconvénient du dressage ordinaire des meules.

L'effort même de la machine mise en mouvement pousse sur toute la charpente, souvent au point d'arquer le fer de la meule ; son aplomb se trouve dérangé par ce moyen. Pour obvier à ce défaut, que le meunier habile sait prévoir, il laisse la meule courante un peu plus pesante du côté opposé à la poussée des rouages. Tout cela n'est qu'un à peu près : il est encore obligé d'avoir recours à un arc-boutant, lorsque toute la machine travaille. Cette même poussée occasionne un plus grand frottement dans les boîtillons ; ce qui les échauffe et les rend lâches, ensorte que la meule bourdonne et ne moud pas également. Elle moud trop bas du côté où elle porte, et trop rond du côté opposé. Alors on obtient très-peu de farine ; encore cette farine est-elle molle et terne ; les gruaux sont rouges, et le son est inégal.

Quand bien même on parviendroit à tenir la meule continuellement droite, il en résulteroit encore une farine défectueuse, si les meules étoient mal-rhabillées, c'est-à-dire, si le grain de la meule se trouvoit trop enfoncé. Dans ce cas les meules, pour moudre, demandent à approcher ; et au lieu de moudre le grain, elles le coupent, et ne donnent pour résultat qu'une farine courte et piquée. Les gruaux sont plats, les recoupettes plus pesantes qu'elles ne doivent être, et les sons confondus. Enfin, lorsque le défaut du dressage et celui du rhabillage se trouvent réunis, tout est confondu ; la mouture est dans l'état le plus défectueux possible ; et ce vice est malheureusement trop général.

De la bluterie.

La bluterie est une partie très-intéressante de l'art du

du meunier. Dans les moulins à la grosse, ou rusti-
ques, il n'y a pas de bluteries ; dans les moulins ordinaires il y a un blutoir, mais le tournant du moulin
fait toute l'opération, et le blutoir ne sert qu'à séparer la farine d'avec le son.

Bluteaux frappans et dodinages.

Dans les moulins économiques on a rendu cette
partie de l'art du meunier bien plus étendue ; on y a
établi des bluteaux frappans pour tirer la première
farine, des dodinages pour les gruaux fins, et des bluteries particulières pour les sons demi-gras. Les frappans ne sont qu'une espèce de sac formé avec une étamine de laine. L'orifice du côté de l'anche est méplat,
soutenu par un palonnier attaché à ses deux bouts par
deux accouples de cuir. C'est par ce bout que la mouture
entre dans le bluteau en sortant de l'anche ; et un
mouvement convulsif que lui communiquent la batte et
la baguette, secoue le bluteau d'un bout à l'autre, de
manière que la farine s'échappe par les trous de l'étamine, tandis que le son gras va tomber dehors par
l'ouverture du bluteau, qui en cet endroit est rond. Le
son se rend dans le dodinage : ce dodinage est un bluteau de la même forme du premier, dont l'étamine est

un peu plus grosse, pour séparer le gruau fin d'avec
le son. Alors le son s'appelle *son demi-gras*.

Inconvéniens de ces bluteaux.

Il arrive souvent que le moulin est subordonné à ce
bluteau, parce que celui-ci ne peut exploiter ce que
les meules sont dans le cas de faire. Or, comme il s'ensuivroit un engorgement, le meunier est obligé de ral-
lentir son moulin, soit en modérant la force de l'eau,
soit en lui donnant moins de grains : d'où il résulte,
expérience faite, que le moulin moud un quart de
moins quand il blute. Pour éviter cet engorgement,
quelques meuniers ont adopté l'usage des bluteaux plus
gros; mais ils sont tombés dans un défaut plus considérable encore, en jetant dans le commerce des farines
piquées ; en outre ils sont sujets à des déchiremens :
delà viennent les farines mêlées de son, une réparation journalière, et des reprises plus abondantes par
l'insuffisance des bluteaux.

S'il s'agissoit de conserver ces bluteaux, je parlerois
des vices de leur construction et du mouvement qui leur
est communiqué ; mais ces détails me paroissent inutiles.

Des changemens proposés pour la perfection des moulins et de la mouture.

Bien pénétré des vices de la mouture, et convaincu que le seul moyen d'y remédier étoit de rendre le moulin absolument dépendant du meunier, ce qui est l'inverse de l'état actuel de l'art, le meunier le plus intelligent ne pouvant jamais répondre de son moulage, cet objet m'a occupé entièrement.

Je vais donner un détail abrégé des changemens que je propose, tant dans la construction des moulins, que sur le dressage des meules ; ensuite je décrirai les effets qu'on doit en attendre. Les moyens que je propose sont simples ; s'ils n'avoient pas ce caractère, je me garderois bien de les présenter.

Je suis d'autant plus fondé à croire que les changemens que je propose deviendront utiles, que le succès des expériences faites chez moi a été confirmé en différens endroits du royaume entre autres en Touraine. M^de d'*Antin*, Abesse de Fontevrault, occupée du bonheur de l'ordre religieux qu'elle gouverne, m'a chargé de construire, dans l'intérieur de son abbaye, un moulin suivant mes principes ; et desirant en même tems profiter des lumières acquises aujourd'hui en boulangerie, M. Cadet de Vaux, accompagné de M. Destor l'aîné, s'y

est transporté pour satisfaire à des vues aussi louables,
d'où il est résulté une économie considérable et des
produits supérieurs en farine et en pain.

Il seroit peut-être utile de donner quelques détails
sur la construction d'une maison à l'usage de la meunerie ; mais on va voir des dessins assez étendus pour
développer toutes les parties d'un bâtiment destiné à y
pratiquer la mouture.

Le premier changement que je propose, consiste à
donner à la lanterne un diamètre du double plus grand
que dans les moulins actuellement montés ; le second,
à rayonner les meules dans une direction circulaire ;
le troisième, dans les bluteries, qui, au lieu d'être à
bluteau frappant, seront à bluteau tournant ; le quatrième enfin est le nouveau principe que j'établis pour
le dressage des meules, que je regarde comme l'entière perfection de l'art du meunier.

Premier changement-

L'augmentation de la lanterne (*pl.* 2, *fig.* 4.) réduit
le mouvement de la meule à moitié de la vitesse ordinaire ; c'est-à-dire, qu'au lieu de faire deux tours, la
meule n'en fera plus qu'un. Ce changement doit paroî-
tre d'autant plus étonnant, que jusqu'à ce jour il a été
de principe de donner à ce mouvement le plus de

vitesse possible, afin que la meule pût ce qu'on appelle pousser au vide avec plus d'avantage, effet qui ne s'opère que par le tourbillon de l'air, qui, entraîné par ce rapide mouvement dans l'œillard de la meule, s'échappe avec impétuosité, et entraîne avec lui la farine entre les meules et les archures, (espèce d'encaissement qui entoure les meules).

Inconvéniens de la rapidité du mouvement de la meule.

Ce mouvement rapide est un vice qui, indépendamment de la force qu'il exige, produit des inconvéniens sans nombre, qui, jusqu'à présent, n'ont point été sentis. On va les démontrer.

Dans les moulins où l'anche (conduit par où passe le grain moulu pour se rendre au bluteau) se trouve inclinée dans le sens contraire au mouvement de rotation de la meule, la farine tombe par son poids ; l'air, qui n'a point d'issue, tournoie dans les archures, tend à s'échapper par la moindre ouverture, et emporte avec lui la fleur de farine. Cette évaporation forcée occasionne un déchet inappréciable. Si les archures sont fermées hermétiquement, il s'ensuit un échauffement qui produit une transpiration si abondante, que le couvercle des archures dégoutte une eau blanche qne l'on est obligé d'essuyer de tems en tems, pour éviter qu'elle ne fasse sur les meules une pâte qui deviendroit très-épaisse et de mauvaise odeur. Cet inconvénient se communique dans la huche qui contient le bluteau. D'ailleurs, par ce mouvement forcé, il est presque impossible de soutenir l'équilibre de la meule, chose absolument nécessaire ; et ce défaut suffiroit seul pour faire revenir de l'erreur où l'on est sur la rapidité de ce mouvement. L'augmentation de la lanterne est donc une première perfection qu'il falloit chercher.

Avantages que procure une grande lanterne.

Si l'on perd sur la vitesse , on gagne sur la force ; la meule se trouve en état de porter deux fois plus de grain. D'ailleurs, quand la lanterne est petite, un seul de ses fuseaux porte l'effort du rouet, ensorte que toute la force est confiée à un seul aluchon , dont souvent la dureté n'égale pas celle du suivant. Ce suivant peut être plus usé ; le pas devient inégal , défaut essentiel en mécanique , ici très-important , puisqu'il contribue au dérangement de la meule ; au lieu que la lanterne proposée présente toujours trois de ses fuseaux à la charge ; en conséquence , trois aluchons du rouet sont en concurrence. Si l'un casse ou est plus usé , il en reste deux, et le pas demeure toujours égal.

En second lieu, la longueur du levier de la lanterne, jointe à l'égalité du mouvement, lui donne beaucoup plus de douceur, et les ébranlemens réduits presque à rien, la meule doit se tenir bien plus égale ; mais cette première perfection ne seroit rien, si le nouvel arrangement des meules ne concouroit au bon effet de ce mouvement ralenti.

Deuxième changement.

Le second changement, la rayure des meules, doit étonner encore, parce qu'au premier coup-d'œil, on conçoit difficilement comment elles peuvent pousser au vide avec une pareille lenteur ; c'est un fait contre lequel il est impossible d'opposer aucuns raisonnemens (*Voyez planche* 2 , *fig. 3*).

Avantages résultans de ce changement.

Le meunier, par ce moyen, est absolument le maître de son moulin ; sa machine lui est entièrement subordonnée ; il n'est plus sujet aux variations dont les moulins actuels donnent tant d'exemples. Ainsi il peut obtenir telle espèce de mouture qu'il desire, et le plus grand produit de son grain, sans que la matière soit en rien altérée ; plus d'échauffement à craindre, moins de

déperdition ; et, dès le premier moulage, la farine est
à sa perfection, exempte sur-tout de l'odeur de meule ;
le son est large et léger ; on a peu de gruau, très-peu
de recoupettes et presque point de recoupes. Le produit des farines , par la première mouture , est de
138 livres par setier du poids de 240 livres, au lieu
de 92 livres.

Ce produit seroit encore plus considérable, si on
l'exigeoit, mais ce seroit aux dépens de la blancheur.
Tirer, par un premier moulage 46 livres de farine
plus que par la mouture économique, n'avoir pas à repasser autant de gruau sous les meules, ne pas fatiguer
les farines par un mouvement trop rapide, tels sont
les avantages qui résultent du moyen proposé, sans
compter que l'entretien de la machine est réduit presqu'à
rien. L'art du meunier devient par-là un art facile, au
lieu qu'il est tellement compliqué dans l'état actuel des
choses, qu'il est presque impossible de rencontrer un
meunier qui sache conduire parfaitement sa machine.

Ces considérations ont dirigé mes vues sur la perfection de cet art, et conséquemment sur celle des
bluteries ; c'est le troisieme changement que je propose.

Troisième

Troisième changement.

Avant de parler du troisième changement que j'indique, il faut se rappeler la description des bluteaux
économiques , et les vices sans nombre qu'ils renferment. Je ne les détaillerai pas davantage ; je me
contenterai seulement de faire observer ici que tous
les défauts des bluteaux se trouvent anéantis par
celui que je propose. Sa forme (*fig.* 2 *et* 3 , *planche 8*) est octogone ; il est formé de quatre étoffes différentes , et dont la première est plus fine que celle
que l'on emploie dans les autres bluteaux , ensorte que
la fine farine passant sans mélange de son , n'est jamais
piquée ; le peu de gruau que fournit le nouveau genre
de meules , se trouve parfaitement divisé , et les autres
produits sont également réduits à une très-petite quantité. Ce bluteau réussit aussi très - bien pour le repas-
sage des reprises , et peut servir à dépiquer les farines
piquées ; il est également mis en mouvement par le
tournant du moulin , sans lui causer le moindre retard.

Après avoir proposé trois changemens dans la construction des moulins à farine et dans leurs accessoires ; après
avoir montré que le premier consiste à donner un diamètre
plus grand à la lanterne , le second à rayonner les meules

Z

dans une direction circulaire , et le troisième à construire les bluteaux sous une forme nouvelle ; après avoir
détaillé et prouvé les avantages de ces changemens ,
fondés sur l'expérience , il ne me reste plus qu'à parler
du quatrième moyen que j'ai annoncé.

Quatrième changement.

Le succès que j'ai obtenu de ce quatrième changement, porte l'art du meunier à un tel degré de perfection , que cet art , dont la difficulté est si grande ,
qu'à peine peut-on trouver un meunier sur cent , à peu
près instruit du mécanisme de son moulin , devient
aujourd'hui si facile , que toute personne peut se flatter , après deux leçons, de pouvoir conduire parfaitement la machine , obtenir les résultats les plus satisfaisans , la farine la plus belle , la plus pure , les sons les
plus dépouillés , les plus légers , les plus larges , et dès la
première fois , un produit de 46 liv. de plus par setier ,
et un avantage proportionnel sur les reprises subséquentes.

Le quatrième changement dont il s'agit , consiste à
suspendre la meule courante de manière qu'une fois bien
en équilibre et parfaitement droite, elle puisse toujours
rester dans cet état.

En faisant la description du moulin ordinaire , j'ai

donné la nomenclature de ses parties ; j'y ai joint des plans et profils. On va voir les plans et profils des fers de ma nouvelle invention (*planche* 2, *fig.* 4) ; et pour qu'ils puissent être comparés à ceux qui existent , je donne les dessins de ces derniers , afin qu'il ne reste rien à desirer, par mes explications, sur la différence des formes nouvelles et sur les avantages qui en résultent.

J'ai encore détaillé les opérations multipliées et nécessaires au dressage des meules ; j'éviterai d'en parler de nouveau , et je ne m'attacherai qu'à faire connoître les inconvéniens qui naissent de la forme et du placement de toutes les parties devenues l'objet de mes observations, et dont je prouverai le mauvais usage.

EXPLICATION

DE LA PLANCHE DEUXIÈME,

Servant à développer l'arrangement des meules de l'ancienne et de la nouvelle méthode.

FIGURE Iere.

A. MEULE rayonnée suivant l'ancien usage.
B. Anille vue en plan.
C. Œillard de la meule courante.

FIGURE 2e.

D. Les deux meules couchées l'une sur l'autre.
E. Anille vue de côté.
F. Boîtard et boitillons de la meule gissante.
G. Fer de la meule garnie de sa lanterne.
H. Palier garni de sa crapaudine.

FIGURE 3e.

I. Meule rayonnée suivant la nouvelle méthode.
K. Anille placée en dessus.
L. Fer de la meule avec ses enfourchemens et son mamelon.

FIGURE 4e.

M. Les deux meules couchées l'une sur l'autre.
N. Anille soutenant la meule en équilibre.
O. Vis scellées dans la meule pour consolider l'anille.
P. Boîtard et boitillons de la meule gissante.
Q. Fer de la meule garnie de sa lanterne.
R. Palier garni de sa crapaudine.

PLAN SERVANT A DEVELOPER L'ARRANGEMENT DES MEULES SUIVANT L'ANCIENNE
ET NOUVELLE METHODE

Planche II.

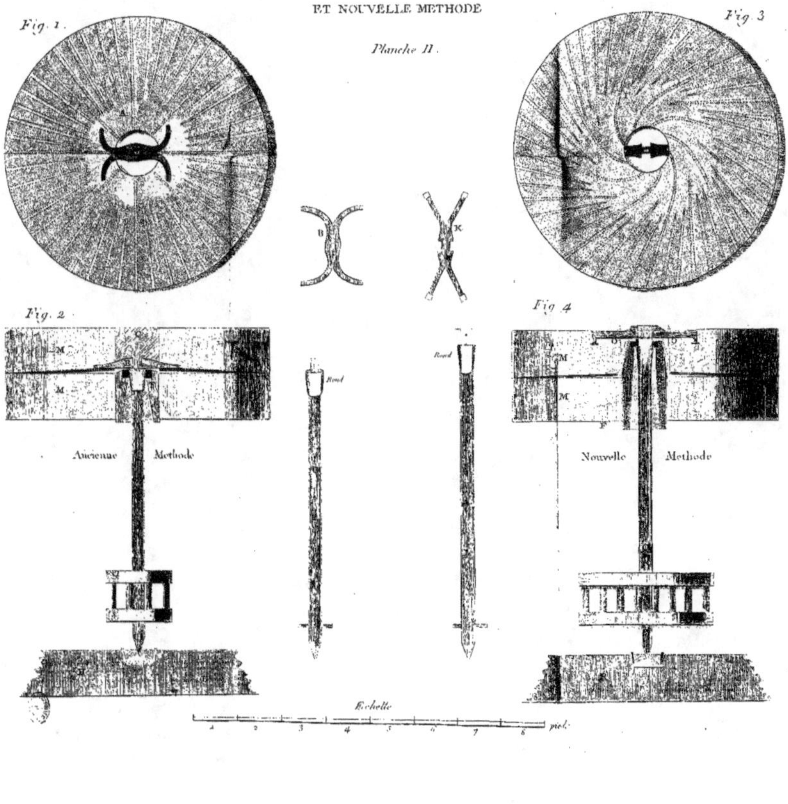

Réflexions sur les différens changemens pro-posés.

Comme on l'a déja conçu, c'est par le secours des petits coins de fer, appelés pipes, que le meunier parvient à dresser la pente de la meule ; c'est aussi par le secours des coins du palier qu'il peut corriger la pente du fer. Ces instrumens dirigés avec intelligence, rendent la meule et le fer parfaitement droits pour l'instant ; mais le plus habile meunier n'y atteint que difficilement, encore faut-il recommencer souvent l'opé-ration, puisqu'il y a toujours des défauts à la machine, que son impéritie laisse subsister.

Si la meule a du lourd, elle pèse plus d'un côté que de l'autre. Si les ferrures ne sont pas habilement faites, elles ne s'accordent pas ; si le trou de l'anille est trop grand, cette anille portera sur les épaulemens de la fusée du fer, et l'effet produit par les pipes sera contraire à celui que l'on cherche. De plus, tantôt le palier ne tient pas solidement, tantôt le fer n'est pas d'aplomb au centre du rouet ; enfin, une infinité de vices contrecarrent d'autant plus puissamment le meunier, qu'il ne peut parvenir à les deviner, parce qu'il ne connoît pas les principes de sa machine. Ces vices sont encore augmentés par ceux que fait naître une lanterne trop étroite (*planche 2, fig. 2*). L'effort du rouet qui, par rapport à celle-ci, se trouve d'une dimension exagérée, porte en entier sur le fer, et tend à le rompre plutôt qu'à le tordre : de-là le dérangement inévitable de la meule. Ce dérangement met toute la charpente en mouvement : les boitillons s'échauffent et deviennent lâches ; la meule bourdonne, et le grain passe entre les boitillons et la fusée. Lorsque la meule a du lourd, la fusée s'use de ce côté et n'est plus ronde : alors le meunier s'apperçoit que son moulin graine ; il resserre les boitillons, il remanie la meule. Que de désordres ! que de peines ! que de soins ! que de difficultés ! Cependant ces obstacles se surmontent un peu, lorsque le meunier s'est accoutumé avec les défauts de sa machine. Mais combien de tems ne lui faut-il pas pour les connoître ! que de moutures mal faites, pour ne parvenir qu'à un à-peu-près, lorsque le meunier travaille sans principes ! Ainsi son moulin étant toujours dans un état défectueux, il ne peut tirer du grain un parti convenable que par des remoulages sans nombre.

Le meunier cependant croit parvenir à éviter les remoulages par le choix des meules ; il prend de préférence celles qui sont plus œillées, qui présentent plus d'ouvertures, plus d'écartemens, et qu'il appelle *meules éveillées* ; il se persuade que la multitude de ces trous attire une plus grande quantité d'air ; ce qui facilite

davantage le chassé au vide, et en cela il ne se trompe
pas ; mais il ajoute, par le moyen d'une petite lanterne,
un mouvement plus accéléré, et par cette combinaison
il s'imagine tirer plus de mouture de la première fois :
c'est en cela qu'il se trompe ; cette combinaison le
conduit à des erreurs bien grossières.

1°. Il ne s'apperçoit pas que sa petite lanterne dérange
sa meule, inconvénient terrible que je viens de démontrer.

2°. Il ne s'apperçoit pas que plus il a de vide dans
la composition de sa meule, moins il a de parties agis-
santes, et que c'est essentiellement ce qui augmente la
nécessité des repassages, à cause de l'abondance des
gruaux. Ces repassages affoiblissent beaucoup la qualité des farines ; ils leur donnent une odeur d'échauffé
et quelquefois fétide ; ce qui les rend nécessairement
mal-saines.

3°. Le mouvement accéléré procure une évaporation
considérable ; la farine retombe sur le plancher. Il est
vrai qu'elle n'est pas tout-à-fait perdue pour le meunier ; il a soin de la ramasser pour la mêler dans les
farines bises ; mais le public perd, et perd énormément.

Les défauts que je viens de relever, et qui existent
dans les moulins ordinaires, sont, comme on l'a vu,
sans nombre. Je les ai fait connoître en partie ; mais
il étoit nécessaire de les détailler de nouveau pour la

plus grande intelligence de mon quatrième moyen. Pour parvenir à en démontrer l'avantage, je passe maintenant à la description des instrumens de fer que ce moyen exige, et dont l'effet est de procurer un parfait équilibre à la meule.

DESCRIPTION D'UN MOULIN

SUIVANT LA NOUVELLE MÉTHODE.

Meule gissante.

On doit préférer la meule la plus pleine, et choisir le plus beau côté pour en faire le moulage. Avant de la fixer en place, il faut poser l'arbre de la roue bien carrément au bâtiment et au courant d'eau.

On doit ensuite coucher la meule sur le beffroi, à une distance proportionnée à l'engrenage du rouet et de la lanterne, et rendre parfait sur tous les sens le niveau de cette meule. Pour y parvenir, on lâchera un aplomb du milieu de la meule, pour tomber au milieu de l'arbre tournant.

Cette meule reconnue de niveau, et son milieu d'aplomb à l'arbre, on introduira le boîtard dans son œillard.

Ce

Du boitard.

Ce boitard sera formé avec un bon morceau de bois d'orme bien sec, et débordera de trois pouces le dessous de la meule gissante : on y lardera des clous en dessous pour qu'il tienne avec plus de solidité ; il est nécessaire qu'il soit cerclé de fer, afin qu'il ne se lâche pas en séchant, et pour qu'il puisse mieux supporter l'effort que les boitillons ont à soutenir (*planche* 2, *fig.* 4).

Fer de la meule.

Je distingue quatre parties dans ce fer, une inférieure et trois supérieures : l'inférieure est le pivot ; les supérieures sont la fusée, les enfourchemens et le mamelon. La forme de ce fer ainsi décrite, suffit dans ce moment : son effet et son emploi vont être aisément sentis par les applications subséquentes. (*Voyez* *pl.* 2 , *fig.* 4.)

Ce fer ne peut être placé que par le bout du boitard : on l'introduira à travers de la lanterne dont il est l'axe ; on fait appuyer ensuite son pivot sur la crapaudine préparée dans le palier pour la recevoir Ce fer est construit de manière qu'il augmente de grosseur, en montant vers sa fusée ; ainsi en passant une clef de fer dans la mortoise du fer qui est faite à l'en-

A a

droit où doit se trouver le dessous de la lanterne, cette lanterne sera tenue solidement ; ce fer placé dans son lieu, il convient de serrer au degré nécessaire la fusée par les boitillons ; on s'assure ensuite de l'aplomb du fer de la manière suivante.

Aplomb du fer.

Il sera facile d'y parvenir si l'on pose, dans les enfourchemens de ce fer, un des bouts d'une petite barre de bois qui n'aura de longueur que le demi-diamètre de la meule, et qui doit tourner avec le fer sur la meule sans toucher : avec un compas, on prend la distance d'entre la meule et cette traverse ; on la retourne d'un demi-diamètre, et on vérifie, avec le compas resté ouvert, si la distance est la même : s'il arrive qu'en cet endroit la barre se trouve plus élevée qu'au point d'où l'on est parti, on corrige ce défaut en poussant le palier sur le côté où la traverse est plus basse. On continue la vérification d'élévation de la barre pour les deux autres côtés de la meule : la barre étant de même hauteur sur tout le pourtour de la meule, le fer est d'aplomb, et c'est ce qui s'appelle *dreſſer à la baguette.*

O B S E R V A T I O N S.

Il faut observer qu'après avoir bien obtenu le dres-

(187)

sage du fer, ou sa perpendiculaire, comme on vient
de l'expliquer, il est prudent de repairer le palier sur
les brais, afin de ne point être obligé de revenir à la
même opération, dans le cas d'un dérangement tel
que celui qui résulte de l'obligation de changer de
crapaudine.

De l'anille.

Les parties de l'anille sont les enfourchemens à
ses deux bouts, sa partie carrée dans son milieu, et
sa crapaudine bien acérée absolument au centre de ce
carré. Cette crapaudine doit regarder l'œillard de la
meule gissante, lorsque l'anille est engravée. (*Voyez*
fig. 4, pl. 2.)

Meule courante.

Ces dispositions faites, il reste à s'occuper de la
meule courante ; et c'est ici sur-tout que l'on va reconnoître l'utilité de mon nouveau moyen. On doit,
comme pour la gissante, en choisir le plus beau côté
pour faire le moulage : la plus grande sûreté exige
qu'on la cercle de fer ; ensuite il faut creuser les trous
pour engraver l'anille. Cette anille n'est pas engravée du
côté du moulage, mais du côté opposé (*voyez pl. 2,*
fig. 4). On doit avoir attention qu'elle ne soit pas plus

engravée d'un côté que de l'autre, et qu'elle se trouve bien directement au milieu du diamètre de la meule,
de manière que ce diamètre coupe en deux la petite
crapaudine de l'anille. Les trous faits pour la sceller doivent être tenus plus larges dans le fond, afin que le plomb
qu'on y coulera tienne plus sûrement. Il est très-important d'y mêler un tiers d'étain. Il en sera de même
pour les deux vis à écrou qui doivent contenir l'a-
nille dans la meule, et qui tiennent à crochet dans l'œillard de cette meule.

L'anille bien engravée, les crochets des vis bien
scellés dans l'œillard de la meule, cette anille enfin bien consolidée, il faut coucher la meule courante
sur la gissante, et enferrer le carré de l'anille, dans
les enfourchemens du fer debout déja préparés pour
la recevoir: on sent qu'alors le mamelon de ce fer entre
dans la crapaudine, et que c'est absolument le mamelon qui porte seul la meule ; que dans cette situation elle est en équilibre ; l'effet des enfourchemens
du fer, qui embrassent le carré de l'annille, est d'em-
porter la meule dans le mouvement de rotation que la
lanterne communique au fer dont il est l'axe.

O B S E R V A T I O N S.

Dans cette situation, on conçoit que l'anille étant
au-dessus de la meule courante, le poids est au des-

sous du point d'appui, puisque ce point d'appui est absolument dans la crapaudine de l'anille; que de cette manière l'équilibre est naturel, et qu'il ne s'agit que de rendre la meule égale, dans le cas où elle seroit plus lourde d'un côté que de l'autre; ce qui s'exécute comme on va le voir.

De l'équilibre de la meule.

J'observe d'abord que le carré de l'anille doit facilement entrer dans les enfourchemens du fer, afin que la meule ne soit gênée en rien dans son balancement, et qu'elle puisse faire sur tous sens ce que fait un fléau de balance de deux côtés. Ce balancement bien établi, on élève, par la moyen de la trempure, la meule courante à une certaine distance; alors elle se trouve portée sur le mamelon, de la même manière qu'un enfant porte son chapeau au bout de son doigt ou au bout d'un bâton : ainsi élevée, il est facile de tourner cette meule comme l'on veut, puisqu'elle a déja un équilibre, et qu'il ne s'agit plus que de le perfectionner : en la balançant, on reconnoît avec facilité quel est le côté qui emporte l'équilibre de la meule; alors on charge le côté opposé. Si la pesanteur à vaincre est considérable, on doit se servir d'une plaque de fer de la pesanteur convenable, et cette pesanteur ne se

reconnoît qu'en la tatonnant avec des poids de marc.
Cette plaque ou barre de fer doit être scellée à cram-
pon et à plomb. Si au contraire le poids n'est pas considérable, un ou plusieurs morceaux de fer, entrés
de leur épaisseur dans la meule et scellés en plâtre,
seront suffisans.

Lorsque la meule courante a acquis un équilibre parfait sur le mamelon, elle ne perd plus cet équilibre,
quand même le fer seroit dérangé, quand même aussi
la fusée seroit lâche, puisque le mamelon présente toujours à sa crapaudine une partie ronde, sur laquelle
l'équilibre du poids se maintient continuellement ; ainsi
plus de difficulté pour le dressage de la meule ; et voilà,
comme je l'ai annoncé, l'art du meunier absolument sim-
plifié et perfectionné, si bien que toute personne peut
dresser une meule sans le secours d'un meunier ; elle sera
toujours droite, à moins qu'on ne la fît varier exprès en
chargeant un de ses côtés, en un mot à moins d'un dérangement extrême. De cet équilibre parfait résulteront
les avantages suivans dans l'économie de la machine.

Avantages du parfait équilibre de la meule.

Ces avantages sont, 1°. d'avoir le boitard plus élevé
que la meule gissante ; le moulin alors ne peut plus
grainer ; 2°. on ne sera pas obligé de rengraver l'anille,

comme dans les autres moulins , quand la meule courante commence à s'user ; 3°. le riblage des meules se fera
avec une bien plus grande sureté et une justesse parfaite.

Mais avant de passer à l'opération du riblage, il est
essentiel de dresser à la règle la meule gissante, et de
laisser un intervalle entre elle et la courante , depuis
l'œillard jusqu'au demi-diamètre : cet intervalle, qui
doit être de trois à quatre lignes quand on a obtenu
l'uni des meules comme ci-après, doit se faire aux dépens de la meule courante ; et cet intervalle s'appelle,
entrée des grains.

Du riblage.

Le riblage consiste à faire tourner le moulin à vide,
de manière que par le frottement, les deux meules puissent acquérir un uni parfait. Quand elles ont frotté un
certain tems , on relève la courante pour reconnoître
les portans. L'effet de ces portans , est non-seulement
d'empêcher l'accélération de l'uni, mais encore de s'opposer à son égalité ; parce que, tant qu'ils résistent dans
un point, la meule s'use dans une infinité d'autres : il
est donc convenable de battre ces portans, mais modérément, avec un marteau destiné à cet usage. Dès que

ces portans sont adoucis, on couche de nouveau la meule courante sur la gissante, en les rapprochant davantage, on continue le riblage, et on rebat de nouveau les portans, jusqu'à ce qu'on ait obtenu sur les deux meules un uni parfait.

Les meules rendues à ce parfait uni, et portant avec une scrupuleuse égalité l'une sur l'autre, reste la dernière opération, celle de les rayonner conformément à ma nouvelle méthode, en observant que l'inclinaison des rayons de la meule courante doit suivre le mouvement de rotation de cette meule, et que ceux de la meule gissante doivent être inclinés en sens contraire.

OBSERVATIONS.

Ces meules ainsi disposées au moulage, par les diverses opérations que je viens d'indiquer, il faut encore vérifier l'équilibre de la meule courante : il faut regarder aux ferrures, afin d'examiner s'il n'y a pas quelque chose qui puisse en gêner le mouvement; il faut enfin limer toutes les parties luisantes, parce qu'elles sont une preuve que le frottement est trop fort dans cet endroit.

Pour ne rien laisser en arrière, et fournir sans restriction tous les moyens qui peuvent tendre à la plus grande perfection de la mouture, et qui dépendent de la machine, j'observe qu'il sera utile d'adpater à l'œillard un petit cercle de bois de quatre pouces de

de haut, de crainte que le blé tombant de l'auget sur
l'anille ne rejaillisse sur la meule.

Toutes ces opérations fidèlement et habilement exécutées, le moulin ne sera sujet à aucun dérangement,
le meunier n'aura plus d'autres soins à apporter à sa
machine que celui du rhabillage de ses meules ; c'est
à-dire, de les rebattre suivant l'exigence et avec l'attention nécessaire pour maintenir la perfection de la
mouture. Néanmoins j'observe encore que du mouvement ralenti suivant ma méthode, il reste entre les
meules une épaisseur de farine qui paroît les conserver,
et par mes expériences réitérées, j'ai reconnu que la
nécessité de rebattre se présente bien plus rarement.

Toutes ces certitudes sur mes nouveaux moyens
ont reçu un nouveau degré d'évidence dans un grand
établissement que je viens de construire sur ces principes en Picardie.

Description du crible.

En démontrant les avantages de mes nouveaux
moyens pour la perfection de la mouture, et pour celle
des bluteries, je n'aurois pas rempli en entier mon
objet si je n'avois étendu mes vues et mes recherches sur la manière la plus propre de nettoyer les grains ;
car sans cette première préparation, il est de toute
impossibilité d'obtenir de la farine parfaitement belle ;

quelque perfection que la mouture puisse acquérir. Les diverses expériences que j'ai faites sur cette partie essentielle, m'ont convaincu des bons effets que l'on doit attendre du crible (*voyez pl. 1, fig. 1*); et quoique les modèles que l'on en trouvera parmi les autres détails de mes constructions en petit, soient exécutés avec de fidèles et justes proportions, néanmoins une courte description me paroît nécessaire encor pour conduire à une plus entière intelligence.

La trémie reçoit le blé que l'on veut cribler; au dessous de cette trémie est l'auget composé de deux fonds. Le premier est en tôle percée de grosseur convenable à passer un grain de blé : le blé passant seul à travers cette tôle, tombe sur le second fond qui est en bois. Ce second fond conduit le blé dans un galbotin, et celui-ci le rend dans le cylindre, tandis que les objets plus gros que le blé, et qui n'ont pu passer par la tôle percée, vont tomber hors du galbotin (*Voyez M, planche IV.*)

Cet auget à double fond, doit être élevé au dessus du galbotin d'environ huit pouces. Le blé tombant de cette hauteur sur un plan incliné, est séparé de toutes les parties plus légères que lui, comme le hoton, la cloque, la poussière, etc. par le ventilateur qui souffle continuellement. Le blé sortant du galbotin entre dans le cylindre par le moyen d'un conduit.

(195)

Ce cylindre est octogone ; son intérieur consiste en un arbre qui, outre huit traverses principales, est encore accompagné d'une infinité de fuseaux ; et ces fuseaux, les huit traverses et l'arbre sont couverts de tôle piquée. On voit encore une multitude de parties demi-circulaires qui s'élèvent en festons, et qui sont autant de morceaux de tôle piquée, et dentelés en manière de scies. Le cylindre, ainsi armé dans son intérieur, racle le blé, et par ce moyen, le dépouille en entier même de la poussière qui auroit pu y être encroutée par l'humidité.

Les huit traverses de ce cylindre servent à soutenir huit grilles de fil-de-fer, dont les ouvertures serrées ne laissent passer que les objets plus petits que le blé, comme les poussières, les saletés, les terres graveleuses et toutes les petites graines étrangères, ensorte que le blé, totalement épuré, va tomber par le bout du cylindre dans la trémie des meules.

RÉFLEXIONS

SUR LES MOULINS DU BAZACLE ÉTABLIS A TOULOUSE, APPELÉS MOULINS A CUVE.

D'après les détails qui m'ont été communiqués, j'ai examiné les mémoires, et les plans et profils dressés sur les moulins du Bazacle, suivant les expériences faites en 1784.

J'ai jugé que, par leur position, ces moulins sont dominés par une hauteur de six pieds d'eau, mesurée du souliard de la vanne à la superficie ; que la coulisse qui conduit l'eau sur la roue, a, depuis ce souliard jusqu'à la roue, un pied de pente ; que depuis le bout de cette coulisse jusqu'à la superficiede l'eau inférieure, il y a deux pieds de hauteur ; que ces trois dimensions réunies forment une chute de neuf pieds de hauteur, mesurée de la superficie de l'eau supérieure à la superficie de l'eau inférieure.

Chacun de ces moulins mout une pugnère de blé en sept minutes ; ce qui donne à peu près 300 livres par heure.

L'ouverture par laquelle on donne l'eau à chaque moulin, a 30 pouces de large, et on lève la vanne à 20 pouces de hauteur. Ces deux dimensions multipliées l'une par l'autre, donnent une ouverture de 600 pouces ; elle produit 4 pieds $\frac{1}{3}$ d'eau courante, laquelle multipliée par les 6 pieds de hauteur d'eau sur la vanne, il est constant que suivant les principes de l'hydraulique, il passe 25 pieds cubes d'eau par chaque vanne, lorsque le moulin tourne.

Or, d'après le volume d'eau que ces moulins emploient, ils ne peuvent être établis que sur de très-fortes rivières.

Mais sur ces fortes rivières on ne peut pas toujours

obtenir une chute de 9 pieds. Pour y parvenir, il faut pratiquer des digues à travers la rivière pour en retenir les eaux et les soutenir dans leur niveau. Si ces digues sont construites en bois, elles sont sujettes à de continuelles réparations ; l'eau s'échappe par des fentes, s'infiltre dans les moulins et les dégrade. Si on les construit en pierres, elles constituent dans des frais énormes, et lorsque les eaux surabondantes arrivent, si les vannes de fond ne sont pas ouvertes, ou par défaut de prévoyance, ou par insuffisance, l'eau tombe par dessus la digue, y cause des dégradations et la détruit ; elle s'extravase sur les héritages des riverains, et les désordres deviennent considérables.

Si les vannes, en supposant qu'elles soient ouvertes à propos, sont suffisantes pour l'écoulement des eaux surabondantes, il faut pour obtenir une chute de 9 pieds, soutenir les eaux à leur niveau ; il faut des levées, il faut rapporter des glaises pour étancher les infiltrations du canal artificiel, ou pour les prévenir. Les infiltrations sont souvent impossibles à vaincre ; de-là des marécages, des terrains aquatiques qui rendent les terres voisines infertiles ; des exhalaisons malsaines s'élèvent et donnent des maladies aux habitans ; d'où on peut conclure qu'outre l'énorme dépense que ces moulins occasionnent, ils perdent et gâtent plus de terrain, qu'ils ne rapportent de produits par la mouture.

Tous ces inconvéniens rendent les moulins des environs de Paris bien préférables aux moulins à cuve du Bazacle.

Avec une chute de 9 pieds d'une superficie à l'autre, ou peut facilement tirer des moulins un meilleur parti, puisque je vais prouver qu'il est possible d'en construire trois à auvages à la file l'un de l'autre, et chacun d'un rapport supérieur à celui qui seul dépense ce même volume d'eau au Bazacle.

	pieds	pouces
Hauteur du souliard.	3	
Pente du souliard à la roue.		4
Chute dessous la première roue. . . .	1	8
Pente du dessous de la première roue à la prise d'eau de la seconde. . . .		4
Chute dessous la seconde roue.	1	8
Pente du dessous de la seconde roue à la prise d'eau de la troisième. . . .		4
Chute du dessous de la troisième roue. . .	1	8
Total.	9	

(*Voyez planche 7.*)

Dans les grandes eaux, il faut plus de 2 pieds de reflux pour affoiblir le moulin par l'engorgement de la rivière inférieure.

J"observe que ces moulins du Bazacle emploient

25 pieds cubes d'eau par le poids de six pieds de hauteur d'eau ; que ceux de Paris, quoique l'ouverture soit de 3o pouces, et la vanne levée de 20 pouces, n'en emploient que 12 ½, parce que n'ayant que 3 pieds de hauteur, le poids est de moitié moins ; d'où il suit qu'avec un volume de 6 pieds, on peut se procurer deux courans ; que chaque courant peut faire tourner trois moulins ; que chacun de ces moulins moudra 3oo livres de blé par heure, et que par conséquent, avec le même volume bien ménagé et bien distribué, on peut obtenir avec six moulins 18oo liv. de mouture par heure, encore n'est-il question que de la mouture ordinaire, dite économique, et que par mes nouveaux procédés, ils augmenteront encore d'un tiers.

Principes sur lesquels on peut établir les courans d'eau, pour les rendre plus utiles à la mouture des grains.

On doit considérer d'abord quelles sont les espèces de moulins le plus généralement en usage. Je ne m'arrête point à ceux qui, par une situation, un local particuliers, ont exigé une construction extraordinaire ; il ne sera question que des deux espèces que je reconnois pour véritablement utiles : ainsi je passerai sous silence les moulins horizontaux, les moulins pendans, les moulins sur bateaux, les moulins à trompe, etc. Les deux espèces dont je vais donner une idée, et qui sont posées verticalement, se reconnoissent, comme les autres, à la forme de la roue ; et c'est cette forme qui leur donne le nom; ainsi la première espèce est le moulin à auvages, la deuxième est le moulin à godets ou à pots.

Dans les pays plats, on doit préférer les moulins à auvages, parce qu'ils n'exigent pas une grande chute (*Voyez les planches 3 , 4 et 5.*).

EXPLICATION

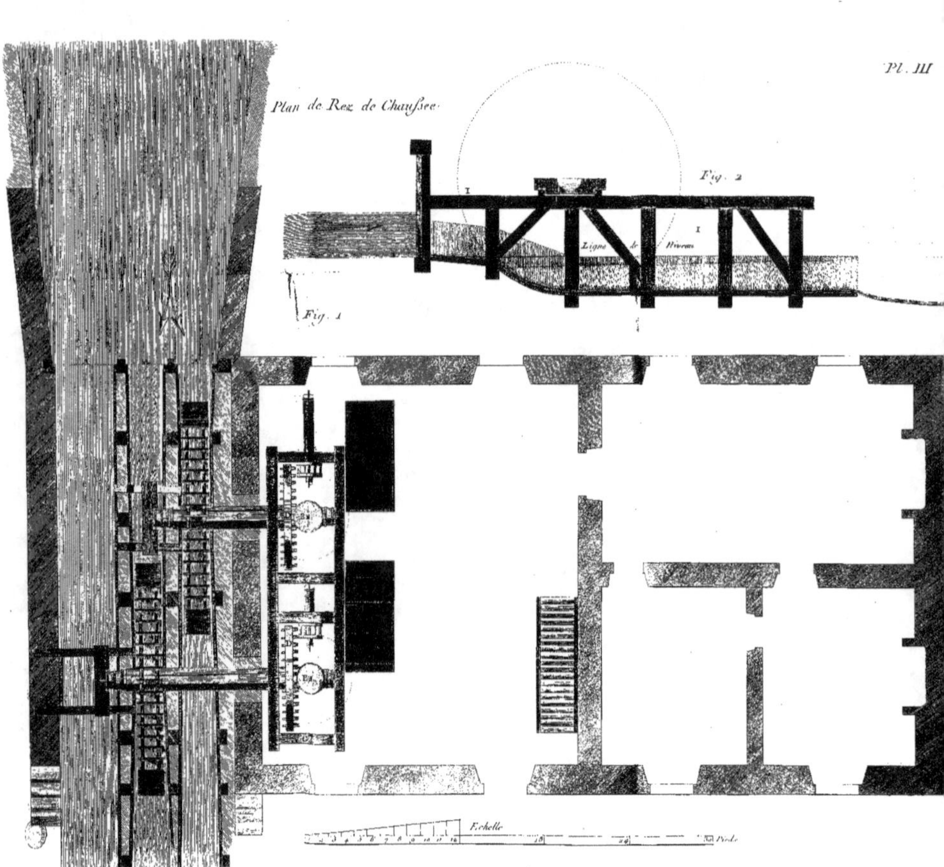
Pl. III
Plan de Rez de Chaussée.
Fig. 2
I
I
Ligne de Niveau
Fig. 1
Echelle
Pieds

EXPLICATION
DE LA PLANCHE TROISIÈME.

FIGURE PREMIÈRE,

*Servant à développer le plan d'un moulin, dont les roues
tournent à côté l'une de l'autre.*

A. Vannes des roues et de décharges.
B. Roues à auvages.
C. Arbres tournans.
D. Rouets.
E. Lanternes.
F. Lanternes et treuils pour monter les sacs.
G. Beffroi.
H. Huches des bluteaux.

FIGURE 2e.

I. Charpente qui sépare les courans-d'eau, servant de profil
pour la pente.

C c

EXPLICATION

DE LA PLANCHE QUATRIÈME.

A. Courans-d'eau.

B. Roues à auvages.

C. Arbre tournant.

D. Rouet.

E. Fer de la meule garni de la lanterne.

F. Palier.

G. Beffroy.

H. Huche des bluteaux.

I. Poulie faisant tourner le bluteau par le moyen d'une chaîne de fer.

K. Meules.

L. Trémie.

M. Crible et Ventilateur.

N. Crible incliné.

O. Crible incliné pour le blé à réserver.

P. Trémie recevant le blé de réserve.

Q. Sac de blé disposé à monter dans les étages.

R. Bascule d'embrayement pour monter les sacs.

S. Cordage d'engrainage.

T. Cable à monter les sacs.

Coupe de la charpente sur la longueur.

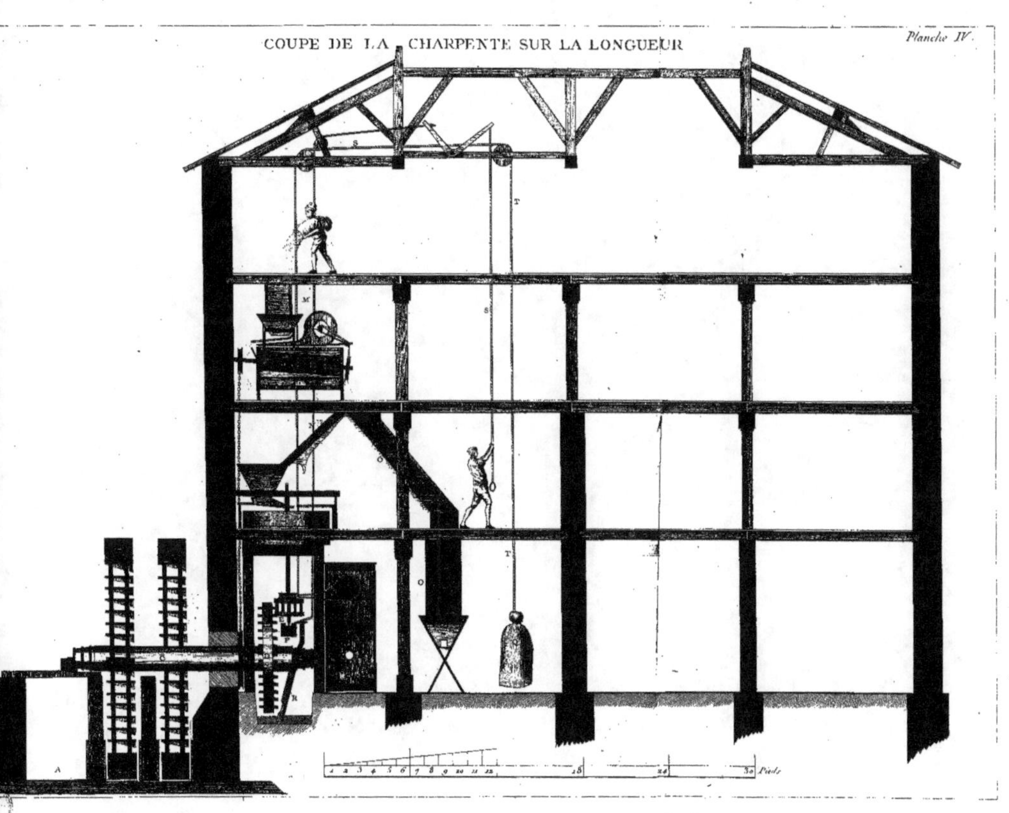
30 Pieds

COUPE ET ÉLÉVATION SUR LA LARGEUR

ÉLÉVATION DU CÔTE DES ROUES

Fig. 1

Fig. 2

Echelle

EXPLICATION

DE LA PLANCHE CINQUIÈME.

FIGURE PREMIÈRE.

A. Poulie et chaîne du crible, et ventilateur.
B. Ouvrier qui engraine.
C. Crible incliné.
D. Trémie.
E. Meule tournante.
F. Meule gissante.
G. Fer de la meule.
H. Poulie pour faire tourner les bluteaux.
I. Lanterne de la meule.
K. Palier garni de sa crapaudine.
L. Rouet.
M. Treuil et lanterne servant à monter les sacs.
N. Cable et poulies servant à monter les sacs.
O. archures.

FIGURE 2ᵉ.

P. Rivière supérieure et emplacement des vannes.
Q. Courant-d'eau faisant tourner la première roue.
R. Courant faisant tourner la seconde roue.
S. Roues à auvages.

Coupe et élévation sur la largeur.
Elévation du côté des roues.

DESCRIPTION
D'UN MOULIN A AUVAGES.

On voit que la hauteur de l'eau sur le souliard doit être de 3 pieds ; la vanne doit avoir 3o pouces d'ouverture dans sa largeur. L'eau qui sort par la vanne, est conduite à la roue par le moyen d'une rayère de 5 pieds 6 pouces de long. En cet endroit, que l'on appelle *la prise d'eau*, la largeur de la rayère doit être de 24 pouces, ce qui fait six pouces de diminution sur la largeur de l'ouverture de la vanne, sur six pouces de pente. La rayère doit conserver cette même largeur de 24 pouces jusqu'à l'aplomb de la roue. En prenant alors 24 pouces de pente, et de cet aplomb à 2 toises plus loin, la rayère doit reprendre sa largeur de 3o pouces en conservant le même niveau.

Un moulin de cette forme n'exige que 4 pieds 6 pouces de chute d'une superficie à l'autre. Les auvages de la roue doivent être noyés de 12 pouces dans l'eau inférieure ; celle-ci se trouve chassée rapidement lorsque la roue tourne.

Avec un pareil moteur, un moulin bien construit doit être de la première force, et moudre 400 livres de blé par heure, pourvu toutefois que les meules aient assez d'ardeur pour supporter une pareille charge.

Il est possible de construire un moulin à auvages, dont

les dimensions soient les mêmes quant à la largeur, mais qui n'auroit que deux pieds six pouces d'une superficie à l'autre. Dans cette supposition, le souliard doit être posé au niveau de l'eau inférieure : alors on donnera deux pouces de pente de la vanne à la prise d'eau, et 10 pouces jusque sous l'aplomb de la roue ; mais ce moulin n'aura qu'un quart de la force du précédent.

Si la situation du local donnoit une chute plus forte que celle de quatre pieds six pouces, dont je viens de parler, et que le volume d'eau fût moins considérable, alors il faudroit rétrécir la vanne, et au lieu de lui donner 24 pouces à la prise d'eau, on ne lui en donneroit que 18 ou 20 ; comme aussi, au lieu de deux pieds six pouces de pente de la prise d'eau à l'aplomb de la roue, on lui donneroit trois pieds six pouces ; et cela reviendroit au même, puisqu'on gagneroit, par la chute, la force que refuseroit le volume d'eau : ce moulin seroit ainsi toujours de la première force.

Lorsqu'on peut jouir du double avantage d'une grande chute et d'un volume d'eau considérable, il est possible d'établir plusieurs moulins à la suite les uns des autres, et que le même bâtiment en contienne quatre : tout dépend de l'intelligence et de l'adresse avec laquelle on distribue l'eau dont on peut disposer. La planche 6 fera connoître de quelle manière on peut placer deux, trois et quatre vannes à côté les unes des autres, et y ajouter les rayères qui doivent conduire l'eau à chaque moulin.

Cependant il faut remarquer que dans le cas où l'on auroit un volume d'eau assez fort pour faire tourner huit roues, il faudroit deux bâtimens pour établir quatre meules dans chaque. Alors on feroit passer la rivière distribuée en huit vannes, entre les deux bâtimens. On pourroit toutefois mettre les huit meules dans le même bâtiment, en divisant la rivière en deux bras, pour faire passer chaque bras distribué par quatre vannes de droit et de gauche du bâtiment. De cette manière il se trouveroit flanqué de quatre roues. On ne peut excéder le nombre de quatre moulins à la suite les uns des autres, parce que les arbres tournans du bas deviendroient trop longs.

Les planches 6, 7 et 8 indiquent la manière d'établir plusieurs roues à la file l'une de l'autre. Dans le cas où l'on pourroit avoir une grande chute avec un petit volume d'eau ; mais alors, pour tirer un bon parti des eaux, il ne faut pas mettre plus de trois roues à la file. Ces trois roues doivent employer au moins neuf pieds de chute. Si cette chute est plus forte encore, il est un autre moyen de tirer parti des eaux, et j'en donnerai le détail.

PLAN DE REZ DE CHAUSSÉE

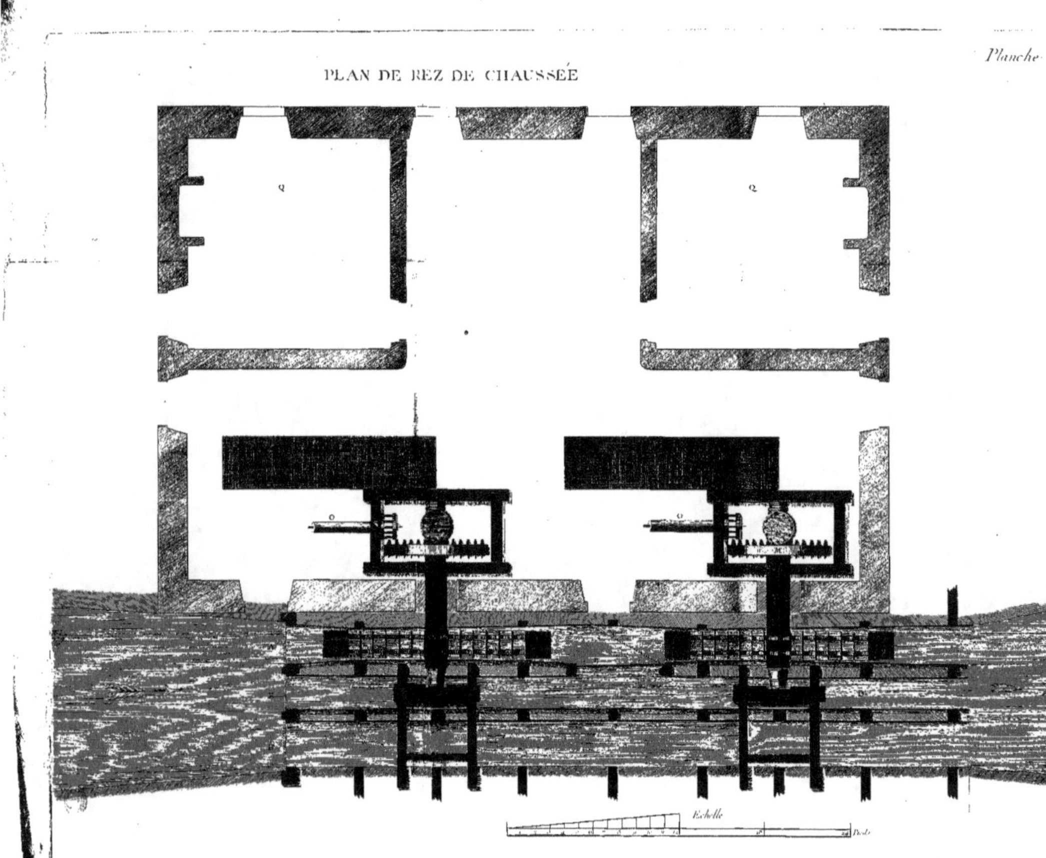

EXPLICATION
DE LA PLANCHE SIXIÈME.

Plan du rez-de-chaussée des roues à la file l'une de l'autre.

A. Vanne moulinière.

B. Vanne ouvrant de côté et d'autre, et servant à détourner les eaux, selon le moulin que l'on arrêtera.

C. Endroit où le bout de la vanne doit se ranger lorsqu'on veut arrêter la seconde roue.

D. Courant par lequel l'eau doit s'échapper lorsque la seconde roue est arrêtée,

E. Vanne à l'usage de la deuxième roue, lorsque la première ne tourne pas.

F. Décharge des eaux surabondantes.

G. Endroit où le bout de la vanne tournante doit se ranger, lorsque la première roue est arrêtée, et que la deuxième tourne.

H. Vanne de décharge.

I. Roues à auvages.

L. Arbres tournans.

M. Rouets.

N. Lanternes.

O. Treuil et lanterne à monter les sacs.

P. Huches des bluteaux.

Q. Logement du meunier.

R. Eau supérieure de la rivière devant les vannes.

EXPLICATION

DE LA PLANCHE SEPTIÈME.

---

*Élevation d'un bâtiment du côté des roues tournantes à
la file l'une de l'autre.*

A. Rivière supérieure.
B. Poteaux des vannes.
C. Pièces sous-gravières sur lesquelles tombent les vannes.
D. Prise de l'eau de la première roue.
E. Prise de l'eau de la seconde roue.
F. Roues à auvages.
G. Lignes de niveau.

Echelle

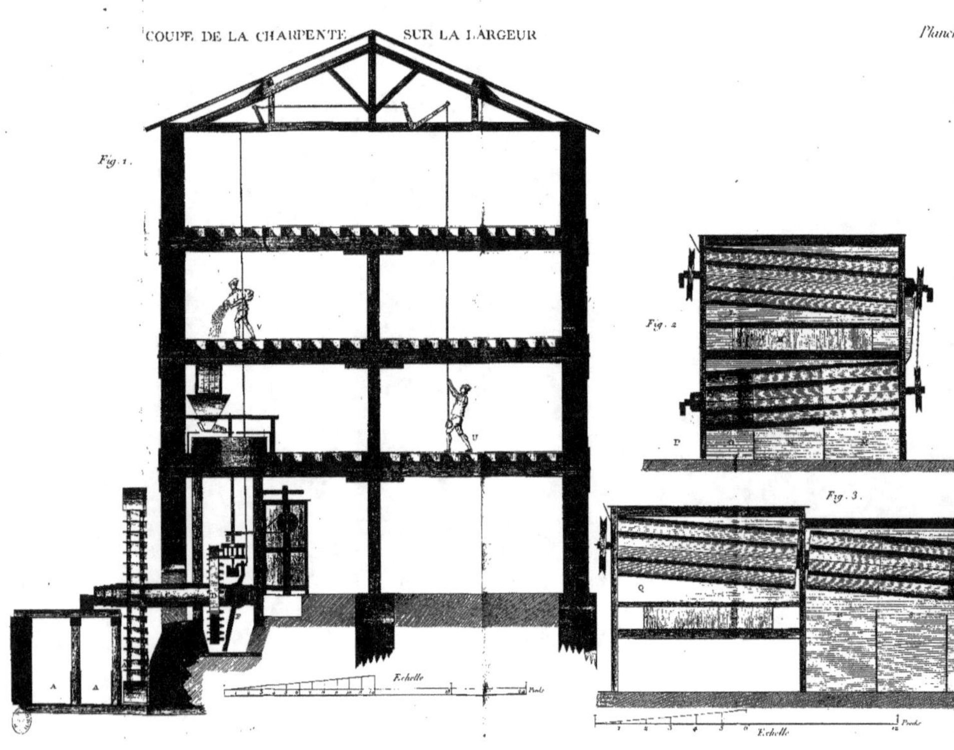
Fig. 1.
Fig. 2.
Fig. 3.
Echelle
Pieds
Echelle
Pieds

EXPLICATION

DE LA PLANCHE HUITIÈME.

Coupe de la charpente en largeur.

FIGURE PREMIÈRE.

A. Courans-d'eau.
B. Roues à auvages.
C. Arbre tournant.
D. Rouet.
E. Lanterne et fer de la meule.
F. Bascule et lanterne à monter les sacs.
G. Huches des bluteaux.

FIGURE 2e.

H. Huches et bluteaux doubles pour l'objet de la pl. 2, 3 et 4.
L. Case pour recevoir la farine.
M. Case des gruaux.
N. Case des recoupettes.
O. Case des recoupes.
P. Endroit où tombe le son.

FIGURE 3e.

Coffre pour contenir deux bluteaux à la file.

Q. Case de la farine blutée.
R. Case des gruaux.
S. Case des recoupettes.
T. Case des recoupes.
U. Endroit où tombe le gros son.
UV. Ouvriers qui engrainent et montent les sacs.

D d

Description de la planche 6, où l'on voit deux roues à la file l'une de l'autre, tournantes par le même courant, et auxquelles on peut en ajouter une troisième.

La vanne a 30 pouces d'ouverture dans sa largeur ; elle est réduite à 24 à la prise d'eau de la roue. Cette largeur de 24 pouces se continue jusqu'à l'aplomb de la roue, et elle s'élargit ensuite à 30 pouces, jusqu'à l'endroit où le venteau B sert à détourner les eaux au besoin. Ce conduit qui a encore ici 30 pouces, se rétrécit de nouveau à 24, à la prise d'eau de la deuxième, et se continue de même sur cette largeur, jusqu'à l'aplomb de cette deuxième roue, où, comme l'on vient de le voir, il doit reprendre sa largeur de 30 pouces, et se rétrécir à 24, à la prise d'eau de la troisième roue, si on l'y ajoute.

Si l'on veut arrêter le deuxième moulin, on le peut sans interrompre ni déranger en rien le premier. Pour cela on a recours au venteau B, en le retirant vers C. L'eau prend son cours par le conduit D ; et au moyen d'un second venteau, on peut mettre en mouvement la troisième roue.

Si c'est le premier moulin qu'il faut arrêter, on peut

également le faire sans que les autres discontinuent. Alors on baisse la vanne A ; on lève celle E ; on pousse le venteau B vers G : l'eau prend son cours pour la deuxième roue, et successivement pour la troisième.

Si l'on veut que les trois moulins soient de la même force, il faut donner exactement au courant les dimensions indiquées dans mon observation sur les moulins du Bazacle.

On observera que s'il se trouve plus de trois pieds d'eau à la vanne, le premier moulin en profite, et il est alors plus fort que les deux autres.

Les moulins établis de cette manière ont un grand inconvénient : c'est qu'en été, lorsque les eaux sont basses, il faut les attendre, et trois moulins chôment à la fois.

DEUXIÈME ESPÈCE.

MOULINS A GODETS.

Cette espèce de moulins est à mon gré bien préférable, non-seulement parce qu'ils ne sont pas sujets à l'inconvénient du chômage, comme les précédens, mais encore parce qu'au moyen des dimensions qu'on peut donner à ces sortes de roues, on tire un bien plus grand parti et des chutes et des eaux. (*Voyez le profil 1, planche 9*).

1°. Comme la position des roues n'est point à la file, et qu'au contraire elles sont placées l'une au dessus de l'autre, comme celles de la planche 4, on conçoit que l'une peut tourner, tandis que la suivante ou l'antérieure est arrêtée, et que d'ailleurs 4 pieds cubes d'eau sont suffisans pour faire tourner chaque roue. Il est sensible que si le volume d'eau diminue d'un tiers, en arrêtant l'une de ces roues, il reste assez de force pour les deux autres, et que conséquemment jamais les trois roues ne chôment à la fois.

2°. Au moyen de ce que ces roues sont à godets, on peut faire tomber les eaux, soit au quart, soit au tiers de la roue, soit à son milieu, et plus haut encore ; cela dépend de la hauteur de la chute. D'ailleurs, si le volume étoit encore foible, on pourroit donner à la roue une largeur de 5 à 6 pieds, et même plus, parce que ne pouvant alonger les rayons, on a la facilité de les multiplier. Alors chaque livre d'eau, même chaque once, agit, et rien n'est perdu ; car il est de fait que l'eau a plus d'action par son poids que par son courant.

Variété de la deuxième espèce, ou Moulins à godets.

La roue des moulins dont je vais parler, est une roue aussi à godets, dont la dimension se fixe par le volume d'eau comparé à la chute ; ainsi la force de ces moulins est déterminée par l'un ou l'autre de ces agens. Si, par supposition, on a une chute de 18 à 20 pieds avec un volume d'eau de 36 à 40 pouces, on aura un très-bon moulin. On trouve la forme de cette roue, *fig.* 2, *planche* 9.

Dans les pays de montagnes, où les sources multipliées à mi-côte passent par une infinité de rameaux, pour aller ensuite dans le fond d'un vallon, former un petit ruisseau à peine capable de faire tourner un moulin à auvages, c'est alors qu'on peut se servir avec avantage de cette espèce de roue dont je viens de parler ; mais pour cela, il faut commencer à rassembler le plus de sources possible à mi-côte, et les réunir dans le même canal, que l'on conduit le long de la montagne, en gardant son même niveau jusqu'au lieu où la plus grande profondeur de la vallée vous offre la chute nécessaire à l'établissement de plusieurs roues à pots placées les unes sur les autres. Les sources inférieures que l'on n'aura pu rassembler dans le canal principal, pourront être employées utilement pour les roues plus basses ; et par ce moyen, on peut diminuer la chute en proportion du volume.

Cela posé, on peut se procurer plusieurs moteurs avec les seules eaux du même ruisseau ; car on ne doit rien négliger lorsqu'il est question de l'é-

(214)

cononiie de l'eau. Ce moteur est d'autant plus précieux,
qu'il est rare de le trouver en volume suffisant. Dans
certains pays, on rencontre des montagnes où les
sources sont très-communes, mais dont les eaux se
perdent par infiltration ; ensorte qu'une source qui a
son ouverture vers le milieu de la montagne, ne produit rien dans la vallée. D'ailleurs il est ordinaire de
rencontrer dans ces montagnes des sources à différentes
hauteurs, et dans ce cas, il est impossible de rassembler toutes ces sources dans un même canal pour
obtenir un volume capable de faire tourner une roue
à pots ; mais dès que la chute est suffisante, il est néanmoins possible de tirer avantage de toutes ces sources,
en leur assignant à chacune un canal, soit en terre,
soit en bois ; de sorte que l'eau de chaque source viendra tomber, savoir, les eaux des premières sources
sur la roue, les eaux des sources inférieures au quart,
au tiers, au milieu de cette même roue, et plus bas
encore, toutes concourant à agir également suivant
leur volume et sélon leur chute sur la roue préparée
à les recevoir. C'est ainsi qu'il est possible de se procurer un très-bon moteur, dans un pays même où il
n'y auroit presque point de ruisseaux. (*Voyez la planche* 9 , *fig.* 2.)

Planche IX 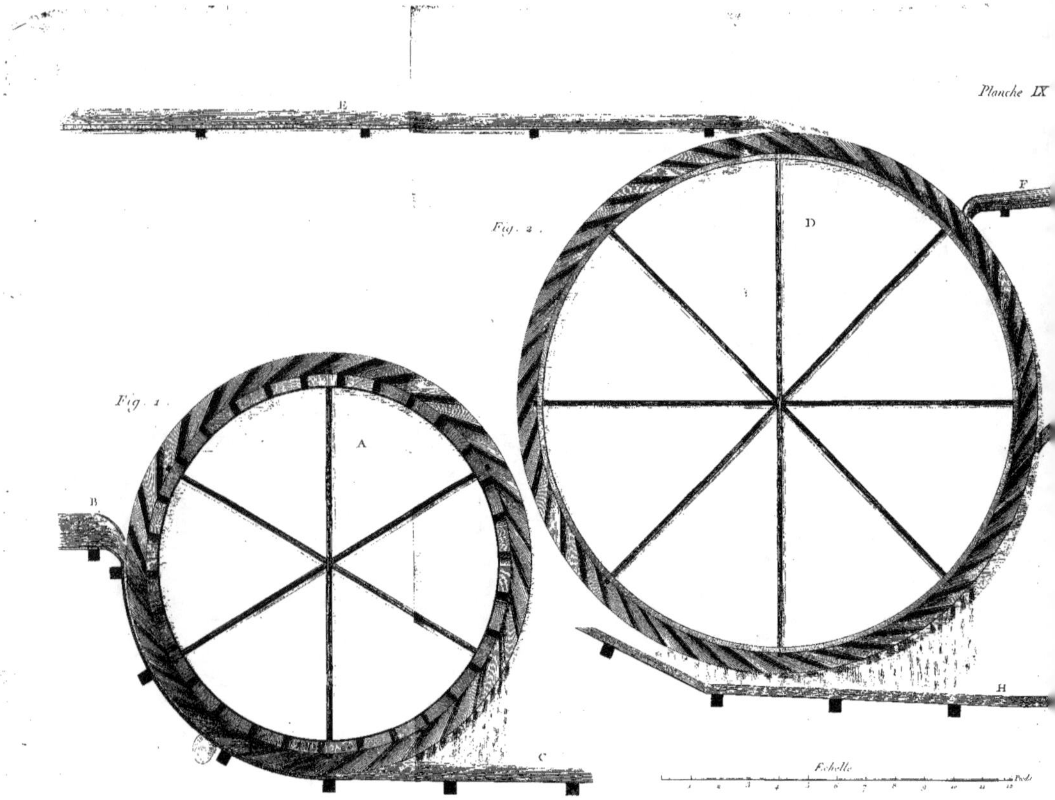
Fig. 2.
Fig. 1.
A
B
C
D
E
F
H
Echelle
Pieds
PROFIL DE ROUE A POT

EXPLICATION
DE LA PLANCHE NEUVIÈME.

FIGURE PREMIÈRE.

A. Roue à godets, tournant avec un grand volume d'eau.
B. Vanne et auge qui conduit l'eau sur la roue.
C. Conduit de l'eau au dessous de la roue.

FIGURE 2ᵉ.

D. Grande roue à godets, tournant par plusieurs petits courans.
E. Auge conduisant l'eau sur la roue.
F. Auge conduisant l'eau au quart de la roue.
G. Auge conduisant l'eau au tiers de la roue.
H. Conduit de l'eau au sortir de la roue.

Je crois n'avoir rien laissé à desirer dans ce Mémoire pour satisfaire à la demande qui m'a été faite par les États de la province du Languedoc. Les planches qui l'accompagnent porteront mes nouveaux moyens au dernier degré d'évidence, et suppléeront aux détails qui pourroient manquer. Je m'estimerai heureux s'ils peuvent concourir à la perfection des machines de cet art, le plus utile, puisqu'il a pour objet le premier aliment.

TROISIÈME

TROISIÈME PARTIE.
DE LA BOULANGERIE.

LE choix des blés et la perfection de leur mouture sont deux conditions essentielles pour obtenir un pain doué de toutes les qualités qu'on peut desirer ; mais il en est une troisième sans laquelle ces premiers soins deviendroient presque nuls : c'est l'exécution complette des procédés relatifs à la boulangerie. Les objets principaux de cet art utile sont :

1°. La farine qui constitue la pâte.

2°. L'eau, agent principal de la fermentation.

3°. Le sel qui sert d'assaisonnement.

4°. Les levains par le moyen desquels on détermine la fermentation desirée.

5°. Les différentes opérations du pétrissage.

6°. La forme, la construction et le chauffage du four.

7°. L'apprêt et la cuisson du pain.

En considérant la boulangerie sous ces différens rapports, nous croirons avoir parcouru avec méthode le cercle des connoissances nécessaires pour développer tout ce qui concerne la bonne fabrication du pain, le but et la fin des travaux de l'agriculteur.

ARTICLE PREMIER.

CHOIX DE LA FARINE.

La farine est composée des mêmes principes que le grain d'où elle provient ; ils s'y trouvent seulement dans des proportions différentes : de-là cette variété de nuances qu'elle offre si souvent. Ainsi la farine la plus blanche et la farine la plus bise contiennent l'une et l'autre les substances que nous avons désignées pour former les parties constituantes du blé. Il s'agit maintenant d'indiquer à quels signes on peut reconnoître leurs qualités.

Farine de première qualité.

La meilleure farine est d'un jaune clair : elle est sèche et pesante ; elle s'attache aux doigts, et pressée dans la main, elle reste en une espèce de pelotte. Elle n'a aucune odeur ; mais la saveur qu'elle répand dans la bouche, est semblable à celle de la colle fraîche. La très-petite quantité de son que les meules détachent en une poudre extrêmement fine, n'y est perceptible pour aucun de nos organes.

Farine de deuxième qualité.

La farine de deuxième qualité a un œil moins vif, et

est d'un blanc plus mat. Une partie s'attache en la pressant dans la main ; et comme le grain mal moulu donne un résultat qui ressemble à peine à celui d'un blé de qualité inférieure, cette seconde qualité de farine pourroit appartenir à un blé d'élite.

Farine de troisième qualité.

C'est celle qui résulte des petits blés, parmi lesquels se trouvent des semences étrangères. Elle a différentes nuances de couleur, de saveur et d'odeur. Le pois-gras lui donne un gris blanc ; la cloque ou carie, une odeur de graisse ; la nielle, un goût amer ; la rougeole lui communique un jaune de rouille. Toutes ces matières étrangères, que des négligences dans la préparation des semailles, le défaut de sarclage et de criblage rendent plus ou moins considérables, sont cause que le blé de première qualité ne fournit qu'une farine et un pain inférieurs, par rapport à l'aspect et à l'économie.

Farine bise.

Comme les blés ne fournissent pas seulement de la farine blanche, et que l'art a su en retirer celle qui étant la plus voisine de l'écorce se ressent de son odeur et de sa couleur, celle-ci est connue sous le nom de farine bise, dont la bonne qualité est marquée par un jaune plus ou moins obscur. Ses qualités inférieures se reconnoissent à un toucher un peu rude, à une couleur rougeâtre.

Farine piquée.

On appelle ainsi celle où l'on remarque des taches. C'est un défaut qui la déprise. Si ces taches sont noires, elles indiquent que la farine a souffert, et qu'elle est échauffée. Si au contraire elles ne sont que grises ou jaunâtres, elles indiquent que la mouture a été mal faite, et que les bluteaux ont laissé passer du son, qui s'y est mêlé quelquefois en si grande abondance, qu'elle se rapproche du remoulage qu'on obtient par la mouture des gruaux.

Farines détériorées.

Elles s'annoncent suffisamment par leur odeur et leur aspect. Elles sont quelquefois aigres, d'un blanc terne ou rougeâtre, et elles laissent dans la bouche une impression âcre et piquante ; saveur qu'il faut bien distinguer de celle qu'elles doivent au terroir ou aux engrais qui ont fumé le sol sur lequel le grain a été récolté.

OBSERVATIONS.

Si le choix des grains est d'une utilité importante,

celui des farines n'est pas moins nécessaire. Sans ce double avantage, le boulanger ne parviendra jamais à connoître l'espèce de farine qu'il a à traiter, ni les règles qu'il doit suivre pour les conserver, les travailler et les mélanger. Ainsi, continuellement exposé à être trompé dans les achats et au moulin, il lui seroit impossible d'obtenir constamment la qualité du pain qu'il a intention de fabriquer.

Mais heureusement la connoissance des farines est aussi facile à acquérir que celle des grains qui les ont produites. Elles ont comme eux des caractères distinctifs de bonté, de médiocrité et d'altération, qu'il est difficile à l'œil, à l'odorat et à la main un peu exercés, de ne pas saisir.

Or, puisque l'état des farines peut être apperçu dans leur odeur, dans leur saveur, dans leur couleur et dans leur toucher, il convient toujours d'invoquer préalablement le témoignage des organes, avant d'employer d'autres moyens plus efficaces encore pour se décider sur leur qualité.

ARTICLE II.

MOYENS PROPRES A FAIRE CONNOÎTRE LA QUALITÉ DES FARINES.

Nous ne ferons pas ici l'énumération des différens

moyens d'épreuve usités; ils se sont trop multipliés : mais comme la plupart n'apprennent rien de plus, nous nous contenterons seulement de rapporter ceux dont on se sert le plus communément, et qu'on doit regarder comme la véritable pierre de touche de la valeur des farines.

Premier moyen.

Pour éprouver la farine, on en prend une pincée qu'on met dans le creux de la main ; et après l'avoir comprimée, on traîne le pouce sur la masse, pour juger de son corps et de son moelleux ; ou bien on en rend la surface extrêmement unie avec la lame d'un couteau ; et se tournant vers le jour le plus clair, et changeant de position, on juge de sa blancheur, de sa finesse, si elle est piquée et contient du son. Plus elle est douce au tact et plus elle s'alonge , plus on doit se flatter qu'elle fera de bon pain.

Deuxième moyen.

On prend la quantité de farine que le creux de la main peut renfermer, et avec de l'eau fraîche, on en fait une boulette d'une consistance qui ne soit pas trop ferme. Si la farine a absorbé le tiers de son poids d'eau, si la pâte qui en résulte s'alonge bien sans se rompre en la tirant dans tous les sens, si elle s'affermit promptement à l'air et qu'elle prenne du corps ; c'est alors un signe que la farine est bien faite, qu'elle n'a pas souffert, et que le blé qui l'a fournie est de bonne qualité.

Si au contraire la pâte mollit, s'attache aux doigts en la maniant, qu'elle soit courte et se rompe volontiers, on en conclut que la farine est de qualité inférieure ; et si à cette circonstance elle ajoute celle d'avoir une odeur désagréable et un mauvais goût, c'est un signe d'altération.

Troisième moyen.

Il consiste à mêler ensemble une livre de farine et huit onces d'eau froide : on en forme une pâte ferme qu'on pétrit bien ; on dirige ensuite sur cette pâte un filet d'eau ; on la presse doucement en faisant passer l'eau à travers un tamis, ayant soin de réunir à la masse les portions de pâte qui peuvent échapper des mains. Peu-à-peu l'eau détache de la pâte les autres principes, qui, confondus avec elle, sont reçus dans un vase placé au dessous du tamis. Quand l'eau cesse d'être laiteuse, il reste dans les mains un corps spongieux, élastique ; c'est la matière glutineuse.

Si la farine appartient à un blé de bonne qualité, elle fournira par livres entre 4 et 5 onces de matière glutineuse, dans l'état mou, de couleur jaune-clair et sans mélange de son. Si elle provient au contraire d'un blé humide, ou mal moulu, ou bluté par un bluteau trop ouvert, elle n'en donnera que 3 á 4 onces au plus, dont la couleur sera d'un gris cendré, qui se trouvera en outre mélangée de particules de son plus ou moins grossières.

Enfin, si la farine est le résultat d'un blé très-détérioré, elle ne contiendra que très-peu ou point de matière glutineuse, qui alors n'est ni aussi tenace ni aussi élastique, attendu que les altérations qu'éprouve le blé par les vicissitudes des saisons et l'influence du sol, se portent entièrement sur cette matière; et comme le seigle, l'orge, l'avoine et les semences légumineuses ne contiennent point de matière glutineuse, cette épreuve servira non-seulement à faire connoître la qualité des farines, mais encore leur mélange ou leur détérioration. Toutes ces vérités, que nous avons établies sur des expériences multipliées, ont dirigé les travaux de ceux qui depuis nous ont écrit sur les mêmes objets d'économie.

OBSERVATIONS.

Quoique ce soit la boulette qui passe pour le moyen d'épreuve le moins équivoque, nous ferons remarquer qu'il peut cependant induire en erreur par la manière

dont

dont cette épreuve est faite. En effet, si on ne donne pas à l'eau le tems de se combiner avec la farine ; si la masse qui en résulte est pétrie par des mains malpropres ou trop chaudes ; si on ne la malaxe pas assez pour qu'elle devienne flexible et uniforme, la pâte, loin de s'alonger, se cassera et laissera soupçonner la meilleure farine de manquer des qualités requises. Ce moyen n'est donc pas sans inconvénient, et ne suffit pas toujours pour acquérir la certitude de la bonté des marchandises qu'on achète. L'épreuve de la matière glutineuse est le moyen le plus assuré ; il peut répandre le plus grand jour sur la nature et la qualité des farines, en même tems qu'il servira à rendre les différentes opérations de la fabrication du pain plus constamment égales et parfaites. Aussi bien loin que la connoissance de la matière glutineuse soit étrangère aux boulangers, nous assurons que rien ne leur est plus essentiel et plus utile. Si leurs garçons voyoient cette matière acquérir plus de fermeté dans l'eau froide, se relâcher dans l'eau tiède, s'amollir dans l'eau chaude, cesser d'avoir de la consistance dans l'eau bouillante, ils renonceroient sans doute à cette fureur qu'ils ont d'employer de l'eau chaude dans toutes les saisons et pour toutes les espèces de pâtes. Instruits alors du rôle que joue la matière glutineuse dans la panification, ils ne seroient plus aussi intrigués pour expliquer la cause de certains

F f

phénomènes dont ils sont quelquefois témoins dans leur travail.

Nous osons donc le dire, tout boulanger qui dédaignera d'acquérir la connoissance du moyen simple que nous proposons, devroit être déclaré incapable d'exercer un état dont l'objet principal intéresse si directement la santé, et où la main-d'œuvre éclairée fait autant que les qualités des matières premières qu'on y emploie.

Plus la farine fournira de cette matière collante ou glutineuse, plus aussi elle aura de qualité, sera d'un bon travail, rendra le pain savoureux, léger, agréable, *et vice versâ*. Nous disons toujours la farine, parce que le blé pourroit en contenir beaucoup, et la farine très-peu. Le meunier, en moulant mal, peut laisser beaucoup de gruau dans les sons, diminuer d'autant la valeur et la bonté de la farine, ainsi que la proportion de cette matière glutineuse, qui n'est jamais ni aussi tenace, ni aussi élastique, ni aussi abondante dans les blés auxquels il est arrivé quelques accidens pendant leur végétation, ou qui ont été nourris d'eau à l'approche de la moisson; car c'est une vérité que nous croyons avoir mise dans le plus grand degré d'évidence, que la substance glutineuse varie en proportion et en qualité, à raison du sol, de la culture, des saisons, de l'espèce et de l'état des blés.

On a vu que le blé donne, par le moyen de la mouture économique, cinq sortes de farines, qui ont chacune des propriétés générales et particulières ; c'est
spécialement la matière glutineuse qui les distingue,
par rapport aux effets du pétrissage, de l'apprêt de la
pâte et de la cuisson du pain. La farine blanche de
gruau en contient environ cinq onces par livre, la
farine dite de blé, quatre onces et demie dans un état
moins blanc et moins clair, la troisième farine de gruau
trois onces, enfin la dernière, dite quatrième farine de
gruau, à peu près une once et demie d'un gris sale.
Mais il faut observer que cette matière à laquelle l'eau
imprime le caractère glutineux et élastique, étant ra-
menée à l'état sec où elle se trouve dans le grain, sa
proportion ne va pas à plus d'un huitième dans les
blés qui en contiennent le plus.

L'extraction de la matière glutineuse est donc le
moyen le plus assuré de reconnoître la qualité des farines, moyen inconnu des boulangers, et aussi facile
à mettre en pratique , que les résultas en sont certains et intéressans.

ARTICLE III.

CONSERVATION DES FARINES.

Nous avons examiné les effets de toutes les pratiques
usitées pour conserver les farines, et c'est d'après cet

examen que nous allons faire connoître ces pratiques,
afin qu'on puisse juger laquelle mérite la préférence.

Des farines en rame.

Quelle que soit l'ancienneté d'un usage, on doit l'a-
bandonner dès que la théorie, d'accord avec la pratique,
réclame contre son insuffisance et même contre son
danger.

La conservation des farines en rame a été sans
doute la première adoptée: elle consiste à porter au grenier le blé tel qu'il sort de dessous les meules, c'est-à-
dire, la farine confondue avec les gruaux et les sons, à
laisser ce mélange exposé à l'air, et à ne bluter que
cinq ou six semaines après, ou même lorsqu'il a
fermenté; telle est l'expression dont on se sert dans
les provinces méridionales, où cette méthode est encore
suivie, particulièrement pour ce qu'on nomme *farine
de minot*.

Inconvéniens des farines en rame.

Il est certain que le son et les gruaux se trouvant in-
terposés entre les molécules de la farine, ils empêchent
qu'elle ne se tasse et ne s'amoncelle; ils permettent à l'air
sec de pénétrer plus aisément dans la masse, et à celle-
ci de laisser exhaler une portion de l'humidité qu'elle

renferme, et de se combiner plus intimement avec l'autre ; cet effet, appelé si improprement *la fermentation de la rame*, n'est qu'une véritable dessication insensible ; ensorte que la totalité de la farine se détache mieux de l'écorce, et se blute plus parfaitement.

Mais le son, en séjournant ainsi dans les farines, leur communique du goût et de la couleur ; il perd de son volume, et la farine bise qui s'y trouve toujours adhérente, se tamise en même tems que la farine blanche, ternit sa blancheur et la pique : d'ailleurs la mite se met aisément dans le son ; et si le grain d'où il résulte provient d'années humides, et qu'il fasse chaud, la farine ne tarde pas à s'altérer, souvent même c'est l'affaire de deux fois vingt - quatre heures : aussi cet usage seroit-il encore bien plus dangereux dans les provinces septentrionales.

Des farines en garenne.

La farine étant blutée au moulin ou chez le particulier qui l'emploie ou qui la commerce, on la répand en couches ou en tas sur le carreau ou le plancher du magasin, avec la précaution de la remuer de tems en tems, et même tous les jours quand il fait chaud, afin d'empêcher qu'elle ne contracte de l'odeur, de la couleur, et ne se maronne.

Inconvéniens des farines en garenne.

Cette méthode est encore exposée à plus d'inconvéniens que celle des grains abandonnés en couches. La farine une fois salie par toutes les ordures et les insectes qui y ont eu accès, ne sauroit être nettoyée par aucun instrument; il en coûte ensuite des déchets et beaucoup de frais de main-d'œuvre, pour empêcher que ces corps étrangers, aussi nuisibles à la santé du consommateur qu'à la conservation de la denrée, n'augmentent les dispositions naturelles qu'elle a à s'échauffer et à fermenter : aussi le pain, à l'approche des vives chaleurs, se ressent-il plus ou moins de cette défectuosité dans la conservation ; tantôt il a le goût de poussière, tantôt celui de ver ou de charançon, ce qu'on ne manque pas d'attribuer à la mauvaise qualité du grain ou à un vice de fabrication, tandis qu'il ne faut accuser que la mauvaise manière de garder la farine, qui a fait tout le mal.

Des farines en sacs empilés.

Pour éviter les inconvéniens des méthodes que nous venons d'exposer, on garde la farine renfermée dans des sacs rangés les uns à côté des autres auprès des murs, ou entassés en piles , ensorte qu'ils se touchent par tous les points de leur surface.

Inconvéniens des sacs empilés.

L'air ne peut circuler autour des sacs empilés ; l'humidité qui transpire perpétuellement des farines où elle se trouve renfermée, n'est pas dissoute et entraînée au dehors : or, ne faisant plus partie du corps d'où elle émane, elle réagit sur lui, le dispose à la fermentation. La farine alors commence par se pelotonner à la surface interne du sac, et bientôt l'altération gagne les couches voisines. Souvent cette méthode peut, malgré toutes les précautions, devenir perfide. Quelquefois on est dans la plus profonde sécurité sur le compte de ses farines, parce que de tems en tems on a eu soin de visiter les sacs qui sont les plus extérieurs des piles, et par conséquent rafraichis par le contact de l'air, ce qui fait qu'ils n'ont éprouvé aucune altération , tandis que les autres sacs , placés au centre , sont déja échauffés et détériorés. Ainsi on ne s'apperçoit du mal qu'au moment où il n'y a plus de remède., et on fait circuler dans le commerce une marchandise qui a perdu la moitié de ses qualités.

Farines étuvées.

L'humidité ayant été regardée de tous les tems comme

un des principaux instrumens de l'altération des farines ,
et leur transport ne pouvant se faire au loin , sur-tout
quand la recolte a été pluvieuse, sans subir des avaries ,
on a cherché à leur appliquer , comme aux grains, la
chaleur du feu ; mais , malgré les éloges donnés à cette
méthode , nous ne pouvons nous dispenser de lui faire
quelques reproches fondés sur des expériences dont nous
avons publié les résultats. On peut consulter le mémoire qui a pour titre : *Méthode facile de conserver à peu
de frais les grains et les farines.*

Inconvéniens des farines étuvées.

Si le grain défendu par l'enveloppe ne sauroit résister à l'action du feu sans perdre de ses qualités , à plus
forte raison la farine , sur laquelle cette action se portera plus immédiatement.

Le préjudice notable que le feu apporte aux principes
de la farine , n'est pas le seul inconvénient de l'étuve ;
son application est gênante , coûteuse , et il est démontré , en outre , que les meilleures farines étuvées exigent ensuite plus de surveillance pour être conservées
en bon état.

Observations.

Il seroit superflu de présenter ici plus en détail les
inconvéniens

inconvéniens de conserver les farines en couches, en rame et en sacs empilés ; il n'y a aucun farinier, aucun boulanger qui ne sache qu'ils sont la suite malheureuse de ce qui se passe chez eux. Arrêtons-nous seulement à montrer de plus en plus la défectuosité de la méthode la plus anciennement et la plus généralement adoptée, puisqu'en même tems qu'elle donne lieu à des abus, à des déchets et à des frais considérables, elle détériore encore la denrée, tous objets qui augmentent par conséquent son prix.

Indépendamment des inconvéniens sans nombre qui accompagnent la méthode de répandre les farines sur le plancher ou le carreau du magasin, immédiatement après la mouture, nous ferons remarquer que cette méthode est embarrassante et même impraticable. En effet, on ne peut guère disconvenir que, dans les moulins à vent le local ne soit trop circonscrit pour l'exécuter. N'a-t-on pas l'humidité à craindre dans les moulins à eau ? Enfin les fariniers et les boulangers eux-mêmes sont-ils logés de manière à pouvoir la mettre en usage ?

En assurant toujours que la sécheresse des farines étoit facile à obtenir, lorsqu'on les répandoit en couches, fondé sur ce qu'elles perdent, au bout d'un certain tems, de leur poids ; on n'a pas fait attention que cette perte appartenoit en partie à la farine elle-même que le vent enlève pendant qu'on la manœuvre. Les ouvriers sont forcés, pour en avaler moins, d'ouvrir les fenêtres et les portes du grenier; alors la farine s'échappe, va couvrir les toits, les jardins, les cours des maisons du voisinage, et attester au loin la défectuosité de la méthode tant vantée. L'odeur dont on est frappé en entrant dans un magasin, n'est-elle pas encore une perte réelle qui diminue d'autant la saveur du pain?

Qu'on laisse pendant un mois du blé net dans le grenier le mieux soigné, et qu'au bout de ce tems on le crible, on sera étonné de la quantité considérable de poussière dont il est recouvert. La farine qui séjourne dans le même endroit pendant quatre mois, doit en contenir bien davantage ; voilà cependant des impuretés qu'on ne peut plus séparer, et qui entreront nécessairement dans le pain qu'on en fabriquera.

Dans l'usage de répandre les farines sur le plancher, on ne voit absolument que la commodité ou la nécessité de vider les sacs, et, les yeux fermés sur les inconvéniens qui en sont la suite, on maudit les insectes, la poussière, les souris, les rats, les chats. La farine est-elle échauffée, marronnée, fermentée; on en accuse le local, le meunier, les matières, la saison, les animaux domestiques, les ouvriers; tandis qu'il seroit si aisé d'éviter tous ces déchets, tous ces embarras, en laissant dans le sac la farine telle qu'on l'a reçue du meunier ou du marchand.

A l'égard de la méthode d'étuver les farines, nous rappellerons ce que nous avons déja remarqué. Si, comme il a été prouvé, la chaleur ordinaire de l'étuve nuit toujours à la qualité des bons blés, si elle ne sauroit détruire la totalité des animaux qu'ils peuvent contenir, ni les mettre pour toujours à l'abri de la fermentation, de l'humidité et de la voracité des insectes ; on ne doit jamais employer ce moyen comme agent conservateur, que quand la saison n'a pas été favorable à la récolte, que l'humidité a pénétré dans l'intérieur des grains, qu'elle en a affoibli la constitution naturelle. Alors devenus gras et mous, ils ne pourroient, sans ce secours, se garantir de la germination qui en est la suite inévitable, se conserver long-tems en bon état, se moudre avec profit, donner enfin des résultats satisfaisans en pain.

Mais s'il y a des circonstances où l'application de l'étuve au grain devienne quelquefois indispensable, il n'en existe aucunes qui la rendent nécessaire pour les farines. Le feu altère toujours leur couleur, plus même que ne le fait l'action violente des meules, ou l'habitude qu'a le boulanger d'employer de l'eau chaude pour pétrir. Dans tous ces cas une portion de la substance glutineuse, si essentielle à la panification, se trouve entièrement détruite.

Il n'y a donc qu'un cas particulier où cette application du feu aux farines soit utile. C'est lorsque n'ayant pu

G g ij

se procurer des blés secs, ni les étuver avant de les moudre, on est forcé d'acheter des farines provenant de grains humides : alors, pour les conserver ou les transporter au loin, il faut préalablement les exposer à l'étuve ou au dessus du four.

Mais en répandant sur le plancher du magasin les farines immédiatement après la mouture, pour leur faire perdre promptement l'odeur et la chaleur qu'elles ont acquises sous les meules, on ne vient pas à bout de remédier aux effets que cette chaleur a d'abord occasionnés. Elles se refroidissent également, et courent infiniment moins de risques en restant dans les sacs disposés et arrangés ainsi que nous allons l'indiquer.

ARTICLE IV.

FARINES EN SACS ISOLÉS.

Eclairé par le vice de toutes les méthodes de conserver les farines, M. *Brocq*, l'un de nous, a pris le parti sage de les tenir renfermées dans des sacs isolés, placés et disposés comme il a été recommandé à l'article de la conservation des blés.

Si les farines proviennent de grains d'une récolte pluvieuse et froide, qu'il règne des chaleurs vives, accompagnées d'orages, on déplace les sacs et on les retourne *cul sur gueule.* On conçoit aisément que la farine ainsi subdivisée doit moins s'échauffer que si elle étoit amoncelée en grandes masses.

Ce moyen simple, qui assure à peu de frais la conservation des farines jusqu'au moment de leur emploi, est exempt de tout danger, pare à tous les inconvéniens, et procure les avantages qu'on desire : l'air ne pouvant pénétrer dans des masses de farines répandues en tas ou en couches, circule librement autour du sac, entretient au dedans une fraîcheur salutaire ; la poussière qui entre par les fenêtres, par les portes, ou qui tombe du plancher, n'en salit plus la superficie ; enfin les rats, les chats et les insectes n'y occasionnent point de dégâts. Ainsi l'on évite par là les déchets occasionnés soit par les manœuvres du grenier, soit par les animaux ; on est encore à l'abri de mille autres accidens qui détériorent la denrée, renchérissent son prix et diminuent nos ressources.

L'efficacité de cette méthode et tous les avantages qui en sont la suite, ont été constatés par les expériences les plus décisives. L'Administration de l'Hôtel Royal des Invalides, après en avoir suivi et comparé les effets en différens tems, chaque année, chaque saison, s'est déterminée à l'adopter, et à son exemple les Administrateurs des Hôpitaux de Paris. Jamais ils n'ont songé à revenir sur leurs pas, ni à renoncer à un moyen qui leur procure tant de commodités et d'économie. Ces

avantages ont été également appréciés par MM. les Députés des Etats. Ils se sont transportés à l'Hôtel des Invalides, pour en visiter les greniers dans le plus grand détail. Quelle a été leur surprise en trouvant la farine, provenant même en partie de blés humides, qui y avoit
passé l'été, être aussi fraîche au fond qu'à la superficie
des sacs, un jour où le thermomètre de Réaumur étoit
à 20 degrés !

Pénétrés des avantages d'une pareille méthode,
MM. les Députés ont été bien convaincus qu'il n'y
avoit pas de meilleur moyen de conserver les farines
dans toute leur bonté ; et que, si cette pratique
étoit généralement adoptée en Languedoc, province où
on a plus souvent à combattre contre les insectes et
la sécheresse que contre l'humidité, l'expérience ne
tarderoit pas à en faire sentir le prix.

Avantages des farines en sacs isolés.

Pour mettre à portée de juger de plus en plus combien la méthode que nous venons d'indiquer est simple, commode et économique, nous allons exposer le
précis de ses avantages.

1°. On pourra placer dans un endroit où il y a déja
du blé, les farines de différentes qualités provenant de
deux recoltes, sans confusion ni mélange.

2°. Il sera possible d'ouvrir et de fermer le grenier, d'y entrer, de le nétoyer, sans crainte d'apporter dans les farines des ordures ou de l'humidité qui en accélèrent le dépérissement.

3°. La farine étant marquée et numérotée, on verra tout d'un coup le grain duquel elle provient, le pays et l'année de la récolte, le nom du marchand qui l'a vendue, la date de l'achat et de la mouture.

4°. La poussière qui tombe du plancher, et qui salit la superficie du tas, se déposera sur les sacs qu'il suffira de brosser au moment de leur transport ou de leur emploi.

5°. La farine renfermée ne répandra plus au loin une odeur qui allèche les insectes ; leurs papillons ne pourront plus y pénétrer, ni par conséquent y déposer leur postérité.

6°. Comme il est incontestablement démontré que les farines se bonifient à la longue, on pourra en avoir en avance au dessus de la consommation, sans courir aucuns risques et payer aucuns frais.

7°. On pourra profiter des tems favorables aux moutures, faire des amas de farines, se précautionner sur-tout contre ces disettes momentanées que fait naître, au sein même de l'abondance, le chômage des moulins.

8°. Dans un jour chaud et orageux, on pourra s'assurer, sans qu'il soit nécessaire de vider un seul sac, si la farine du milieu et du fond est aussi fraîche que celle de la superficie.

9° On saura bientôt s'il faut déplacer les sacs, ce qui n'arrivera que fort rarement. Cette opération qui entraîne peu de frais et de déchet, ne sera pas autant préjudiciable à la santé des ouvriers que celle du remuage au grenier, à l'air libre, qui fait avaler, par la voie de la déglutition, une poussière ténue, sèche et absorbante.

10°. Quand il s'agira de faire des mélanges de farines provenant de blé nouveau ou de blé vieux, de blé sec ou humide, de blé revêche ou tendre, il suffira de déterminer, par des essais en petit, la quantité de sacs de chaque espèce à vider.

11°. On aura la facilité, en un clin-d'œil, de vérifier l'état du magasin, de se rendre compte à volonté de la recette et de la consommation, de ce qui reste au bout du mois, du quartier ou de l'année.

OBSERVATIONS.

Veut-on avoir encore la preuve de l'efficacité du moyen de conservation que nous venons de développer, il suffira de répandre les farines, lorsqu'il fait chaud, sur le plancher, dans un endroit voisin d'un grenier où il y a du charençon, on verra ces insectes accourir en troupe

troupe vers le tas , et s'en emparer , tandis que la même farine en sac, dans le même lieu, sera fraîche, douce, moëlleuse , d'un blanc éclatant , d'une odeur excellente ; et s'il se trouve des insectes dans le magasin , ils grimpent sur les sacs, lèchent la poussière qui se dépose toujours à leur superficie, et finissent par mourir de faim.

A l'égard des objections qu'on pourroit faire contre cette méthode , nous y avons déja répondu, lorsque nous avons proposé de conserver le blé selon le même procédé ; et nous avons assez prouvé par des expériences nombreuses, que l'opinion qui prétend qu'il faut abandonner un certain tems les farines à l'air, pour leur faire acquérir plus de corps, et donner un pain plus savoureux, n'étoit fondée sur aucune observation particulière. D'ailleurs il ne faut que réfléchir pour juger qu'une substance renfermée doit mieux conserver ses parties savoureuses, sur-tout quand on sait que ces parties dépendent d'un infiniment petit, et que durant un mouvement alternatif de pélage et de criblage, elles doivent se volatiliser en partie et même se détruire.

Si on employoit la farine trop promptement après la mouture, elle ne boiroit pas autant d'eau au pétrissage, et la pâte qui en résulteroit auroit moins de corps. Il faut la laisser refroidir, et la garder dans le sac ; elle y devient moëlleuse et sèche , sans éprouver de déchet

H h

considérable, sans l'accès de l'air libre, qui n'y apporte souvent que de la poussière, de l'humidité, et particulièrement des insectes qui désolent tout dans les pays chauds. Enfin, nous ne saurions trop le répéter, et on ne sauroit trop y réfléchir, la conservation des farines en sacs isolés, réunit autant d'avantages que les autres méthodes ont d'inconvéniens.

A R T I C L E V.

MÉLANGE DES FARINES.

Si, comme nous l'avons déja fait remarquer dans la seconde partie de ce Mémoire, il est avantageux, avant d'engrainer, de mêler les blés secs avec les blés humides, les blés gris et durs avec les blés jaunes et tendres, les blés vieux avec les blés nouveaux, il n'est pas moins utile de mêler leurs farines après la mouture, parce qu'il en résulte un pain meilleur et plus abondant.

La mouture économique fournissant plusieurs espèces de farines, on en prépare ordinairement différentes espèces de pain. A Paris, la farine de gruau ayant plus de saveur, est réservée de préférence pour faire les pains de table ou de fantaisie ; celle dite fleur de farine, et la deuxième de gruau, sont employées pour le pain bourgeois ; la troisième et la quatrième pour le pain bis,

en observant néanmoins que les différens produits en
farine blanche et en farine bise se modifient conformément au prix des différentes espèces de pain, et que
le mélange de tous les produits réunis présente le pain
de toutes farines, celui qui, à proprement parler, est
le véritable pain de ménage. Parlons maintenant de l'as-
sociation des différentes qualités des farines qu'on retire
de plusieurs espèces de blés.

Nombre de circonstances peuvent déterminer à mêler
les farines appartenant à des blés différens. Tantôt les
farines sont revêches, c'est-à-dire, abondantes en matière glutineuse ; alors il convient de leur associer une
farine qui possède moins de ce principe. D'autres fois,
comme les récoltes ne sont pas toujours égales, si les
blés de l'année ont été humides, et que ceux de la moisson précédente soient secs, il faut encore mêler leurs
farines, afin de les mieux conserver et de faciliter leur
travail au pétrin. Souvent enfin une farine, sans être
avariée, peut avoir perdu par sa vétusté ses parties
savoureuses ; le moyen de les lui restituer consiste à
l'assortir avec celle d'un blé nouveau, qui lui communique le goût de fruit dans lequel réside la saveur ex-
quise du pain.

Ainsi le mélange des farines est indiqué par la nécessité de donner à quelques-unes ce qu'elles n'ont pas
en proportion suffisante, et de former par cette réunion

un tout approchant de la meilleure farine. C'est pour cette raison que nous estimons la connoissance de la nature des farines, une chose si essentielle.

Mais, soit que le particulier ou le boulanger fassent moudre leur grain, soit qu'ils achètent de la farine à la place, la première attention qu'ils doivent avoir, c'est de faire les mélanges nécessaires à l'espèce de pain qu'ils veulent obtenir, et de ne pas attendre pour cet effet qu'ils soient sur le point de les employer ; parce que de même qu'un vin n'est pas potable à l'instant de son mélange avec un autre vin, quoique composé des mêmes principes, et ne le devient souvent qu'au bout d'un certain tems, de même aussi il faut du tems aux farines pour qu'elles s'assimilent parfaitement. Il est donc nécessaire, pour mêler les farines, d'attendre qu'elles soient absolument refroidies. Ainsi rien n'est plus avantageux que d'avoir des mélanges d'avance.

Manière de procéder aux mélanges.

Dans les maisons où il se trouve beaucoup d'hommes à nourrir, il est important que le pain ait toujours à peu près le même degré de consistance et de blancheur. On ne peut y parvenir qu'en employant les différentes espèces de farine dans des proportions relatives.

(245)

Il convient d'abord de s'assurer de la qualité des
farines par des essais en petit. On prend une once de
chaque espèce de farine, de manière que trente onces
représentent trente sacs. On mêle et on passe exactement ce mélange par un tamis. Une partie est convertie en pain, et l'autre demeure dans un sac. Par ce
moyen on est à portée d'ajouter et de retrancher plus
ou moins des différentes farines, jusqu'à ce qu'on ait
atteint la nuance et la qualité qu'on desire, et qu'il est
possible d'obtenir.

Cet essai préliminaire fait, on procède en grand aux
mélanges, dans une pièce à côté du grenier, et qui devroit toujours être au dessus du pétrin. Après avoir bien
remué et passé à travers un tamis, on peut remettre la
farine dans les mêmes sacs, afin qu'elle ne soit pas trop
long-tems exposée à la poussière, aux insectes, enfin à
tous les autres inconvéniens dont nous avons tracé le
tableau à l'article de la conservation des farines.

O B S E R V A T I O N S.

Il y a des blés qui réunissent toutes les qualités nécessaires à la bonne fabrication du pain; il y en a
d'autres au contraire qu'on est obligé quelquefois de
mélanger, parce que le tems, la saison, le terrain,
l'exposition leur ont refusé cette espèce de perfection
qu'ils acquièrent ensuite, en se prêtant mutuellement

leurs propriétés spécifiques. Leurs molécules se pénètrent, se combinent et s'identifient au point de ne plus
former insensiblement qu'une substance tout-à-fait
homogène.

Mais tout en faisant valoir les avantages du mélange
des farines, qu'on n'imagine point que nous pensions
que les bons blés mêlés avec d'autres plus médiocres
deviendroient encore meilleurs qu'ils n'étoient. Les anciens avoient embrassé cette opinion; mais leur autorité ne nous en impose pas ici : l'expérience prouve
qu'un blé inférieur n'égalera jamais en qualité celui auquel on l'associera dans la vue de le bonifier. S'il devient
plus facile à l'opération des meules et du pétrin, s'il
donne une farine et un pain meilleurs, c'est toujours
en partageant les propriétés de ce dernier, dont les
qualités tournent au profit du blé inférieur.

Il ne faut donc pas s'abuser : les mélanges n'auront de
réussite constante qu'autant qu'ils seront assortis, pro-
portionnés sur la nature des substances qui en sont
l'objet, qu'on ne les confiera qu'à des personnes sûres,
intelligentes, qui n'emploieront que ce qu'il faut, ne
se tromperont pas, en prenant une farine pour l'autre,
et n'occasionneront point, par un remuage trop forcé,
beaucoup de déchet.

Avant de quitter l'article des mélanges, nous croyons
qu'il est encore nécessaire de faire observer que les

dernières farines bises qu'on obtient d'un blé quelconque par la mouture économique, ne devroient jamais être employées à la fabrication du pain, sans le
concours d'un tiers de farine blanche, par la raison
que sous un même poids il se trouvera plus de matière
alimentaire. L'homme du peuple est celui qui a le plus
besoin de trouver dans son pain beaucoup de nourriture.

ARTICLE VI.

COMMERCE DES FARINES DE MINOTS.

C'est une erreur de croire qu'il n'y a qu'une qualité de
blé et une espèce de mouture particulière qu'on puisse
employer à la fabrication des farines de minots; nous
pensons qu'il seroit dangereux de la laisser subsister
plus long-tems, dans une province sur-tout qui récolte
abondamment chaque année des grains si propres à ce
genre de commerce.

L'obstacle qui s'oppose depuis long-tems à l'adoption
de la mouture économique, dans les provinces méridionales, vient donc principalement de l'opinion dans
laquelle on est, qu'on ne sauroit faire de bonnes farines pour les Colonies par le moyen de cette méthode,
et que la mouture à la grosse mérite la préférence pour
cet objet. Ce qu'il y a d'étonnant, c'est qu'une pareille
opinion se soit accréditée précisément dans les cantons

qui récoltent les blés les plus secs , tandis que d'autres endroits, moins chauds , font également et avec succès le commerce de minots, en se servant de grains moins secs et de la mouture économique.

Cette mouture, connue sous le nom de mouture méridionale, quelque préconisée qu'elle soit encore, n'en a pas moins tous les défauts de la mouture à la grosse des provinces ; elle peut même encore exposer à d'autres inconvéniens, ainsi que nous l'avons déja dit, parce que la farine renvoyée brute chez le bourgeois ou chez le boulanger , est conservée ainsi pendant un certain tems sans être blutée. Le son en y séjournant lui communique de l'odeur, de la couleur ; il s'en détache insensiblement une poussière grise qui ternit la farine et la pique.

Les farines de gruaux étant les plus sèches et les plus chères dans le commerce ordinaire des farines , sont aussi les plus propres à se conserver et à braver les voyages de long cours. Si on les faisoit entrer dans les farines de minots, celles-ci se conserveroient mieux encore, ne seroient pas aussi coûteuses. Or, dans la mouture pratiquée pour cette espèce de farine, les gruaux se trouvent séparés d'avec les sons. Ainsi l'on peut assurer d'une manière positive que, quelle que soit la méthode de moudre , il sera toujours infiniment plus avantageux de bluter peu de tems après la mouture,

ture, que de laisser la farine et les issues confondues ensemble.

La plupart de nos provinces à blé offrent chaque année des blés propres à la fabrication des farines de minots sans qu'il soit nécessaire de les soumettre à l'étuve, opération toujours coûteuse et rarement indispensable : il s'agit seulement de choisir pour cet objet les grains les plus secs, les plus purs et les plus nets, de ne les moudre que par la mouture économique, de faire ensorte que cette mouture soit légère et ronde, de ne pas tirer trop à la quantité de farine, d'y mêler la première de gruau, de renoncer à cette ancienne habitude de laisser séjourner le son dans les farines, enfin de ne les renfermer dans les quarts ou tonneaux, que quelques mois après qu'elles auront fait leur effet, c'est-à-dire, lorsqu'elles auront été gardées dans des sacs isolés, pour s'y refroidir, s'y sécher et *mûrir*.

OBSERVATIONS.

En appliquant la chaleur du feu aux farines comme aux grains, M. Duhamel avoit le projet de faire des minots avec tous les blés de l'intérieur du royaume ; mais l'expérience n'a pas toujours répondu à des vues aussi louables.

Indépendamment du préjudice notable que le feu apporte aux principes de la farine, il est démontré

I i

qu'elle exige ensuite plus de surveillance pour être conservée en bon état. L'humidité qu'elle attire dans les
vaisseaux où elle séjourne , provenant d'une atmosphère corrompue, à cause du grand nombre d'individus
qui y vivent , est toujours grasse ; elle leur est moins
propre ; elle ne se distribue pas de la même manière,
ni aussi uniformément ; sa combinaison est plus lâche,
et à la moindre chaleur elle ne tarde pas à se mettre en
mouvement pour réagir : ce qu'ont très-bien remarqué
tous ceux que l'occasion a mis à portée de se servir de
l'étuve, même avec une prévention favorable, et qui ont
suivi en même tems ses effets sur les farines, depuis
leur départ pour les voyages de longs cours jusqu'à leur
retour. La politique et l'économie devroient donc se
récrier contre l'emploi sans nécessité de l'étuve, contre
une consommation inutile de bois, devenu si rare par
le luxe de nos habitations, par l'abus des défriche-
mens et l'oubli des plantations.

Si nos expériences ont prouvé que plus les farines
contenoient naturellement d'humidité, plus elles avoient
de propension à se charger de celle répandue dans l'air,
on aura beau enlever cette humidité et leur donner tout
le caractère d'une farine du blé le plus sec, elles n'en
conserveront pas moins constamment la propriété des
blés provenans d'années pluvieuses, qui augmentera
encore par la dessication préalable de l'étuve.

Dans la persuasion cependant où sont quelques commerçans , que l'étuve peut prévenir tous les dangers, ils en vantent l'usage ; ils achettent des farines des moulins économiques , et croient par cette opération les assimiler à un blé sec et d'élite , leur donner même une supériorité ; mais l'expérience prouve que jamais la farine étuvée d'un bon blé ne résistera aussi long-tems à la mer , et ne fournira d'aussi bon pain que celle du même blé qui ne l'aura pas été. Enfin les célèbres manufactures de Nérac et de Mossac , qui depuis long-tems sont en possession d'approvisionner en partie nos Colonies, n'ont jamais songé à étuver leurs farines ; et cette observation vaut elle seule toutes celles que nous pourrions accumuler ici.

A R T I C L E V I I.

COMMERCE DES FARINES, PRÉFÉRABLE A CELUI DES GRAINS.

Un des moyens de perfectionner promptement, dans le Languedoc, la meunerie et la boulangerie , c'est de substituer le commerce des farines à celui des grains. Il n'existe pas de province aussi favorablement située pour en tirer un parti plus avantageux, soit à cause de la multitude de ses moulins, soit par rapport à l'abondance et à la qualité de ses grains, ou bien relativement à ses différentes rivières navigables et à ses ports maritimes.

On ne connoissoit autrefois dans les environs de Paris que le commerce des grains, et l'on ne mouloit qu'à proportion de la consommation. La moindre apparence d'une belle récolte suspendoit les achats, engorgeoit les marchés, enlevoit aux laboureurs la faculté de remplir leurs engagemens ; ce qui mettoit nécessairement à la gêne le propriétaire, et concouroit souvent à détériorer les produits de la moisson.

Mais la mouture économique ayant remplacé la mouture à la grosse, la majeure partie des récoltes est convertie en farines ; les fermiers qui ont des moulins, viennent les vendre eux-mêmes au marché. Les meuniers qui travaillent alternativement pour le public et pour leur compte, sont devenus marchands de farines. D'autres enfin, qui ne sont ni meuniers ni fariniers, achettent des blés, les conservent en farine, ensorte qu'on ne voit actuellement à la halle de Paris, et dans les marchés des environs, que des farines, et fort peu de grains. Il faut bien que cette méthode ait présenté dans la spéculation comme dans la pratique, une utilité réelle pour toutes les classes, puisqu'on n'a jamais vu revenir sur leurs pas ceux qui ont été à même de s'assurer de l'économie et de la commodité d'une pareille méthode.

Pour convaincre de plus en plus des avantages du commerce des farines, et combien il est préférable à celui du blé, nous allons offrir d'abord le tableau des produits en argent que rapporte un setier de blé converti en farine par la mouture économique. Nous considérerons ensuite ce commerce sous ses différens rapports.

APPERÇU en argent d'un setier de blé, mesure de Paris, du poids de 240 livres net, au prix de 21 livres, réduit en farine par la mouture économique.

Produit en farine blanche.

Les 160 livres composant un demi-sac du poids de 320 livres, à 21 liv. le demi-sac, ou 2 s. 7 d. $\frac{1}{2}$ la livre. . . 21 ᴸ

Produit en farine bise.

Les 12 livres de farine 3ᵉ. à 30 liv. le sac du même poids, ou 1 s. 10 d. $\frac{1}{2}$ la liv. 1 ᴸ 2 ᶠ 6 ᵈ

Farine 4ᵉ. à 25 liv. le sac du même poids, ou 1 s. $\frac{1}{4}$ la livre. . . . . . 12 ᶠ 6 ᵈ

———————————

Total. . . . . 22 ᴸ 15 ᶠ

De l'autre part. . . . . . . 22 ^l. 15 ^f.

Produit en issues.

Les 13 livres de remoulage fai-
sant un boisseau, à 10 sols . .   10 ^f.
Les 15 livres de recoupes, fai-
sant 2 boisseaux, à 7 sols. .   14 ^f.   2 ^l. 11 ^f.
Les 26 livres de gros son, fai-
sant 4 boisseaux et demi, à 6 s. 1 ^l. 7 ^f.

Total. . . . .   25 ^l. 6 ^f.

Dépense.

Prix d'achat du setier. . . 21 ^l.
Mouture et voiture. . . . 2   23 ^l.

Bénéfice sur la vente de la farine. . 2 ^l. 6 ^f.

On voit donc que le setier de blé converti en farine
par la mouture économique, produit un bénéfice réel
de 2 liv. 6 s. ; ce qui fait un dixième en sus du prix
d'achat. Il ne s'agit plus que de comparer ces produits
et ces bénéfices, et de les appliquer à la mesure du
pays.

Il seroit possible peut-être que différentes circonstances augmentassent ce bénéfice ; mais il faut aussi faire entrer en compensation les loyers des magasins, l'entretien des sacs, les avaries, les frais de transport, l'attente de la vente, les diminutions de poids et de mesure que les issues éprouvent en les gardant. Ces déchets, il est vrai, se réduiront à peu de chose, si l'on conserve les sons en sacs isolés, à l'instar des blés et des farines.

Commerce des farines utile à l'agriculture.

Les fermiers qui s'adonneroient au commerce des farines, trouveroient dans la vente de cette denrée de quoi payer le prix du grain, les frais de mouture et de transport, ainsi que le bénéfice attaché à ce commerce. Ils s'appliqueroient davantage à la recherche des moyens de donner à leurs blés le degré de pureté et de sécheresse capable de mettre leurs produits en état d'être exportés, en cas de besoin, dans les contrées les plus éloignées, sans crainte d'avaries.

L'expérience a déja prouvé que le commerce considérable des farines de minots occasionnoit une activité favorable à l'agriculture, dans les provinces qui avoisinent les villes maritimes, et que sous quelque forme qu'on exporte l'excédant des récoltes, c'est toujours celle qui approche le plus du but qu'on se propose, qui produit le plus grand effet, et qu'il faut le plus encourager.

Ainsi le commerce des farines perfectionnant nécessairement les produits des grains, et l'industrie leur donnant toute la valeur qu'ils ont reçue de la nature, il s'ensuivroit que le laboureur soigneroit davantage ses semailles, ses récoltes et ses greniers, qu'il seroit moins indifférent aux instructions qu'on lui prodigue; qu'enfin il ne perdroit point par les maladies un quart, et quelquefois même un tiers de sa moisson.

Commerce des farines utile aux meuniers.

Les meuniers qui ne travaillent que pour le marchand ou pour le boulanger, seroient moins obligés d'interrompre le moulin ; ils feroient pour l'un ou pour l'autre ce qu'ils sont forcés de faire pour le public ; ils ne perdroient pas autant de tems , moudroient mieux , plus fidèlement et à moins de frais.

Ceux d'entre eux qui auroient assez de moyens pour faire le commerce des farines, moulant pour leur propre compte , seroient beaucoup plus intéressés à l'entretien de leur moulin et à la perfection de leur travail ; ils rentreroient dans la classe des meuniers fariniers , et ne pourroient dans aucun cas être suspectés. On ne seroit plus fondé à crier sans cesse au voleur

contre

contre eux ; on ne les accuseroit plus de faire leur pain aux dépens de la farine du public, d'engraisser leurs volailles et de nourrir leurs bestiaux avec ses gruaux.

Les établissemens de mouture économique ne nécessiteroient pas de grandes dépenses. Formés dans les grandes villes, ils deviendroient pour les jeunes meuniers un cours pratique. C'est-là où ils apprendroient à bien monter les meules, à les piquer convenablement, à sasser parfaitement les gruaux ; enfin ils acquerroient la preuve que la perfection d'une chose tient souvent à des soins peu dispendieux, dont on est amplement dédommagé par la valeur des marchandises qui en sont l'objet.

Commerce des farines utile aux boulangers.

La meunerie a tant de liaison avec la fabrication du pain, qu'il seroit à desirer que le boulanger fût en même tems meunier, ou qu'au moins il pût toujours réunir les connoissances les plus essentielles de la mouture, et celles de la fabrication du pain, afin de guider, dans l'occasion, les meuniers, relativement aux vues de ses opérations. Qui doit s'intéresser davantage à la perfection d'une matière, que celui qui est chargé de l'employer, et sur lequel retombent toujours les plaintes, quand elle a quelques défauts ?

Les boulangers seroient dans le cas, en achetant des grains , de les faire moudre sur le champ ; parce qu'en supposant que l'état des eaux et de l'atmosphère fût favorable aux moutures , que par conséquent le prix de la farine se trouvât en proportion avec celui du blé, ils ne perdroient jamais le fruit de leurs soins et de leur attente, la farine conservée suivant les bons principes n'exposant à aucunes dépenses , et s'améliorant avec le tems.

Au lieu d'aller au loin faire moudre , les boulangers pourroient, en communauté, former dans le voisinage des établissemens de mouture économique, dirigés par un commis suffisamment instruit en meunerie et en comptabilité, et dont la gestion seroit examinée et surveillée à tour de rôle par l'un des associés.

Il n'y a pas jusqu'aux petits boulangers de campagne qui ne trouvassent aussi un bénéfice dans le commerce des farines. Les précautions qu'ils sont obligés d'employer dans leurs achats en grains, ne seroient ni aussi gênantes ni aussi incertaines , s'ils étoient faits en farine ; ils ne seroient plus les dupes des fraudes mises en usage par les blatiers pour augmenter le poids et le volume du blé ; car ces fraudes sont impraticables pour les farines.

Commerce des farines utile aux marchands.

Les marchands de farine qui, sans être meuniers ni boulangers, voudroient s'établir dans les provinces pour faire ce commerce, y trouveroient aussi leur compte; ils garderoient la farine dans l'espoir de profiter des circonstances, et saisiroient le moment de la vendre avec le plus de profit.

Si l'on ne trouvoit pas à se débarrasser avec fruit des criblures des grains et de leurs issues, il seroit facile d'établir encore une autre branche de commerce non moins avantageuse que celle-ci : on pourroit en engraisser à bon compte des volailles et sur-tout des cochons qui, avec le gland, la pomme de terre ou le maïs, seroient promptement en état d'entrer dans le saloir, pour passer ensuite sur les vaisseaux, et devenir la bonne-chère de leurs équipages.

Un sentiment d'humanité devroit même arrêter ceux qui, pour ne rien perdre, envoient vendre au marché des criblures que le malheureux, séduit par le bon marché, achète, et dont il prépare un médiocre pain fort cher, et souvent mal-sain.

Inutilement on objecteroit qu'il est moins aisé de connoître la farine que le grain ; et plus facile encore de l'alonger en y mêlant des farines inférieures en prix et en qualité. Nous avons déja fait voir que cette connoissance étoit aussi aisée à acquérir, et qu'il y avoit également des pierres-de-touche qui déceloient la présence des mélanges.

Les particuliers qui achètent du blé pour leur consommation, n'ont pas plus de moyens pour prononcer sur sa nature. D'ailleurs l'intérêt du négociant ne sera-t-il pas de donner toujours à sa marchandise la plus grande pureté? Jamais un pareil soupçon n'a eu lieu à Paris, quoique tout le commerce de la halle se fasse en farines; et nous nous dispenserions de répondre à cette objection, si de tems en tems elle n'étoit renouvelée par des auteurs qui, ne paroissant pas avoir une grande idée de l'espèce humaine, lui imputent toujours des torts, sans examiner s'ils ont quelque fondement.

Mais en supposant que toutes les craintes alléguées contre le commerce des farines soient fondées, comment sera-t-on plus en sureté vis-à-vis de son meunier, toujours intéressé à expédier l'ouvrage, sans trop s'embarrasser s'il est bien ou mal fait; toujours indifférent sur la qualité des produits qu'il obtient et qu'il rend? Une fois le grain acheté, ne faut-il pas l'envoyer au moulin? Si le meunier y mêle d'autres grains inférieurs, s'il substitue de la farine bise aux gruaux, et qu'il remplace ceux-ci par du son, quels moyens emploiera-t-on pour le convaincre de cette manœuvre? Enfin, nous dirons plus, c'est que les grains peuvent avoir contracté une légère odeur que le marchand aura pu masquer, soit en les lavant, soit en les étuvant, mais que les meules développent et manifestent très-sensiblement. Tout est donc en faveur du commerce des farines.

Commerce des farines utile à l'Etat.

Il est évident que le commerce des farines seroit également avantageux à l'Etat, en donnant lieu à une exportation d'autant plus nécessaire, que les combinaisons instantanées promettroient à ceux qui apporteroient de la farine d'avoir la préférence sur le marchand de blé, parce que leur marchandise ayant déja subi une préparation essentielle, ils profiteroient de la faveur du moment ; et les marchands, appelés en foule par la certitude de la vente, entreroient en concurrence, et entretiendroient l'abondance.

On ne seroit plus obligé de calculer la distance des moulins, ni exposé aux inconvéniens de la mouture. On pourroit sur le champ approvisionner de farines les grandes villes, où le choc des évènemens et les hasards produisent des effets si terribles en matière de subsistance. On ne verroit plus des cantons épuisés par des levées de grains trop considérables ; on ne feroit pas revenir des blés, vendus d'abord 20 liv. le setier, que le besoin rappelle de contrées fort éloignées, pour les payer un tiers en sus de leur première valeur, après avoir perdu quelquefois de leur première qualité.

L'objet des subsistances étant celui qui intéresse le plus la tranquillité d'un pays et les besoins indispensables des citoyens, le gouvernement auroit dans tous les tems sous la main, à la faveur du commerce des farines, un moyen prompt et assuré de prévenir les disettes locales ou les renchérissemens subits, d'appaiser les émeutes populaires dans les momens de cherté et de chômage de moulins, de faire avorter sur le champ les projets des monopoleurs et des capitalistes.

L'Administration pourroit accorder une préférence marquée à l'exportation des farines sur celle des grains, parce que la main-d'œuvre qui resteroit dans la province, donneroit naissance à des établissemens utiles. Cette exportation ayant lieu dans des bariques, elle multiplieroit le travail des tonneliers ; les moulins économiques étant en plus grand nombre, ils revivifieroient les manufactures d'étamines à bluteaux : la menuiserie, la charpente et les forges se ressentiroient aussi de l'accroissement de ce genre de travail. Ces objets réunis augmenteroient peut-être le prix du setier de 3 à 4 liv. au profit de la France, qui seroit en possession de ce nouveau genre de commerce long-tems avant que les étrangers fussent en état de lui disputer la concurrence.

Enfin le bénéfice de la main-d'œuvre nous paroît mériter uue si grande considération, que s'il étoit possible de procurer aux autres nations leur subsistance en pain, nous osons assurer que ce seroit à l'exportation en pain qu'il faudroit nécessairement donner la préférence.

Commerce des farines utile aux consommateurs.

Après avoir prouvé que le commerce des farines seroit favorable à l'agriculteur, aux meuniers, aux boulangers, aux marchands et à l'Etat, il convient d'examiner et de calculer, dans cette circonstance, le sort du consommateur.

Les grains en nature n'étant pas encore l'aliment propre à servir de nourriture, nous ferons remarquer que leur abondance ne suffit pas toujours pour tranquilliser sur les besoins de la consommation journalière. Les tems calmes, la sécheresse, les inondations, les gelées, toutes ces variations sont autant de circonstances qui peuvent retarder, suspendre même la mouture, et renchérir les farines, au point que leur prix ne soit plus en proportion avec celui du blé. Il n'y a presque point d'années où ces évènemens fâcheux n'arrivent dans quelques endroits du royaume.

Tous ces inconvéniens n'auroient plus lieu moyen-

nant le commerce des farines ; on ne redouteroit plus
cette disette momentanée que fait naître , au sein
même de l'abondance des grains , le chômage des
moulins ; on ne seroit plus exposé à être trompé par
la mauvaise foi et l'ignorance du meunier ; les pertes ,
les négligences , les maladresses seroient toujours à la
charge du marchand , qui , par cette raison-là même ,
auroit le plus grand intérêt de surveiller le moulin
et le meunier.

Ceux , au contraire , qui n'auroient pas de blé ,
mais qui voudroient faire le pain à la maison , trouveroient un grand bénéfice en achetant de la farine en
place de grain , parce que , quand il faut moudre , ils
ne s'attachent point à connoître d'une manière positive
la nature et la quantité des produits de leurs blés ; et
quand ils le pourroient , ils n'en ont pas les moyens ,
puisque le plus souvent ils sont livrés à l'ignorance
et à la discrétion du meunier , qui retient et rend ce
qu'il veut.

Des magasins de farine établis dans les villes principales , seroient de la plus grande ressource pour tous
les ordres de consommateurs. Ils trouveroient trois
qualités de farine , le blanc , le bis blanc et le bis , au
prix qu'ils le desireroient : chacun pourroit préparer
l'espèce de pain conforme à ses besoins , à ses facultés ,
et savoir tout d'un coup , d'après un calcul exact , s'il

ne

ne seroit pas plus économique de l'acheter chez le
boulanger, sans compter qu'on seroit exempt d'inquiétudes et de soupçons ; qu'on ne perdroit plus de tems
à attendre son tour au moulin, et à soigner la mouture; qu'on n'auroit plus l'attirail des bluteaux, les gênes
continuelles de porter le blé au moulin, de le rapporter
en farine, de remplir et de vider les sacs, tous embarras
qui partagent le tems en pure perte, et occasionnent
encore des déchets.

Les farines retirées d'un même grain étant faites
pour aller ensemble, on en préparera sans doute un
jour par-tout le vrai pain de ménage ; aliment plus
analogue à la constitution de l'homme du peuple, et
dont la livre pourroit lui revenir moins cher encore
que la livre de blé, si l'on y faisoit entrer le remoulage; mais jamais ce pain de ménage ne sera ni aussi
bon ni aussi abondant par le procédé défectueux de
la mouture à la grosse, quelque forts qu'en soient les
produits.

Enfin le commerce des farines donneroit lieu en
même tems au commerce des issues, qui seroient d'autant moins chères, que les moulins économiques seroient plus multipliés. Ainsi les particuliers qui ont
une basse-cour, trouveroient également un très-grand
bénéfice à acheter aussi du son au poids et non à la
mesure ; parce que, quand ils font moudre, ce son

L l

leur revient souvent au même prix que la farine. Ils se procureroient l'espèce dont ils auroient besoin : le gros son pour les chevaux, le petit son et les recoupes pour les vaches, enfin le remoulage pour l'engrais des porcs, des volailles, et pour faire des élèves. Tous ces avantages tourneroient au profit du peuple, pour qui le pain est, dans tous les tems, la dépense la plus considérable, et souvent la seule que ses moyens puissent lui permettre. Les consommateurs de tous les ordres ont donc le plus grand intérêt au commerce des farines. Mais achevons de fixer, par quelques observations générales, l'opinion sur l'utililité réelle de ce commerce.

OBSERVATIONS.

Tout bon citoyen sera toujours pour le maintien du commerce des farines et pour la mouture économique, puisqu'à la faveur de l'un et de l'autre usage, la classe la plus utile de la société aura du pain de meilleure qualité, et à bon marché.

Quelques bons observateurs ont déja remarqué que la mouture à la grosse est tellement vicieuse dans quelques endroits, qu'elle concourt à rehausser le prix du pain, autant que toutes les intempéries des saisons qui dévastent nos campagnes, ensorte que le peuple ne jouit pas souvent des fruits d'une bonne année, et que les boulangers sont presque tous mal-à-l'aise.

On sait encore, que plusieurs cantons des extrémités du royaume, ont fait venir des farines de la Beauce,
les plus chères qu'on emploie à Paris ; et quoique les frais
de transport en aient presque doublé le prix d'achat, le
pain est encore revenu à meilleur compte que celui des
grains moulus sur les lieux. Quelques villes de Bretagne
viennent tout récemment d'employer utilement ce
moyen pour faire tomber le prix exorbitant du pain,
que le commerce des grains et la mouture à la grosse
avoient fait monter à un taux effrayant.

Les moutures défectueuses sont donc, dans les momens de cherté, un vrai fléau ; et loin de conserver la
mouture à la grosse, comme quelques-uns le conseil-
lent, sous le prétexte spécieux qu'elle occasionne moins
de déchet et de frais que la mouture économique, il
faut la proscrire, parce qu'elle donne au riche de la
farine avec du son, et à la classe indigente beaucoup
de son avec la farine. Il faut adopter la mouture économique, et substituer au commerce des grains en nature celui des farines. Voilà l'unique moyen d'encourager l'agriculture, de faire d'abondantes et de saines
récoltes, de préparer beaucoup et de belles farines, de
procurer à toutes les classes un pain de bonne qualité et au meilleur marché. Ce n'est donc pas un sys-
tême que nous cherchons à établir ; c'en est un dangereux que nous voulons anéantir, malgré les clameurs

de quelques marchands cupides, intéréssés à faire valoir le commerce des grains et la mouture à la grosse.

La mouture économique occasionne, il est vrai, des déchets et des frais ; mais le surcroît et la qualité des produits font regagner avec usure cette perte ; d'un autre côté le commerce des farines procurera cette égalité si desirée entre le propriétaire et le consommateur, en donnant à l'un le débouché du superflu de ses récoltes, et en assurant à l'autre sa nourriture dans tous les tems. Il permettra d'avoir toujours en avance des provisions considérables de farines, pour se garantir des évènemens qui peuvent rendre cette denrée très-rare, à cause des accidens qui suspendent les moutures, ou rendent le transport impraticable ; enfin la province elle-même trouvera, dans l'exportation des farines, des bénéfices de main-d'œuvre, l'emploi des différens objets nécessaires à cette exportation, sans compter qu'il restera dans son intérieur des farines bises pour la nourriture du pauvre, et des issues pour l'engrais des bestiaux. Le commerce intérieur et extérieur des farines a donc l'avantage de réunir à l'intérêt public l'intérêt particulier. Sous ce double rapport, il mérite la faveur des Etats généraux du Languedoc.

ARTICLE VIII.

DES PRINCIPAUX INSTRUMENS DE LA BOULANGERIE.

Chaque art a ses instrumens. La boulangerie, en se perfectionnant, ne les a point multipliés ; elle en a rendu seulement l'usage plus facile et plus commode. Nous nous arrêterons seulement aux plus essentiels, à mesure qu'il s'agira de décrire les différens procédés auxquels ils servent.

Emplacement d'une boulangerie.

Rien n'est plus rare qu'une boulangerie commode et disposée favorablement pour le travail qu'on y exécute : la plupart du tems , elle n'est ni assez éclairée , ni assez bien fermée ; souvent on ne peut la laver, faute d'eau ou d'écoulement pratiqué , ce qui entretient au dedans une odeur préjudiciable à la pâte en fermentation. Combien de fournées manquées par cette cause !

La propreté , si essentielle dans toutes les circonstances de la vie , devroit être la première loi des personnes vouées à la préparation d'un aliment qui donne le ton à tous les autres. On ne sauroit donc trop la recommander aux boulangers. Il leur importe sur-tout de choisir toujours parmi ceux qu'ils associent à leur travail , de la vigueur , de la santé et de la propreté. Il y a tels ouvriers entre les mains desquels le levain coule , la pâte mollit et ne donne qu'un pain massif.

Si l'on avoit à faire construire une boulangerie pour un grand établissement, il faudroit qu'elle fût disposée de manière qu'il ne se perdît aucune chaleur pendant l'hiver , et qu'en été on pût y établir un grand courant d'air frais : or , pour produire ce double effet , il conviendroit qu'elle fût exhausée, pavée, et garnie de doubles portes , et qu'au fond on pût, en supposant qu'on ne fût point arrêté par la dépense , placer deux fours de face , afin que l'un suppléât à l'autre , quand il seroit nécessaire de le raccommoder : le vide que laisseroit l'intervalle des deux fours , suffiroit pour y placer la chaudière destinée à chauffer l'eau pour le pétrissage , sans qu'il en coûtât de bois.

Il seroit encore à desirer qu'on pût la voûter , afin d'éviter les incendies , et qu'il y eût un réservoir près du puits , et à une hauteur convenable , pour pouvoir , au moyen de deux tuyaux et de deux robinets , conduire l'eau dans la boulangerie. Un de ces robinets serviroit à la laver , et l'autre à remplir la chaudière.

Sur la liste des meubles dont une boulangerie doit être garnie, n'oublions point d'inscrire le baromètre. On ne sauroit croire combien il a été souvent commis d'erreurs faute d'en avoir fait usage. Les plus éclairés d'entre les boulangers de Paris en ont déja senti l'utilité. La pâte qui fermente, les avertit bien des variétés inopinées de l'atmosphère ; mais alors il n'est plus tems de changer leur manutention.

Les ustensiles de la boulangerie doivent être distingués en deux classes. Nous n'indiquerons dans la première, que ceux destinés au pétrissage ; et dans la seconde les ustensiles propres à la cuisson du pain ; mais comme l'eau et le sel peuvent être regardés comme des instrumens naturels, il en sera d'abord question.

ARTICLE IX.

DE L'EAU.

La qualité du pain ne dépend nullement de celle des eaux avec lesquelles on le fabrique ; le degré de chaleur qu'on leur donne, la quantité qu'on en met, la manière de les employer, voilà absolument ce qui y contribue.

Toutes sortes d'eaux, pourvu qu'elles soient potables, peuvent donc servir indifféremment à la fabrication du pain : l'eau de puits, l'eau de rivière, l'eau de citerne, l'eau de source, l'eau de pluie, n'ont présenté

du moins aucune différence marquée dans les expériences variées et multipliées que nous avons faites
pour établir cette vérité , dont il est très important de
se pénétrer.

Température de l'eau.

Trois circonstances peuvent servir à déterminer la
température que l'eau doit avoir pour la fabrication
du pain. En été il faut la prendre froide ; tiède en
hiver, chaude dans les grandes gelées. L'état où se
trouve la farine , donne bientôt à la pâte la température qu'on desire qu'elle ait pour fermenter.

Proportions de l'eau avec la farine.

C'est une chose connue , que plus la farine est sé-
chée, parfaitement moulue, et la pâte qui en résulte
bien travaillée, plus elle absorbe d'eau. La bonne
farine , pour produire un pain qui ne soit ni trop
lourd ni trop léger , boit un tiers au moins de son
poids ; celle d'une qualité médiocre, n'en absorbe
guère qu'un quart et même un cinquième, lorsque
la farine provient d'un blé humide. Le meilleur pain
sera toujours celui où l'eau entrera pour un quart.

Emploi

Emploi de l'eau.

La manière d'employer l'eau exige quelques soins qu'il faut encore indiquer. Rien n'est minutieux dans un procédé dont l'objet intéresse si directement notre premier besoin.

Il est bien essentiel de ne jamais verser l'eau bouillante sur le levain, même dans les tems où les grands froids rendent l'eau chaude nécessaire ; parce que dans cet état elle surprendroit la pâte , elle la rendroit grise et molle, quand bien même on auroit l'attention de la tiédir aussitôt par le mélange de l'eau froide. Il ne faut pas non plus la verser de trop haut ni précipitament , dans la crainte qu'elle ne rejaillisse sur la farine qui est à côté , et ne forme des grumeaux. On peut se dispenser de faire chauffer la totalité de l'eau destinée au pétrissage ; il suffit d'en faire bouillir une partie, et de la mêler aussitôt avec celle qui est froide, d'où résulte une eau à la température qu'on desire.

OBSERVATIONS.

On est presque par-tout dans la fausse opinion que la nature de l'eau constitue essentiellement la bonté du pain dont elle fait partie , et quand il est mauvais, on ne s'en prend jamais à l'imperfection du moulage ou à l'ignorance du fabriquant. C'est toujours sur la qualité de l'eau qu'on se rejette ; et tout en gémissant sur l'impossibilité physique de s'en procurer d'autre dans le lieu qu'on habite, on s'accoutume insensiblement à une nourriture défectueuse, qu'on pourroit rectifier si on n'étoit pas trompé sur sa véritable cause.

Dans les tems de sécherese, et quand les rivières sont basses, les eaux contractent souvent un goût marécageux qu'elles ne manqueroient pas de communiquer au pain, si on ne les exposoit sur le feu pour le leur faire perdre. On ne peut pas non plus se servir des eaux stagnantes et de citerne, qu'au préalable on ne les ait fait bouillir et refroidir, et qu'ensuite, en les versant dans le pétrin, on ne les passe à travers un tamis de crin serré, pour en séparer les insectes, leurs œufs, et autres matières hétérogènes.

ARTICLE X.

DU SEL DANS LA PÂTE.

L'usage du sel en boulangerie n'est pas seulement de fournir un assaisonnement au pain ; il a encore une autre propriété, celle de donner du corps à la pâte des farines, qui n'en ont pas suffisamment ou qui l'ont perdu, parce que les grains se sont échauffés ou qu'ils ont subi un commencement de germination ; car c'est une observation que l'expérience confirme tous les jours, que les diverses altérations qu'éprouvent les blés, se portent particulièrement sur leur principe savoureux. L'addition du sel est alors indispensable ; mais on doit toujours en modérer la dose, si on ne veut pas nuire aux propriétés de l'aliment. Il est vrai que le prix auquel on le vend dans quelques endroits, empêche qu'on n'en emploie, tandis que dans d'autres où il est à bon compte, on en met toujours une si grande quantité qu'au lieu d'augmenter la saveur du pain, il la détruit.

Proportions du sel avec la pâte.

La quantité de sel employé dans la fabrication du pain est souvent arbitraire. On a coutume en Languedoc de le faire entrer dans la proportion de douze onces poids de marc, par fournée de 170 livres de farine, et cette quantité suffit pour assaisonner le pain sans masquer son goût naturel. Elle devroit partout servir de règle pour retirer du sel les avantages qu'il peut procurer en boulangerie.

Emploi du sel.

Ce n'est que quand la pâte est faite et avant de la battre qu'il faudroit y introduire le sel ; car si on le mettoit, comme cela se pratique assez généralement, au moment de délayer le levain , il ne produiroit pas aussi complétement son effet. Il est donc nécessaire de ne l'employer que dans l'état de dissolution , c'est-à-dire fondu dans l'eau destinée à ajouter à la pâte pour la bassiner. Cette eau, devenue plus tenace , donne du ton , de la consistance à la pâte, et diminue les dispositions qu'elle auroit à passer trop vîte à la fermentation, et à s'affaisser.

OBSERVATIONS.

Lorsque les blés ont été humides , on pourroit mêler d'avance à leurs farines le sel qu'on a coutume de faire entrer dans chaque fournée ; ce moyen en deviendroit un de conservation. Il procureroit un double avantage ; celui de prévenir et même d'arrêter leur altération , l'autre de les assaisonner. Il seroit inutile alors d'en employer lorsqu'il s'agiroit de préparer la pâte. C'est ainsi que souvent on est parvenu à garder pendant un certain tems en bon état des farines bises menacées d'une détérioration prochaine : mais alors il est nécessaire de faire sécher le sel et de le réduire en poudre fine avant de le répandre dans la farine.

Dans ce cas le sel procure à la farine avec laquelle on le mêle, un froid qui en empêche la fermentation. Il absorbe et retient ensuite l'humidité qui s'échappe continuellement de tout corps amoncelé, et qui est réellement la cause de sa décomposition.

Les farines bises ont ordinairement moins besoin de sel comme assaisonnement, que les farines blanches, sur-tout quand elles ont été moulues par la mouture à la grosse, parce qu'elles ont plus de saveur; mais ayant une grande disposition à fermenter, si les blés auxquels elles appartenoient étoient humides ou d'une qualité médiocre, le sel alors y est beaucoup plus nécessaire.

C'est d'après la connoissance de ces effets particuliers du sel sur la pâte, que nous l'indiquerons comme un corectif, lorsqu'il s'agira de raccommoder les levains: non-seulement il retarde la fermentation, mais il restitue encore à la pâte cette tenacité et ce corps qu'elle a perdus dans un travail trop prompt, et dont elle a besoin pour fournir un bon résultat; cependant il faut toujours en modérer la dose, afin d'éviter les mauvais effets exprimés par l'école de Salerne :

> Autre effet de l'abus; tout homme qui trop salé,
> A le cuir sujet à la gale.

ARTICLE XI.

DES USTENSILES PROPRES A LA PRÉPA-
RATION DE LA PÂTE.

Destinés à contenir la pâte pendant un certain tems,
ils doivent être tenus dans la plus grande propreté. Le
meilleur vin que contiendroient des futailles où il y
auroit eu auparavant du vinaigre gâté, se corromproit
bientôt. Il en est de même du pétrin et des autres vaisseaux dans lesquels le levain et la pâte séjournent
ils acquerroient bientôt, si on négligeoit de les nettoyer
une aigreur capable de donner au pain un aspect et un
goût désagréables.

Du pétrin.

C'est un coffre long, plus étroit à sa partie inférieure
qu'à son ouverture, fait du bois le plus dur, et d'une grandeur proportionnée à la quantité de pâte qu'on doit y préparer. Il faut le nettoyer chaque fois qu'on s'en est servi,
et éviter de le placer trop près ou trop éloigné du
four, dans la crainte en été qu'une chaleur vive ne fatigue le pétrisseur, et qu'en hiver la pâte se refroidisse.
S'il est sous une fenêtre, on l'ouvrira afin de tempérer
la fermentation ; on le fermera au contraire en hiver

pour garantir le levain et la pâte des impressions de l'air froid : il convient encore que le couvercle joigne exactement, et que dans le voisinage il n'y ait ni égoûts ni matière en putréfaction.

Il seroit à souhaiter que le magasin à farine pût se prolonger jusqu'au dessus du pétrin, afin d'y faire arriver la farine par le moyen d'une ouverture circulaire, à laquelle on attacheroit une espèce de poche de coutil ou de peau : on épargneroit par là les embarras, les déchets et les autres frais indispensables du transport de la farine à la boulangerie dans des sacs ou des corbeilles.

Du tour à pâte.

Quand la pâte est faite, on la sort du pétrin, pour la mettre dans un espèce de coffre qu'on nomme *le tour* : c'est une auge moins profonde et plus large que le pétrin : c'est dans cet endroit que la pâte entre en levain, et qu'elle subit ce mouvement préparatoire à une bonne fermentation. On se sert dans quelques endroits d'une table pour cet objet ; mais rien n'est plus préjudiciable, parce que la pâte n'étant pas contenue lorsqu'elle commence à prendre du volume, elle est exposée à crever et à s'échapper par les côtés.

De la fontaine du pétrin.

On nomme ainsi une espèce de retranchement pratiqué à l'extrémité du pétrin avec la farine foulée et élevée en forme de coffre d'une solidité telle qu'il puisse contenir le levain parvenu au point où il faut qu'il soit pour être employé, et l'eau qui sert à le délayer.

Le restant de la farine destinée à la fournée doit être placé dans le pétrin à une certaine distance de la fontaine, et assez élevé, afin que dans le cas où elle viendroit à se rompre, tout le liquide ne puisse échapper sous la farine et former des grumeaux : c'est ce qu'on nomme la *contrefontaine*. Si la fontaine étoit trop large, le travail des levains languiroit : il iroit trop vite au contraire si elle étoit trop étroite ; la pâte n'étant plus comprimée, elle passeroit bientôt au dessus de ses limites.

Des corbeilles.

Ce sont des vases d'osier de différentes formes et grandeurs, dans lesquels on dépose la pâte au sortir du pétrin, pour la transporter où l'on veut, ou qui la contiennent jusqu'à ce qu'elle soit prête à être enfournée. Il est essentiel que ces corbeilles soient plus étroites à la partie supérieure, et qu'elles s'élargissent à mesure qu'elles s'approchent de leur ouverture ; il faut aussi qu'elles soient toujours garnies intérieurement de coutil, afin de pouvoir les netoyer commodément et à volonté.

Des

Des couches à tiroir.

Quand les pains sont petits et qu'ils pèsent moins d'une livre, au lieu de les distribuer dans des corbeilles, on les range sur une table garnie d'une toile ; mais ceux qui savent combien les ustensiles commodes influent sur la perfection de l'ouvrage ont une armoire composée de cinq à six tiroirs arrangés les uns au dessus des autres dont la partie antérieure bordée d'une planche s'ouvre et ferme à volonté par le moyen de deux verroux placés aux extrémités. Par ce moyen la chaleur se conserve et on ne perd pas de place.

Mais nous ne saurions trop insister sur la nécessité de gratter, de laver l'intérieur des corbeilles ainsi que les toiles et couvertures qui recouvrent la pâte, à cause du petit son employé pour empêcher son adhérance, et qui ne manqueroit pas, sans cette extrême propreté, de communiquer un mauvais goût au pain.

ARTICLE XII.

DU LEVAIN.

Le levain est une portion de pâte actuellement en fermentation, destinée à porter de la mobilité et de la vie à la farine mêlée avec une certaine quantité d'eau, de manière que le mélange présente un état mou et flexible.

N n

Comme c'est la partie la plus importante de la boulangerie, et qu'il paroît qu'en Languedoc la manière de préparer le levain n'est pas tout-à-fait conforme aux bons principes, nous allons tracer la marche qu'il faut tenir pour donner à cet agent principal de la fermentation les propriétés qu'il doit avoir pour produire tous ses effets.

Effets du levain.

La pâte, sans l'addition du levain, ne boufferoit ni ne contracteroit l'odeur vineuse qui caractérise la fermentation panaire : c'est à cette heureuse invention qu'on doit l'existence et la perfection du pain.

Le levain produit sur la pâte des effets différens, suivant l'état dans lequel il se trouve au moment de son emploi. On lui a donné des noms particuliers qui servent à déterminer ses propriétés : *levain vieux*, *levain fort*, *levain jeune* : le premier a passé son apprêt ; le second est dans sa plus grande force ; le troisième enfin n'est que semblable à la pâte, c'est-à-dire dans un commencement de fermentation, que nous avons nommé fermentation *gazeuse*.

Le levain n'est donc pas toujours aussi efficace qu'il doit l'être. Employé trop vieux et à trop petite dose, il communique au pain tous ses défauts : est-il trop prêt, il se crevasse, s'affaisse, et le pain qui en ré-

sulte est bis et aigre : est - il trop nouveau au contraire, la pâte lève peu, et le pain, quoique plus
blanc, est mat, fade et sans yeux.

L'expérience, l'industrie, peut-être même le hasard,
ayant fait naître l'idée de renouveler souvent les levains, c'est-à-dire d'y ajouter une nouvelle quantité
d'eau et de farine pour augmenter la masse au moins
d'un tiers chaque fois, on est parvenu insensiblement
à corriger son aigreur, et à lui donner le véritable degré
de fermentation qu'il doit avoir pour opérer le meilleur
effet. Les différens états par où il passe sont désignés
en boulangerie sous les noms de

Levain de chef.

Levain de première.

Levain de seconde.

Levain de tout point.

Préparation du levain.

Le morceau de pâte, détaché de celle qu'on avoit
pétrie avec du levain ordinaire, ou qu'on a composé
avec les ratissures du pétrin, auxquelles on ajoute de
l'eau et de la farine pour en former une masse ferme,
est ce qu'on nomme *levain de chef.*

On délaie ce levain *de chef* dans un des coins du
pétrin, avec la moitié de l'eau qu'on doit employer, et
quand le liquide est bien uniforme, on y ajoute le res-

tant de l'eau et le double de son poids de la farine qui formoit *la fontaine*. Quand le mélange a acquis de la consistance et de la tenacité, on le met dans une petite corbeille que l'on couvre d'une toile légère : c'est le *levain de première*.

Quand le levain est à son point, on emploie de la même manière la farine et l'eau pour le rafraîchir, en observant de tenir la pâte moins ferme que la précédente. On le travaille davantage, et on le met ensuite dans une corbeille : c'est ce qu'on nomme *levain de seconde*.

On procède de la même manière pour la préparation du troisième levain, en donnant à la pâte la même consistance, et faisant ensorte qu'elle contienne la moitié environ de la farine destinée au pétrissage, pour former le *levain de tout point*.

Ces différens levains préparés successivement, se trouvent donc réduits à un seul. Ils sont d'une pâte plus molle et exigent moins de tems à s'apprêter à mesure qu'ils approchent de l'état de *levain de tout point*, qui est la réunion du levain de *chef*, de *première*, de *seconde*. Il lui faut deux heures environ pour arriver au moment de son emploi.

On doit toujours avoir soin chaque fois qu'on renouvelle le levain, de le couvrir d'une couverture de laine en hiver, et de toile en été, sans les faire chauffer, afin de conserver à la pâte l'état lisse à sa superficie, et d'empê-

cher qu'elle ne se crevasse , et ne perde de son activité ;
et aussi afin que la fontaine du pétrin, ou la corbeille qui
le contiendra, concourent toujours par leur forme à lui
donner du volume.

Ainsi en faisant passer successivement une petite
quantité de farine à la fermentation jusques à la moitié
destinée à la fournée , on établit dans toute la masse un
mouvement intestin égal, et on obtient le levain le plus
propre à opérer l'effet desiré.

Caractères d'un bon levain.

On peut établir qu'un levain a été bien préparé, et
qu'il est au dégré convenable pour être employé au pétrissage , lorsque pendant son apprêt il a acquis environ
le double de son volume ; qu'il est bombé vers le centre ; qu'il repousse la main qui presse sa surface ; que,
quand on y répand l'eau pour le délayer , il conserve sa
forme et se soutient comme une éponge sans se rompre ;
qu'il exhale en l'ouvrant une odeur vineuse , agréable ,
pénétrante , lorsqu'enfin il a encore une sorte de tenacité
et qu'il est dans un état savoureux.

Tels sont les caractères d'un bon levain. La pâte est
voisine de la fermentation spiritueuse et plus avancée
qu'il ne faut pour être convertie en pain : on la nomme
alors *levain de pâte, franc levain, levain naturel,* pour le
distinguer d'une autre espèce connue sous le nom de *le-*

vure de bière, et de plusieurs autres levains artificiels ima-
ginés dans un tems où l'on ne connoissoit pas la manière de gouverner les effets du levain ordinaire. Nous
n'en ferons aucune mention ici , parce que ces levains
ne sont pas d'usage en Languedoc , du moins pour la
fabrication du pain.

Proportions du levain à employer.

La saison , la nature des farines , et l'espèce de pain ,
doivent déterminer la quantité de levain à employer.
Cependant, toutes choses égales d'ailleurs , il doit former en été le tiers du total de la pâte, et la moitié
pendant l'hiver. Mais il est bon d'observer qu'il en faut
d'autant plus, que les blés sont tendres et humides , afin
de donner du soutien et de la fermeté à la pâte qui n'en
a point suffisamment.

On pourroit même faire servir, dans tous les tems ,
la moitié de la farine à la préparation du levain : il n'y
auroit de différence que dans la température de l'eau,
réglée selon la saison , la nature des matières à employer , et le point d'apprêt qui seroit un peu plus
avancé en hiver.

Emploi du levain.

Il seroit impossible de déterminer les règles précises

et invariables d'après lesquelles le levain pourroit être
employé, puisqu'il n'y a rien de plus assujetti aux vicissitudes de l'atmosphère que la pâte qui fermente ; mais
on doit toujours faire ensorte que, dans toutes les saisons, la fermentation du levain puisse s'opérer dans le
même espace de tems. Il n'est question que d'exciter,
au moyen de l'eau chaude et des couvertures, le
mouvement de fermentation, et de le tempérer en été
par des moyens opposés. Mais en général il vaut mieux
employer le *levain de tout point* trop jeune que trop
vieux, parce qu'alors on laisse la pâte fermenter un peu
plus long-tems.

Dès que le levain est une fois placé dans l'endroit
où il doit s'apprêter, il ne faut plus y toucher, si on
veut qu'il acquière le volume que l'on desire. Est-on
obligé de le changer de place, soit pour retarder son
travail, soit pour l'accélérer, il est prudent d'enlever
avec beaucoup de ménagement la corbeille qui le renferme.

Manière de raccommoder le levain.

Quels que soient les soins que l'on apporte à la préparation du levain, le tems peut changer tout-à-coup.
Un dégel inopiné, un orage ou d'autres causes locales,
sont capables de précipiter, de retarder, de suspendre
même la fermentation : il n'en résulteroit alors qu'un

pain défectueux , si on ne cherchoit à y remédier , en donnant au levain ce qu'il n'a pas en assez grande quantité, ou en le privant de ce qu'il a de trop. Hâtons-nous d'exposer les manipulations capables de remettre dans un meilleur état les levains dégénérés ou manqués.

Lorsque les levains de première et de seconde sont trop prêts , on les délaie avec un peu d'eau d'une température inférieure à celle que la saison prescrit, et on travaille long-tems la pâte; on la bat pour produire l'effet qu'on exprime en boulangerie par *décharger , fatiguer les levains*; on la bassine en y introduisant sur la fin un peu d'eau froide, ce qui achève de dissiper l'aigreur et de lui restituer l'état dans lequel le levain doit être pour fournir un pain de bonne qualité. Au lieu de laisser la pâte en masse, on la distribue en plusieurs parties ; on la couvre d'une toile légère, et on la porte au frais. Si cependant , malgré toutes ces précautions , il étoit ·à craindre que le levain n'allât trop vîte pour le moment du pétrissage , il faudroit y ajouter un peu de sel , qui en retarderoit encore l'apprêt.

Mais si au contraire le levain est trop foible, et qu'il ne s'apprête pas assez vîte , il faut se conduire différemment. On emploie de l'eau chaude qu'on incorpore promptement pour faire une pâte un peu moins ferme et moins travaillée qu'à l'ordinaire , et au lieu de la laisser

dans

dans la fontaine du pétrin, on la dépose, dans une corbeille qu'on place près du four et qu'on recouvre d'une
double couverture de laine.

Enfin si un très-grand froid avoit mis obstacle au
développement du principe fermentescible, il faudroit
réchauffer le levain en ajoutant aux autres moyens du
vin blanc, de l'eau-de-vie ou du vinaigre ; mais la
dose de ces agens ne doit être que d'un demi-setier au
plus par fournée de 200 livres.

Il est certain que, moyennant les précautions indiquées, on pourra tirer parti du levain le plus défectueux, et que le boulanger aura constamment sous
la main la faculté de préparer des levains de différens
degrés de force, d'échauffer ou de ralentir leur activité,
d'améliorer, en un mot, par les états qu'il leur donnera, le pain qu'on obtient des qualités variées des
farines.

OBSERVATIONS.

On doit s'être apperçu que si, dans la formation
des trois levains, nous employons, et toujours en augmentant, une certaine quantité de farine déterminée,
de manière que, parvenu au levain de tout point, on
ait employé la moitié juste des farines, et que l'autre
moitié soit réservée pour le pétrissage de la pâte, cette
méthode est bien différente de celle qui consiste à

O o

prendre une quantité médiocre de levain, et à la mêler tout de suite avec une masse considérable de farine.

Un vice, en effet, qui règne dans la plupart des bou-langeries de province, c'est de n'employer dans toutes les saisons, pour toutes les espèces de farines et de pains, qu'une petite quantité de levain, de ne point le rafraîchir assez souvent, et de se servir constam-ment d'eau fort chaude. Or, ce vice a des suites bien plus fâcheuses en Languedoc, vu la chaleur naturelle du climat.

Si on objectoit que des levains rafraîchis, préparés et employés de cette manière, auroient trop peu d'ac-tivité, nous répondrons que, si on ne court aucun ris-que en hiver de prendre le levain un peu plus avancé, il n'y a pas non plus d'inconvénient en été qu'il le soit moins, parce que, dans le premier cas, la cha-leur de l'eau est bientôt tiédie par la farine et par l'air froid qu'on y introduit; qu'au contraire, dans le second, l'opération de délayer le levain et de l'associer avec de la nouvelle farine occasionne encore de la chaleur, et qu'il passeroit son premier degré d'apprêt, si, pour l'employer, on attendoit qu'il y fût tout-à-fait par-venu.

Or, si l'emploi de l'eau froide ou tiède, si la très-grande quantité de levain dans l'état jeune, ont une influence sur la bonne fabrication, c'est particulièrement dans les provinces méridionales, où les grains sont fort secs et donnent des farines revêches, que cette influence est infiniment plus marquée.

Nous n'hésitons pas de l'assurer : de même que le vigneron peut, quand il lui plaît, faire, avec la même espèce de raisins, du vin doux, à demi fermenté, ou fermenté, il est également au pouvoir du boulanlanger intelligent de diriger les opérations du levain ; de brusquer la fermentation, ou de la faire naître à volonté d'une manière douce ou prompte ; de l'animer lorsqu'elle languit ; de l'arrêter quand elle va trop vîte, en un mot, de la fixer au terme où elle doit être, suivant les saisons et eu égard à la qualité des farines.

La perfection du levain et ses bons effets sur la pâte, dépendent donc autant du choix des matières qui le constituent, que des règles à suivre, tant dans sa préparation que dans son emploi.

Il faut espérer enfin, à force de faire connoître les bons procédés, l'expérience et l'exemple parviendront à les étendre et à les répandre plus généralement ; que plus éclairé sur les propriétés du levain, on renoncera à l'antique routine pour se pénétrer d'une vérité importante : » GRANDS LEVAINS NOUVEAUX DANS PRESQUE TOUS » LES TEMS, ET POUR LA FARINE DE PRESQUE TOUS » LES BLÉS ; LEVAINS PLUS AVANCÉS DANS LES GRANDS » FROIDS, ET POUR LES FARINES TENDRES ET

» HUMIDES ; JAMAIS LEVAINS VIEUX ET EN PETITE
» QUANTITÉ EN AUCUNE SAISON , ET POUR QUELQUE
» ESPÈCE DE FARINES QUE CE PUISSE ÊTRE «. Vérités
qu'on ne doit pas se lasser de répéter comme les maxi-
mes fondamentales de la boulangerie, et qui devroient
être inscrites en gros caractères au dessus du pétrin,
pour rappeler à chaque instant du jour les vrais principes.

ARTICLE XIII.

DU PÉTRISSAGE.

Le pétrissage est cette dernière opération par laquelle
on parvient à incorporer avec le levain de tout point,
l'eau froide, tiède ou chaude, suivant la saison, et
l'autre moitié de la farine destinée à la fournée, pour
former du tout un corps particulier, homogène et flexible, qu'on nomme *pâte*.

Cette opération est presque la seule de la boulangerie
qu'il soit possible de réduire en principes ; car quelles
que soient la qualité des farines et l'espèce de pain
qu'on veut fabriquer, que la saison soit chaude, froide
ou tempérée, le pétrissage bien exécuté procurera toujours, dans toutes les saisons, un pain à peu près égal.

Il y a plusieurs méthodes pour pétrir : la première
appelée *pétrir sur levain naturel ;* celle *pétrir sur pâte ;*
la troisième, *pétrir sur levure ;* mais on ne parlera point

de cette dernière, pour les raisons que nous avons exposées plus haut. Il ne sera donc question que des deux premières.

On observera que, s'il faut 300 livres de farine pour fournir une quantité de pain relative aux dimensions du four, 150 livres doivent être employées à la préparation des levains. Or, comme il est prouvé que la meilleure farine prend les deux tiers de son poids d'eau, les 150 livres en ayant absorbé 100 livres, le levain de tout point formé de la réunion des levains précédens, doit peser par conséquent 250 livres : or, la farine pour pétrir, exigeant la même quantité d'eau, il résulte de ces combinaisons que la pâte de toute la fournée sera du poids de 500 livres.

Il est encore à remarquer que le rapport du poids du pain à celui de la farine, est réglé sur l'espèce de pain qu'on a à faire ; car la différence du pain de pâte ferme au pain mollet et demi-mollet, consiste à ajouter dans le pétrissage un peu plus d'eau ou de farine.

Des opérations du pétrissage.

Le levain étant avec la farine dans le pétrin, il ne s'agit plus que de mêler l'un à l'autre, au moyen de l'eau froide, tiède ou chaude, et d'incorporer le tout vivement et à propos.

Les opérations du pétrissage demandent, pour être exécutées promptement et sans interruption, des soins et de l'activité. Il s'agit de les décrire, non pas telles qu'elles s'exécutent en Languedoc, mais selon la méthode reconnue la meilleure pour y procéder. Notre intention est de perfectionner les bons procédés ; la routine aveugle ne suit aucun guide. Ces opérations sont au nombre de cinq, distinguées par des noms particuliers que nous conservons : la *délayure*, la *frase*, la *contrefrase*, le *bassinage*, les *tours*, le *battement*.

Le levain contenu dans la farine en fontaine, est délayé avec une partie de l'eau destinée au pétrissage. Une fois délayé, on ajoute l'eau restante que l'on mêle bien exactement, de manière qu'il n'y ait aucuns grumeaux, que tout soit divisé et bien fondu ; c'est ce qu'on nomme la *délayure*.

On ajoute ensuite à la délayure l'autre partie de farine que l'on incorpore promptement dans la masse, jusqu'à ce qu'elle acquière la consistance nécessaire. Dans cet état, elle n'est pas encore unie et élastique, c'est une masse remplie d'inégalités, et composée de filets qui semblent ne former aucune union entre eux. Cette seconde opération du pétrissage est la *frase*.

On ratisse bien le pétrin afin de tout rassembler et de ne former qu'une seule masse, que l'on retourne devant et derrière le pétrin, en la changeant rapidement de place, et en la portant d'un côté à l'autre. Cette union plus parfaite de l'eau, des levains et de la farine, porte le nom de *contrefrase*.

Dès que la pâte a acquis de la consistance, on la travaille en la découpant seulement en dessous, en plaçant les mains sous la pâte, la tirant, la rapprochant, la retournant par gros pâtons qu'on jette dans le pétrin de droite à gauche et de gauche à droite. Ces divers déplacemens sont *les tours à pâte*.

Pour continuer le pétrissage, il faut, lorsque la pâte a reçu trois tours, et qu'elle a été portée autant de fois d'un côté à l'autre du pétrin, y faire plusieurs enfon-cemens, dans lesquels on verse l'eau où l'on a fait fondre du sel, quand on en fait entrer dans le pain. Dès qu'elle est bien incorporée, on donne à la pâte plusieurs tours, et c'est le *bassinage*.

La totalité de la pâte étant bien pénétrée de l'eau qu'on y a incorporée par le bassinage, il faut lui donner la souplesse, l'élasticité et l'égalité qui constituent sa perfection. Pour cet effet, on prend la pâte les mains serrées, on l'enlève et on la laisse tomber avec effort ; à mesure qu'on lui imprime ces mouvemens, elle perd de son humidité, l'air la sèche et lui fait prendre de la blancheur et du volume. On continue à retourner la pâte en faisant revenir au dessus celle qui étoit au fond du pétrin. Cette opération, qu'on nomme le *battement*, est, à proprement parler, le complément du pétrissage.

Il ne s'agit plus que de retirer la pâte du pétrin par parties en réunissant les deux mains et les rapprochant dans la masse en forme de ciseaux, pour la découper ; on bat, on retourne les pâtons ; on divise et on rebat de nouveau ; on la porte ensuite dans le tour à pâte ou dans la corbeille.

Lorsque la totalité de la pâte est retiréedu pétrin , on le ratisse , on rassemble et on bassine la portion de pâte qui forme la ratissure pour l'ajouter à la masse où pour la rejeter dans les levains , ou bien enfin pour s'en servir en qualité de levain de chef.

OBSERVATIONS.

Si la saison, les espèces de blé et les moutures ne faisoient pas tant varier la nature et les propriétés des farines , il seroit possible de déterminer au juste la quantité des trois matières qui sont l'objet du pétrissage. Nous avons déjà indiqué les proportions de levains et d'eau par rapport à la farine : c'est ordinairement, pour le levain , un tiers en été et moitié en hiver : quant à l'eau , elle forme environ le tiers de la pâte.

La première opération du pétrissage , qui est *la délayure*, doit s'exécuter promptement en hiver, et un peu plus lentement en été ; mais celle qui lui succède , c'est-à-dire *la contrefrase* , demande dans tous les tems d'être faite avec célérité, sans quoi la pâte n'a ni corps ni liaison,

liaison , elle est manquée , enfin c'est ce qu'on appelle *frase brûlée.*

La frase et la contrefrase ont donc une telle influence sur le pétrissage , qu'étant vivement exécutées , on peut employer ensuite moins de tems à la préparation de la pâte ; au lieu que si elles sont languissantes , leurs effets se manifestent sensiblement , quelsque soient le tems et les soins qu'on emploieroit dans les opérations subséquentes.

Mais c'est sur - tout du battement qui rafraîchit la pâte et augmente sa viscosité , que dépend la faculté qu'elle a de prendre à l'apprêt et au four beaucoup de volume : au reste il en est de cette opération comme de celle du bassinage ; elles doivent , l'une et l'autre , être plus ou moins répétées , suivant que les farines auront plus ou moins de sécheresse , que la saison sera chaude ou froide , les levains jeunes ou vieux.

A l'égard du séjour de la pâte , soit dans le tour , soit dans une corbeille ou dans le pétrin , on ne court aucun risque de l'y laisser reposer pendant quelque tems lorsqu'il fait froid , parce qu'elle s'échauffe , et éprouve ce mouvement préparatoire à une bonne fermentation : mais en été , elle prend vîte son apprêt en masse. La pâte perd alors de sa consistance , de son élasticité , et elle passeroit promptement de l'état spiritueux à l'acide , si on la laissoit long-tems en masse. Il convient donc

P p

d'abandonner l'usage adopté en Languedoc, de laisser entrer la pâte en fermentation ou *en levain* avant de la manier ; car, à l'exception de l'hiver, il faut, dans toutes les autres saisons, la diviser et la tourner aussitôt qu'elle est pétrie.

A l'égard des farines bises, la pâte qu'on en prépare doit toujours être tournée en sortant du pétrin, parce que non seulement elle est susceptible de prendre le mouvement de fermentation, mais encore parce qu'on la divise en plus grosses masses, ce qui rend l'apprêt moins lent.

ARTICLE XIV.

DES DIFFÉRENTES SORTES DE PÂTES.

Le pétrissage, dont les diverses opérations viennent d'être décrites, s'applique également à toutes les espèces de pâtes, qui ne varient entre elles que par une petite quantité d'eau ou de farine ajoutée à la masse. Ainsi en supposant que cette pâte soit destinée à faire du pain mollet, en y incorporant après le battement une portion de farine de la même manière que l'on introduit l'eau dans le bassinage, on obtient une pâte, qui ayant acquis, au moyen de cette addition, plus de consistance, fournira un pain moins léger ; il sera encore plus compacte si on augmente les proportions de farine : voilà

(299)

donc une pâte à pain mollet convertie en pain demi-
mollet et en pain de pâte ferme, sans rien changer aux
opérations du pétrissage.

La plupart des boulangers qui ne cuisent qu'une ou
deux fournées, ayant ordinairement plusieurs espèces
de pain à préparer, au lieu de convertir la pâte molle
en pâte demi-molle ou en pâte ferme, comme nous venons de l'observer, suivent une marche entièrement opposée, c'est-à-dire qu'ils ajoutent après coup de l'eau à
chaque portion de pâte ; mais on sent bien que cette méthode est défectueuse, puisque la pâte ferme qui a servi
d'élément aux autres pâtes ne jouit pas par ce moyen
des bons effets du bassinage. Il vaut mieux porter tout
de suite la pâte au point de perfection qu'elle peut atteindre, avant de lui donner les différens degrés de
consistance qu'on desire.

Dans une boulangerie où l'on fait un très-grand nombre de fournées, on évite les embarras et les soins
qu'exige chacune d'entre elles en se conduisant de cette
manière : au lieu, par exemple, d'employer pour la composition du levain de tout point 150 liv. de farine, et
l'eau en proportion, on en met 225, et la même quantité pour pétrir, ce qui ajoute un tiers de plus à la pâte
nécessaire pour la fournée : il reste donc dans le pétrin,
après qu'on en a ôté la pâte nécessaire à la fournée, un
tiers en sus qui forme la totalité des levains de tout

P p ij

point. Cette portion de pâte demeure en apprêt , et on s'en sert pour pétrir de la même manière. C'est de l'emploi du levain formé par l'excédant de la pâte , qu'est venue la denomination *pétrir fur levain*.

O B S E R V A T I O N S.

La méthode de pétrir sur levain , c'est-à-dire de se servir d'une portion de pâte au lieu de levain , demande quelques précautions essentielles qu'on ne doit pas oublier de recommander ici. Les levains étant disposés à s'affoiblir beaucoup plus vite , on doit chercher à prévenir leur dégénération , et on y parvient en mettant de côté pour levain , tout ce qui excède la quantité de pâte nécessaire à la fournée ; on la retire du pétrin avant l'opération du bassinage , et on la met dans des corbeilles.

Souvent c'est la pâte ferme qui sert d'élément à la pâte molle , et celle-ci quelquefois devient à son tour la base de la pâte ferme ; mais il y a plus d'inconvéniens de raffermir la pâte avec de la fariue , que de la ramollir au moyen de l'eau. Dans le premier cas , on bassine ; dans le second , l'addition de la farine qu'on incorpore à force de travail , n'opère pas un aussi bon effet : il n'y a même guère qu'une circonstance où cette méthode puisse être utile. Dans les grandes chaleurs , la pâte a peu de corps et les levains sont trop prêts ; alors il est nécessaire de faire toujours la pâte plus ferme ; on en est quitte, après cela pour la bassiner d'avantage, afin de la mettre au degré de consistance où on la desire. Il est bon de faire le contraire en hiver. Le froid, comme l'on sait, tend à resserrer les corps, et la pâte, dans ce cas, loin de se relâcher, se roidit et se raffermit.

ARTICLE XV.

USAGE DU SON DANS LE PÉTRISSAGE.

Ce n'est pas une économie de faire entrer le son en substance dans la composition du pain, non-seulement parce qu'il ne nourrit point par lui-même, mais encore à cause des obstacles qu'il apporte à la bonne fabrication de cet aliment. Il excite en outre l'appétit, et passe en entier tel qu'on l'a pris, sans être digéré ; ensorte qu'il est prouvé qu'une livre de pain où il n'y a pas de son, substante davantage qu'une livre et un quart avec du son.

Cette observation, confirmée par un très-grand nombre d'expériences, et faite par des entrepreneurs qui avoient beaucoup d'hommes à nourrir, les a déterminés à préférer de distribuer aux ouvriers un pain moins bis, et en plus petite quantité. Ce changement a singulièrement bien réussi au gré des uns et des autres.

Pour ne rien perdre, il est cependant un moyen de séparer du son tout ce qu'il peut procurer au pain de nourrissant, en enlevant le peu de farine qu'il contient encore, à la faveur de l'eau, sans l'employer en subs-tance.

A la vérité, la mouture économique, qui ne donne que des sons parfaitement épuisés, ne permet guère un semblable emploi ; mais en revanche, ceux qui proviennent d'autres moutures, se trouvent encore chargés d'une excellente farine, capable de donner au pain une augmentation de poids et de matière alimentaire. Voici de quelle manière.

On mettra le soir, la veille de la cuisson, le son à tremper dans l'eau, qui, pendant la nuit, pénétrera toute l'écorce, détachera insensiblement la substance farineuse, et généralement tout ce qu'elle peut renfermer de nourrissant. Le lendemain matin, on agitera le son, que l'on comprimera entre les mains, pour achever la séparation de la farine, et ne laisser que le squelette. On passera l'eau ainsi chargée à travers une toile forte ou un tamis de crin, et elle pourra servir au pétrissage de la pâte. Le pain qui en résulte, est moins bis, plus substantiel, plus savoureux, que si on eût employé le son en nature.

OBSERVATIONS.

Cette méthode d'extraire, par le lavage à froid, la farine qui, dans la mouture à la grosse, adhère obstinément au son, malgré les efforts du meunier et la perfection de la bluterie, ne sauroit être comparée à celle tant vantée encore par des gens à secret, qui consiste à faire bouillir le son dans l'eau pour en employer ensuite la décoction au pétrissage de la pâte. Le pain qui résulte de la première méthode, a meilleur goût, est plus blanc et mieux levé ; d'ailleurs, le son qui a macéré dans l'eau froide, peut resservir encore, étant mélangé avec du son gras, pour les bestiaux, qu'il faut remplir ou rassasier encore plus que nourrir.

Quelque avantageuse que soit cette proposition, elle ne doit guère être adoptée que dans une circonstance de cherté, car alors il convient de faire servir tout ce qui est alimentaire à la subsistance des hommes, parce qu'autrement, si on n'avoit pas de basse-cour, on trouveroit encore plus de bénéfice à vendre le son.

Ces réflexions n'ont d'autre objet que de seconder des vues d'ordre et d'économie. Le son en substance dans le pain augmente la masse et diminue le volume. L'expérience prouve que plus un pain a d'étendue, plus aussi il est nourrissant, économique. Que pouvons-nous rapporter de plus pour déterminer à n'employer le son que comme il vient d'être indiqué ?

Terminons nos observations sur l'usage du son, en citant le rapport fait à l'Académie, relativement à la contestation élevée à Rochefort sur la taxe du pain,

et entériné par un arrêt du parlement de Paris , du 8
juillet 1785 : » Ni le gros ni le menu son , qui com-
» posent les issues , et qu'on a séparés des farines , ne
» doivent servir à faire d.1 pain : outre qu'il n'en pour-
» roit résulter qu'un aliment qui n'en auroit proprement
» que le nom , qui seroit mal-sain et indigeste , il ne
» vaudroit pas souvent le prix de la main-d'œuvre , et
» ne deviendroit utile qu'au boulanger qui parviendroit
» à le débiter. «

ARTICLE XVI.

APPRÊT DE LA PATE.

Avant de mettre la pâte à s'apprêter , il faut la diviser , la peser et la tourner. Elle éprouve en cuisant un
déchet que la saison , la nature des farines , l'état des levains, le degré de chaleur du four, rendent plus ou moins
considérable. Plus les pains ont de volume , plus ils éva-
porent au four. Or , cette évaporation étant toujours en
raison des surfaces , un pain long perdra davantage
qu'un pain rond , *et vice versâ* : on ajoute donc à la
pâte un excédant capable de remplacer ce qui s'évapore pendant la fermentation, durant et après la cuisson.

Après avoir divisé et pesé la pâte , on la manie pour
lui donner les formes qu'elle doit avoir. Cette opération
est

(305)

est d'autant plus difficile , que les masses sont plus petites, et que la pâte est molle et légère ; ce qui exige
de l'agilité, de la souplesse dans les bras, une grande
adresse.

Pour donner à la pâte la forme et la grosseur qu'elle
doit avoir en pain, on l'étend, on la replie sur elle-même
en rapprochant les bords du milieu, ce qu'on nomme
assembler la pâte ; on la tourne en rond, parce que c'est
en cet état qu'on lui donne toutes les autres formes ;
on saupoudre légèrement la pâte avec de la farine, afin
qu'elle n'adhère ni à la table ni aux mains ; on la met
sur couches par le côté le moins uni, en applatissant
le milieu pour les pains ronds , et en l'amincissant par
les bouts lorsqu'ils sont façonnés en long. Mais le pain
bis n'est pas assujetti, comme le pain blanc, à varier
autant dans sa forme et dans son volume. Il est presque
toujours rond et du poids de six à huit livres.

La pâte divisée dans les couches à tiroir , s'arrange de
cette manière : on tire à soi la première tablette sur
laquelle on étend des toiles. Lorsqu'une fois la portion
de pâte figurée en pain est mise, on fait un pli qui
dépasse toujours la hauteur du pain, afin que celui
qui est placé à côté n'adhère pas au premier en prenant son apprêt, et ainsi de suite, jusqu'à ce que le
tiroir soit rempli.

Q q

Caractères de la pâte levée.

Les signes auxquels on peut reconnoître que la pâte
est levée à son vrai point, ne sont pas aussi faciles à
caractériser que ceux qui indiquent l'apprêt des levains ;
cependant le volume que la pâte occupe, l'état affiné
de sa surface, la manière dont elle repousse les doigts
qui la pressent, sont autant de moyens qui peuvent guider sur cet objet.

Moyens de racommoder la pâte levée.

C'est dans un état doux et paisible que l'apprêt de la
pâte peut et doit se faire. Si on s'avisoit de l'interrompre ou de la brusquer tout-à-coup, il seroit difficile ensuite de recueillir tous les fruits du bon levain
et du pétrissage parfaitement exécuté.

Mais la pâte est comme le levain ; elle demande, dans
tous les tems, un certain degré de chaleur intérieure
et extérieure, pour s'apprêter lentement et avec tranquillité. Si, malgré la vigilance et l'adresse, elle
avoit passé le degré de fermentation convenable, il
vaudroit mieux, plutôt que de l'enfourner ainsi, la raccommoder, comme les levains, en augmentant la masse
par une nouvelle quantité d'eau froide et de farine, et

la laissant après cela, pendant un quart d'heure, reprendre son apprêt.

OBSERVATIONS.

La pâte doit être subordonnée aux saisons, à la température du local de la boulangerie, à la qualité des farines, à la nature et au volume des pains ; mais c'est une
règle générale, que, plus elle est divisée en petites parties, moins vîte elle fermente, *et vice versâ.*

Dans son apprêt, la pâte offre différentes nuances,
que l'on désigne par leurs noms et par leurs effets.
Lorsqu'elle commence seulement à fermenter, on dit
qu'elle est *verd-d'apprêt ;* quand elle a acquis le volume nécessaire *, elle a un bon apprêt ;* enfin la pâte
est *pourrie d'apprêt ,* lorsqu'elle occupe tout le volume
dont elle est susceptible. Alors on vient à bout de la
raccommoder par l'addition d'une nouvelle quantité
d'eau et de farine; mais il faut prendre garde qu'en
augmentant ainsi la masse, il n'en résulte plus de pâte
que le four n'en pourroit contenir.

ARTICLE XVII.

USTENSILES DESTINÉS A LA CUISSON DU PAIN.

Il ne sera également question ici que des principaux,
sans même nous appesantir sur leur forme et sur leurs

dimensions , parce qu'elles sont relatives au local, à l'é-
tendue du travail et au volume des pains.

Du four.

C'est le lieu où s'achève la fermentation de la pâte ,
et où s'opère la cuisson. Le four est au pain ce que le
moulin est à la farine. Si le meilleur blé mal moulu
ne donne qu'une farine de médiocre qualité , la pâte la
mieux pétrie et levée au point convenable, ne produit
aussi, quand la cuisson est imparfaite, qu'un pain désagréable à l'œil et au goût.

Les fours du Languedoc sont, comme ceux des autres
provinces , construits d'après les principes les plus
vicieux. Ils ont trop d'élévation à la voûte , une très-
large entrée , et une porte qui ferme mal ; ce qui laisse
nécessairement échapper une partie de la chaleur pendant la combustion du bois , lorsque l'on enfourne, et
durant la cuisson , ensorte qu'il doit toujours en résulter
une énorme consommation de bois et un pain défectueux. Voilà donc un double inconvénient auquel il sera
possible de remédier, en changeant la construction du
four.

Des différentes parties du four.

On distingue dans le four plusieurs parties. Les

plus essentielles sont : la *voûte du dessous et du dessus*, l'*âtre*, le *dôme* ou *chapelle*, les *ouras*, la *tablette* ou l'*autel*, la *bouche* ou l'*entrée*. Il convient d'en donner ici une idée, puisque leur solidité, leur forme et leur position influent-à-la fois sur l'économie du bois, la facilité du chauffage et la bonne cuisson du pain.

Forme et dimensions du four.

La grandeur du four varie, mais sa forme est assez constante; elle ressemble ordinairement à un œuf, et l'expérience a prouvé jusqu'à présent, que cette forme étoit la plus avantageuse et la plus économique pour rassembler, conserver et communiquer de toutes parts à l'objet qui s'y trouve renfermé, la chaleur nécessaire. Si l'emplacement ne permettoit pas cette forme, on pourroit adopter celle de l'ovale alongé, ou même la forme ronde.

Quant aux dimensions, elles sont relatives à la consommation et à la nature des pains qu'on fabrique. Les boulangers de Paris qui cuisent de gros pains, donnent à leurs fours 10 à 11 pieds, et ceux qui font de petits pains, 8 à 9 pieds. Le four dont on voit ici la figure, a, dans son intérieur, 9 pieds de largeur sur 10 pieds 2 pouces de longueur.

De l'âtre.

La partie la plus essentielle du four est l'âtre. On lui donne une surface tant soit peu convexe, depuis la bouche jusqu'au milieu, en diminuant insensiblement vers les extrémités, parce que c'est dans cette partie que le four est le plus fatigué par le choc continuel des pelles et des autres instrumens avec lesquels on y manœuvre.

De la voûte ou dôme.

Après l'âtre, la partie du four qui mérite le plus d'attention, est la chapelle ou dôme. Les différentes courbures qu'on lui donnoit autrefois, faisoient varier sa forme, ses effets, et sa dénomination. Sa hauteur est déterminée par la longueur du four, et il faut en prendre le sixième. Les rives doivent avoir dans leur pourtour 7 à 9 pouces d'élévation ; et la chapelle, depuis la clef jusqu'à l'extrémité des rives, depuis 5 jusqu'à 10 pouces de retombée ; ensorte que la distance de l'âtre à la clef de la chapelle sera de 16 à 18 pouces. Il faut le soutenir, en le construisant, de deux pouces plus élevé, afin que, quand il sèche, il revienne à la hauteur fixée.

Des ouras.

Les ouras étoient autrefois très-multipliés, à cause

de la trop grande étendue des fours ; mais à mesure
que leur construction s'est perfectionnée, on a diminué
le nombre de ces conduits : il existe même des fours qui
n'en ont point du tout, et dans lesquels cependant le
bois brûle très-bien, sur-tout lorsqu'on a l'attention de
tenir la bouche de quelques pouces plus large. Quand les
fours sont grands, comme les fours banaux, et qu'on
les chauffe avec du bois un peu verd, les ouras sont
indispensables.

Nous croyons qu'un ou deux ouras sont nécessaires
à chaque four, parce qu'on peut les fermer dans le cas
où le combustible brûle bien sans leur secours, et les
ouvrir lorsqu'il s'agit de faciliter l'ignition du bois, et
l'échappement de la fumée, qui se fixe quelquefois en
forme de brouillard épais.

Si l'on pratique deux ouras, on les placera de chaque côté du four, sur la chapelle ou dôme, environ à
la moitié du four, le long des rives, à 15 ou 18 pouces
du pied-droit, en revenant à la bouche par un châssis
de fer de sept pouces carrés dans toute sa longueur. Ils
fermeront par le moyen de petites portes de fer battu,
et de châssis à feuillures, placés à côté du bouchoir,
à 18 ou 20 pouces au dessus de l'autel.

Entrée du four.

La porte d'entrée sera de fer, et composée d'un châssis

incliné de manière qu'elle puisse se lever et se tenir fermée d'elle-même. Ce bouchoir est ordinairement en fer
coulé, garni d'un petit verrou adapté au châssis, afin
de l'abattre sur l'autel. On pourroit le faire en forme
de porte à penture; mais cette forme est beaucoup plus
dispendieuse et plus incommode. Au défaut de fer coulé
on peut le mettre en forte tôle; mais les premiers sont
préférables.

Autel du four.

L'autel du four est la tablette sur laquelle le bouchoir
pose lorsque le four est ouvert. Il est ordinairement
composé d'une plaque de fonte, soutenue par trois traverses en fer. On pratique une ouverture circulaire,
à travers laquelle tombe la braise dans l'étouffoir. Si
toutefois on ne se soucioit pas de mettre l'étouffoir dessous, on pourroit emplacer l'autel par un petit arceau
en brique. Alors il faudroit tirer la braise avec une
pelle de fer creuse, destinée uniquement à cet usage.

Du dessus du four.

En pratiquant au dessus du four une espèce de chambre, on pourroit y faire sécher les grains quand ils
seroient humides, et exécuter, dans les grands froids,
tous les procédés de la boulangerie. Il suffiroit de la
faire

faire égaliser et carreler, d'élever les murailles de 6 pieds
de haut, et de prolonger les ouras par le moyen de
tuyaux de poêle. Par ce moyen on se procureroit facilement, et à peu de frais , une étuve évidemment économique , qui deviendroit d'une utilité journalière. Ce
moyen, il est vrai, ne seroit praticable que dans un
endroit où le plancher auroit une élévation de 13 pieds,
puisque le four seul en déplace plus de sept.

Du dessous du four.

Le dessous du four est ordinairement employé à serrer le bois, ainsi que les instrumens propres à le diviser. En supposant que le local fût trop bas pour obtenir cette ressource, on pourroit se la procurer en creu-
sant dans les fondations ; mais cette partie est peu
nécessaire dans une province où le bois brûle aisément,
et où la chaleur naturelle rend toujours si facile la fermentation de la pâte dans les saisons les plus opposées.
Mais il faut que la voûte sur laquelle pose l'âtre, ait au
moins deux pieds d'épaisseur, pour conserver aussi long-
temps qu'on le peut la chaleur.

Des matériaux propres à la construction du four.

Il faut se servir des ressources que l'on a pour cons-

truire le four, et faire toujours ensorte que la maçon-
nerie ait une certaine épaisseur, afin que toute la chaleur s'y concentre, et ne se perde pas au dehors.

Tous les matériaux ne peuvent pas servir, il est vrai,
pour former l'âtre : les briques, les carreaux ne joignent
pas exactement, ils laissent des interstices et se dégradent
aisément par le jeu continuel des instrumens du four ;
les dalles de pierre une fois échauffées, se calcinent et se
convertissent en chaux ; les pavés fendent et éclatent ;
les plaques de métal prennent et conservent trop de chaleur ; le pain alors est exposé à brûler dessous : c'est pour
obvier à tous ces inconvéniens qu'on y a substitué une
terre argileuse particulière, battue et tamisée : on en
répand sur l'aire environ 8 pouces ; on lui donne en la
foulant et l'arrangeant une convexité presque insensible.

Terre à four.

Cette terre, à laquelle les boulangers ont donné le nom
de *terre à four*, pourroit être préparée exprès dans la province, en supposant qu'il ne s'y en rencontrât point de
pareille, ou qu'elle fût moins commune que dans les environs de Paris : il suffiroit de faire un mélange composé
d'un cinquième de bon sable, de deux cinquièmes de
terre argileuse qui ne rougisse pas beaucoup au feu, et
d'à-peu-près autant de terre calcaire ; il seroit même
possible de retrancher la terre calcaire, et d'augmenter

d'autant la portion de sable , sur-tout si l'argile qu'on auroit sous la main se trouvoit avoir beaucoup de liant et peu de terre martiale.

Quoique la terre à four dont est composé l'âtre , soit supérieure à tous les matériaux essayés pour rendre cette partie plus durable , elle ne va pas souvent au-delà d'une année ; il n'est cependant pas de sacrifice que le boulanger dont le travail se renouvelle chaque jour et à la même heure , ne fît pour que l'âtre durât plus long-temps. On n'a pas l'idée des embarras et du chagrin que lui cause l'obligation dans laquelle il est de le faire re-garnir , surtout quand il n'a à sa disposition qu'un seul four.

Dans la vue d'ajouter de la solidité à l'âtre , M. *Boudier* , un de nos meilleurs boulangers de Paris , vient d'imaginer de former avec de la terre à four , des car-reaux , figurés dans des moules , ayant 9 pouces car-rés sur 4 pouces d'épaisseur : ils n'ont pas, comme ceux cuits au four , l'inconvénient de retenir trop de chaleur et par conséquent de *ferrer* , de *brûler* le pain : ils au-ront en outre l'avantage de durer cinq ou six fois plus long-temps que la terre à four : mais ces carreaux n'au-ront de succès qu'autant qu'ils se trouveront passable-ment séchés à l'air libre ; car, pour peuqu'ils contiennent encore d'humidité , ils prendroient au feu de la retraite, y gerceroient et se fendroient.

Construction du four.

La manière de construire un four conforme à celui dont nous présentons le plan, est très-simple et très-facile. Lorsque le massif sera à la hauteur où l'on a dessein de former l'âtre, on le couvrira d'un enduit; on tirera au milieu de sa longueur une ligne droite, que l'on coupera, à l'endroit que l'on destinera à être le milieu du four, par une autre ligne transversale, formant le trait-carré, en observant les mêmes épaisseurs de mur au pourtour: on enfoncera un clou rond au point où se réunissent les deux lignes : on prendra ensuite une petite règle de bois, longue de la moitié du diamètre que l'on voudra donner au four, et qui aura une petite encoche à un bout, afin de ne point vaciller lorsqu'on la tournera contre le clou ; et lui faisant décrire un demi-cercle d'un bout à l'autre de la ligne transversale, on formera la tête du four,

Cette opération faite, pour obtenir l'autre extrémité du four, on divisera la distance d'un bout du cercle à l'autre sur la ligne transversale, en quatre parties égales entre elles : on enfoncera un clou dans chacune des deux parties, qui forment le quart de la largeur totale ; ensuite avec une règle de la même forme, mais d'un quart plus grande que la première, on décrira de chaque côté de la ligne droite un cercle, dont un bout rejoindra celui du cercle à la ligne transversale, et l'autre la bouche du four : de cette manière un four se trouvera tracé, quelles que soient la forme et les dimensions qu'on lui donne.

Quant à l'ouverture de la bouche, on la fixera de la largeur qu'on voudra, et elle déterminera la longueur du four ; mais il ne faut pas s'écarter des dimensions de la nôtre.

C'est après avoir formé cette ligne circulaire, que l'on placera les pierres ou briques formant le pied-droit du four, sur lequel on formera la voûte. Il seroit essentiel que la forme des briques dont on se sert pour ces constructions, fût conique, c'est-à-dire, d'un pouce plus étroite d'un bout que de l'autre.

De la chaudière.

Les comportes et autres vaisseaux employés en Languedoc par les boulangers, pour faire chauffer l'eau destinée à la fabrication du pain, sont embarrassans dans le travail, et exigent encore du bois. On pourra remédier à cet inconvénient en plaçant la chaudière dans le massif du four, peu importe de quel côté, cela dépend du local. Par ce moyen, on obtiendroit, indépendamment de l'économie du bois, l'avantage de faire arriver l'eau

de la chaudière et celle du réservoir dans une loge commune, pour avoir, suivant la saison, et au moment de
s'en servir, l'eau à la température que l'on desireroit;
il seroit même possible de la conduire jusques sur le
pétrin, en plaçant les deux robinets au dessus d'une
cuvette. Un vase quelconque suffiroit pour mesurer
l'eau, ce qui supprimeroit les seaux et leur transport
au pétrin.

Dans un cas contraire, il faudroit pratiquer un ro-
binet au bas de la chaudière, mais à une hauteur
convenable, pour pouvoir verser l'eau dans un seau.

Du chauffage du four.

Si l'eau est l'instrument de la fermentation de la
pâte, le bois doit être considéré comme celui de la
cuisson du pain.

Toutes les matières combustibles peuvent également
servir à chauffer le four, pourvu qu'elles donnent une
flamme claire pour la voûte ou chapelle, et ensuite de
la braise pour l'âtre.

Le bois verd employé en grosses bûches, ne brûleroit
ni assez vivement, ni assez promptement, si d'abord on
ne le faisoit sécher, et qu'ensuite on ne le divisât pour
favoriser son ignition ; mais il faut prendre garde de
nuire à sa qualité. Trop sec, il ressemble au vieux bois

ou au charbon ; l'humidité , le véhicule et l'aliment de la flamme , étant dissipée en grande partie , la chaleur ne se répand pas au loin ; elle se concentre sur la partie qu'elle touche ; d'où il suit que l'âtre est trop chaud , et que le dôme ne l'est pas suffisamment. On doit donc , autant qu'on le peut , choisir de préférence le bois qui flambe aisément , long-tems , et qui n'est pas sujet à noircir. Le charme , le hêtre , le bouleau et le bois blanc remplissent complettement cet objet.

Les fagots dont on se sert en Languedoc pour le chauffage du four , sont même plus économiques que le gros bois , qui ne devroit jamais être employé que pour commencer les fournées.

Le danger des bois peints pour le chauffage du four est connu ; trop d'observations l'attestent pour en douter. Ils peuvent communiquer de leurs propriétés vénéneuses à la pâte qui fermente et cuit. On ne sauroit donc avoir assez de réserve à ce sujet.

Mais pour échauffer un four, il ne suffit pas de jeter le bois au hasard , ni de le laisser consumer tranquillement jusqu'à ce qu'il soit réduit à l'état de braise ou de cendres. Il faut, si c'est du gros bois , le glisser légèrement avec la pelle dans les différens endroits où il doit être placé, l'arranger et le soigner pendant qu'il brûle ; de manière que l'âtre , la voûte et la bouche se trouvent chauffés également par-tout. Il faut croiser le bois, et faire ensorte que ses extrémités aboutissent vers les deux côtés du four, afin que le jet de flamme s'élève et circule tont autour de la chapelle. Or, cet arrangement, quoique simple, exige cependant un tact qu'on ne tarde pas à acquérir par l'habitude réfléchie.

De l'étouffoir.

Quand on emploie du gros bois au chauffage du four, la braise peut servir à dédommager le boulanger des frais de fabrication. Pour cet effet, il est à propos d'empêcher qu'elle ne se consume. Dès qu'elle est hors du four, il faut la recevoir dans un vaisseau qu'on nomme l'*étouffoir*. Ce vaisseau est de tôle ; il a environ deux pieds de largeur sur trois de hauteur, garni d'un couvercle qui ferme exactement, et à son milieu, de deux anses pour pouvoir le manier et le transporter, dès qu'il est rempli.

Il devroit toujours y avoir, dans chaque boulangerie, deux étouffoirs. Rien n'est plus dangereux que cet usage où l'on est de rassembler la braise, dès qu'elle vient d'être éteinte, dans des caisses, des tonneaux et autres endroits susceptibles de prendre feu ; d'où il résulte souvent des incendies.

O B S E R V A T I O N S.

Comme le bois est la partie la plus dispendieuse de
la

la fabrication du pain, qu'il coûte fort cher en Languedoc, et que les fours, trop multipliés, en consomment une énorme quantité ; on pourroit remédier à cet inconvénient, en engageant les propriétaires d'un four banal à en reconstruire un d'après les principes que nous établissons. Si le bénéfice qui en seroit le produit, n'étoit pas capable de les dédommager, les villes principales devroient offrir cet exemple dans la boulangerie à leur disposition. Les avantages considérables qu'elles retireroient de ces premiers essais, donneroient lieu à la réforme des fours.

Mais on ne doit pas perdre de vue que l'emplacement du four influe singulièrement sur ses effets, au point qu'on a souvent remarqué que, de deux fours de mêmes forme et dimensions, l'un chauffera mieux et plus aisément que l'autre. Toutes choses égales d'ailleurs, la disposition d'une fenêtre dans le local, le nombre qu'il s'en trouve, la porte d'entrée placée en face de la bouche du four ou de côté, la cheminée plus ou moins dévoyée, ces différentes circonstances occasionnent des changemens sensibles, et rendent le chauffage plus ou moins facile et prompt.

Un four construit suivant la forme et les proportions que nous indiquons, sera aussi parfait qu'il est possible de le desirer, le massif plus épais et moins rempli d'interstices, ne permettra plus aux *grillons*, à ces insectes qui cherchent tant la chaleur, de s'y introduire et de le détériorer : le dôme peu élevé réfléchira mieux la chaleur, et achèvera à tems le gonflement de la pâte: l'âtre plus solide, et d'une matière moins dense, sera moins sujet à être regarni, et cuira le pain sans le brûler : le nombre des ouras diminué, et leur forme rectifiée, animeront la flamme, et donneront du mouvement à la fumée : l'entrée plus abritée, moins large et mieux fermée, ne perdra plus de chaleur ; d'où il suit que le four ne sera pas aussi sujet à réparation, que le chauffage ne dépensera pas autant de bois, que le pain sera plus parfait, qu'enfin l'ouvrier pourra travailler plus à l'aise, sans avoir les yeux blessés par l'éclat de la flamme, et les mains brûlées par l'action du feu.

Mais la description la plus exacte du four le mieux fait, ne suffiroit pas pour en construire un semblable ; les maçons et les serruriers ont besoin d'être guidés par des plans, pour lui donner la forme, la proportion et la solidité qu'il doit avoir ; et nous pensons que ceux qu'on va voir en rendront l'exécution facile.

Nous croyons que c'est exaucer les vœux des boulangers que de nous être arrêtés aussi long-temps sur un objet qui leur cause quelquefois tant d'impatience, de chagrin et de frais ; et quoique ce soit de l'argent bien employé, que de leur procurer un four solide dans toutes ses parties, nous avons pensé aussi que les fa-

cultés des boulangers ne leur permettant pas souvent
la première mise que cette dépense exige, il falloit
leur en présenter un de la plus grande simplicité.

Ceux, il est vrai, qui ne seroient pas arrêtés par la
dépense, pourront employer tout ce que la recherche en
ce genre a pu imaginer. Par exemple, au lieu d'une simple porte de fer garnie d'un châssis, on se servira d'une
porte ouvrant par le côté, sur des gonds et pentures,
et fermant à loquets. Ils pourront même se servir de l'invention de M. *Boudier* : elle consiste en un bouchoir pratiqué dans un châssis ouvrant à coulisse, par le moyen
d'une bascule qui se conduit dans la cheminée, et à
côté du four, à portée de l'ouvrier. Le mérite principal
de ce bouchoir c'est de diriger le chauffage à volonté,
de conserver encore davantage la chaleur, et de voir
la couleur que prend le pain sans nuire à l'effet de la
cuisson. Déja plusieurs boulangeries dirigées par M.
Brocq, ont adopté ce moyen, regardé avec raison
comme une perfection de plus au four.

EXPLICATION

DE LA PLANCHE DIXIÈME.

FIGURE 1ere. représentant le Four.

A. Plan du four.
B. Bouche.
C. Autel du four, soutenant le bouchoir lorsqu'il est ouvert.
D. Conduit pour introduire les cendres chaudes et les petites braises sous la chaudière.
E. Chaudière.
F. Cheminée de la chaudière, correspondant dans la cheminée du four.
G. Porte pour faire le feu sous la chaudière.

FIGURE 2e.

H. Elévation sur la longueur du four.
I. Cheminée.
K. Autel.
L. Bouche du four.
M. Petite voûte servant à serrer les allumes pour le chauffage du four.

FIGURE 3e.

N. Elévation sur la largeur du four.
O. Chapelle ou voûte du four.
P. Atre du four.

FIGURE 4e.

R. Cheminée du four.
S. Bouche.
T. Arrière-cart de 14 pouces, sous l'autel, pour contenir partie de l'étouffoir, lorsque l'on retire la braise du four.
U. Voûte sous le four.
V. Conduit de la braise sous la chaudière.
X. Endroit où l'on fait le feu sous la chaudière.
Y. Les ouras, fig. 1, 2 et 4.
Z. Cavité au dessus de la chaudière, tant pour y puiser l'eau que pour la remplir.

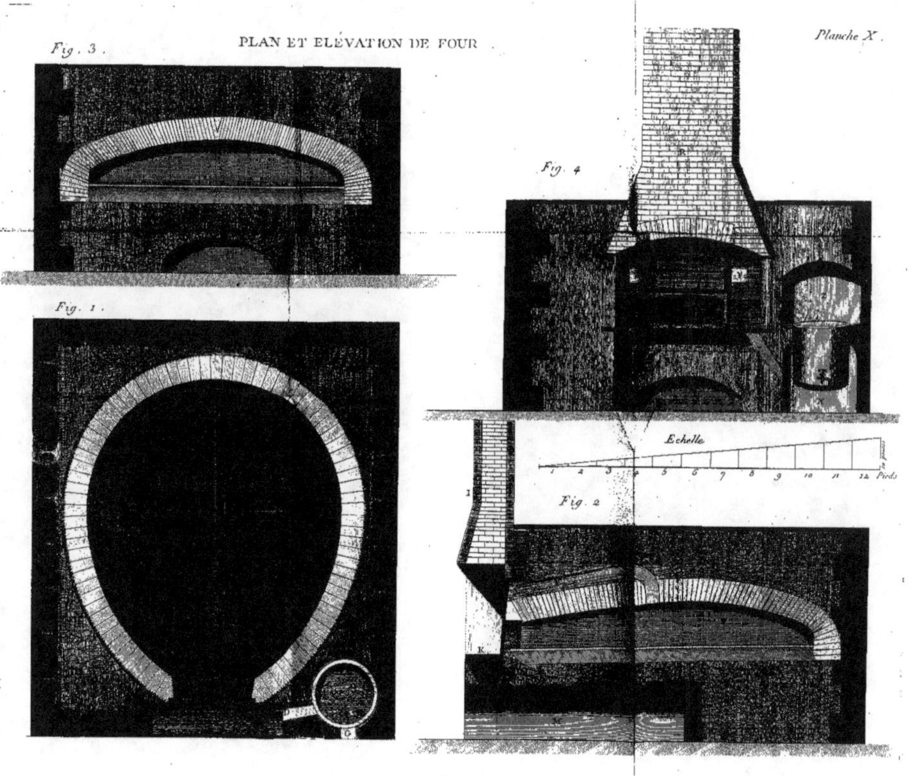

PLAN ET ÉLÉVATION DE FOUR
Planche X.
Fig. 3.
Fig. 1.
Fig. 4.
Fig. 2.
Echelle
1 2 3 4 5 6 7 8 9 10 11 12 Pieds

ARTICLE XVIII.

DE LA CUISSON DU PAIN.

La cuisson du pain est la dernière opération du boulanger, le but de tout son travail. Nous allons l'exposer avec les détails qui nous paroissent essentiels pour la bien faire connoître.

Enfournement.

Dès qu'on a retiré la braise, que l'âtre a été parfaitement nettoyé avec tous les instrumens propres à remplir cet objet, et que la pâte a atteint le degré d'apprêt convenable, on l'enfourne promptement, en la renversant des paniers, ou des couches, sur la pelle saupoudrée de petit son, afin que le dessous se trouve au dessus, et pour rendre la surface des pains lisse et dorée. On les mouille, on les place avec adresse les uns à côté des autres, et on les touche légèrement, dans la crainte qu'ils ne perdent leur forme ; on les range par lignes droites du fond à la bouche, en commençant par les gros pains, qu'on place dans l'endroit le plus chaud : les plus petits, composés de pâtes différentes, occupent le milieu et l'entrée.

A mesure que l'enfournement a lieu, on doit observer le gonflement et la couleur que prend le pain, jus-

qu'au moment où cette opération est finie. On continue l'enfournement en équerre, et on arrive peu à peu
à la place qu'occupe le *porte-allume*, qu'on retire lorsqu'il s'agit de remplir l'entrée.

Pour éclairer l'ouvrier pendant que dure l'enfournement, on aura soin d'employer beaucoup moins de bois,
par la raison que la fumée se portant sur les pains mis
à la bouche, communique à la croûte un mauvais goût,
et donne trop de couleur et de cuisson.

Du séjour de la pâte dans le four.

La qualité de la farine, celle de la pâte qui en résulte, la grosseur, la forme et l'espèce de pain qu'on
en prépare, ayant déterminé le degré d'apprêt, celui
du chauffage, et le moment d'enfourner, on pense bien
que le tems pendant lequel le pain doit séjourner,
dépend absolument de ces circonstances, et d'une infinité d'autres que l'ouvrier habile sait prévoir.

La pâte une fois placée dans le four, il ne faut pas
oublier, avant de le fermer, de jeter un regard rapide
sur tous les pains, principalement sur ceux placés
dans le fond, et enfournés les premiers, parce que la
couleur qu'ils ont déja acquise, suffit pour annoncer
quelle sera la durée de la cuisson, et du tems que le
four restera fermé. C'est environ une heure et demie

pour les plus gros pains, une heure pour ceux de quatre livres, et trois quarts d'heure au plus pour les pains d'une livre et au dessous.

Dès que la pâte est placée dans le four, on ne doit plus y toucher que quand la cuisson est près de finir. Cette opération ne peut souffrir aucune interruption. Elle est comme la fermentation de la pâte ; il lui faut un certain tems pour s'opérer convenablement. Un four qui ne seroit pas assez chaud, dessécheroit le pain sans le cuire ; trop chaud, au contraire, il brûleroit la surface, et l'intérieur seroit gras.

Défournement.

Le point de cuisson est encore plus difficile à atteindre que celui de l'apprêt des levains ou de la pâte. Une fois manqué on ne sauroit y revenir ; en vain remettroit-on le pain au four, la croûte se rideroit, la mie se dessécheroit. Il est donc important de ne défourner qu'à propos.

La vue et le toucher sont les seuls juges qui puissent saisir le degré de la cuisson du pain. Il s'agit d'abord de regarder la couleur : on prend ensuite un pain dans la première rive, et on en presse la mie. Lorsqu'elle repousse le doigt, c'est déja une marque que l'intérieur est ressué. On le frappe à plusieurs reprises : si la croûte résonne, on décide le défournement.

Après qu'on s'est convaincu que la cuisson est ache-
vée, on déplace quelques pains à la bouche, que l'on
met au fond et à la rive droite, afin de frayer un pas-
sage pour arriver aux pains qui occupent le premier
quartier, et par lesquels on a commencé l'enfournement.
On continue de les tirer du four avec plus ou moins
de célérité, selon le degré de chaleur de la bouche.

En ôtant les pains du four, on aura soin de les ranger doucement les uns à côté des autres, dans un
panier, et de ne jamais les renfermer qu'ils ne soient
parfaitement refroidis.

Caractères du pain cuit.

L'usage des oganes suffit; ils sont les seuls juges
dont on puisse invoquer le témoignage à ce sujet. Le
pain bien fabriqué doit toujours être plus large que
haut, d'un beau jaune doré, lisse à sa superficie, sans
gerçures ni crévasses, excepté celles qu'on y aura pratiquées en le tournant. La mie doit être sèche, spongieuse, élastique, parsemée de trous plus ou moins
grands, d'une forme inégale, ayant une légère odeur
de levain nouveau. Enfin, si le pain a perdu la totalité de
l'excédant du poids qu'on y ajoute en pâte, et la moitié de l'eau que celle-ci contenoit, on peut être assuré
que la cuisson est parfaite.

OBSERVATIONS.

OBSERVATIONS.

Nous observerons, au sujet de la cuisson du pain, qu'il est extrêmement nécessaire de régler le chauffage du four, de manière qu'il soit prêt un peu en avance, parce qu'il faut éviter, autant que l'on peut, de racommoder la pâte, et de suspendre sa fermentation. Une fois arrivée au degré convenable, il convient de l'enfourner : car si elle étoit trop avancée, la pâte, au lieu de gonfler au four, ne manqueroit point de s'y applatir, et par conséquent les pains s'attacheroient les uns aux autres. Il faut aussi avoir le tems de nettoyer parfaitement l'âtre, et de préparer tous les ustensiles nécessaires à l'enfournement.

On ne doit donc jamais se laisser surprendre par la pâte : il vaut mieux que le four attende, et dans ce cas, entretenir à la superficie de la braise une flamme très-légère au moyen d'un petit morceau de bois, pour conserver la chaleur du four, et économiser cette braise, qui, éteinte à propos dans un étouffoir, peut dédommager de la dépense du chauffage, quand on emploie du gros bois.

La pâte doit toujours être en été moins apprêtée qu'en hiver, parce qu'au moment où l'on commence à enfourner, les derniers pains tournés se trouvent souvent trop apprêtés : alors le four perd infiniment de sa chaleur vers la bouche ; et les pains s'y applatiroient beaucoup, si l'on négligeoit les précautions recommandées relativement à ceux destinés à occuper les quartiers et l'entrée du four.

Au surplus le point de cuisson du pain est encore plus délicat que celui de l'apprêt de la pâte : une fois manqué, il est difficile d'y revenir : envain on le remettroit au four ; la croûte se rideroit et la mie se dessécheroit. Il est donc important de ne défourner qu'à propos.

Mais si l'on a suivi la méthode indiquée à la préparation du levain, au pétrissage de la pâte et à la cuisson du pain, c'est-à-dire, que l'on ait fait le levain avec de l'eau froide ou tiède, et la moitié de la farine destinée à être employée en pain ; que l'on ait pétri en soulevant la masse, et non pas en y enfonçant les deux poings alternativement ; que l'on ait enfourné et cuit à propos ; au lieu de continuer d'avoir un pain serré, bis et aigre, parce qu'on ne se servoit que d'un levain passé, d'eau trop chaude, d'une mauvaise manière de pétrir et de mettre au four ; on obtiendra du même blé, un pain blanc, de bon goût, très-volumineux, extrêmement nourrissant et d'une digestion infiniment plus avantageuse.

Après avoir prouvé les avantages de la mouture économique et du commerce des farines, par des tableaux de produits en farine et en argent, que rapporte un setier de blé mesure de Paris, pesant 240 livres poids de marc, il ne nous resteroit plus qu'à les reprendre, et à présenter également ceux qu'il fournit étant converti en pain. Mais ces produits varient tant, à raison du volume, de la forme et des espèces de pain, qu'il seroit difficile d'établir quelque chose de positif à cet égard, sans donner en même tems lieu à des inconvéniens réels.

La mode des pains de toute espèce, sous un petit volume et de formes différentes, imaginées par le luxe ou par la fantaisie, a rendu l'enfournement moins aisé, et la cuisson plus embarrassante. Mais cette mode a régné de tous les tems; il paroit même que les anciens en étoient plus épris que leur postérité. On nous permettra d'en rapporter ici quelques exemples.

Dans un traité curieux de tout ce qui peut être servi dans les repas les plus communs, aussi bien que dans les plus magnifiques, *Athénée* compte jusqu'à douze espèces de pains ou de pâtisseries qui étoient en usage dans la Grèce sa patrie. Il les comprend toutes sous un nom générique, et en ajoutant à chacune une épithète particulière pour les distinguer les unes des autres. Cette différence, suivant lui, se prenoit de la composition ou de la cuisson du pain, ou des lieux qui avoient le plus de réputation pour réussir dans la préparation de cet aliment. Les Romains ne furent pas moins curieux que les Grecs, de diversifier leur pain selon qu'ils le desiroient, ou qu'ils avoient le moyen de le rendre d'un goût plus exquis. *Pline*, (*liv. 19, chap. 4,*) qui a approfondi cette matière, se plaint que de son tems la délicatesse et le luxe étoient portés à un tel excès, que jusques dans le choix et la façon du pain, les états étoient distingués; que le pain des Sénateurs et des Chevaliers étoient différens de celui du peuple; qu'il y avoit encore quelque distinction entre le pain dont vivoient les habitans des villes, et celui des paysans. Il n'y a pas de nation où l'usage du pain soit parvenu, qui n'ait inventé quelque nouvelle façon pour le rendre plus délicieux. Les peuples même les moins voluptueux des extrémités du nord, quoique réduits le plus souvent à ne manger que du pain d'avoine, d'orge, de piot ou de seigle, y recherchent néanmoins de la délicatesse; ils font certains pains de la fleur de farine la plus pure, et ils les dorent de safran. Il y en a d'autres où ils mêlent du miel et du poivre. Ils en font qu'ils pétrissent avec le lait de beurre, les œufs et le gingembre, y ajoutant le sucre et la canelle. Il s'en fait encore d'une manière plus délicate, dans les endroits où l'on peut avoir du froment; mais, quoique ces différentes compositions soient comprises par les anciens ou par quelques auteurs modernes, sous le nom commun de pain, il est néanmoins certain que la plus grande partie doit être plus naturellement rangée sous le genre de pâtisserie.

Nous observerons encore que du tems d'*Olivier de Serres*, le pain mollet, si renommé depuis, étoit déja en vogue. Voici ce qu'il rapporte dans son ouvrage:

» De plusieurs sortes de pain se sert-on à Paris,
« aucunes faites dans la ville par les boulengers jurés,
« autres ès villages d'alentour, d'où il est porté ven-
« dre à chacun marché. Le pain le plus délicat est
« celui qu'on appelle *pain mollet*, que les boulengers
« font par souffrance, n'étant permis par la police,
« à cause qu'il est de mauvais mesnage, s'y despen-
« dant trop. Il est communément petit et rond, est
« fort léger, spongieux et savoureux, à cause du sel
« qu'on y met, qui le rend moins blanc qu'il ne
« seroit sans icelui, aucun des autres pains, ni de la
« ville ni des champs, n'étant du tout salé. Le pain
« dit *bourgeois* et celui nommé de *chapitre* suivent le
« mollet, n'étant différens par entr'eux qu'en la figure
« (le bourgeois s'esleuant plus en rondeur que celui
« de chapitre qui est plus pressé, plus plat) : tous
« deux sont de matière fort blanche, fort pétris, du
« poids de 16 onces et du prix d'un sol, quand le
« setier de blé froment mesure de Paris est à deux
« écus et demi, augmentant et diminuant le prix,
« non le poids, à mesure de celui du blé. Le bis blanc
« suit après; il est un peu gris : finalement le bis, qui
« estant de couleur plus obscure, est aussi du plus

« petit prix. Il s'en fait d'un sol et de six deniers la
« pièce, comme aussi du bis-blanc, du bourgeois et
« de celui de chapitre; mais c'est tousiours sous le
« réglement du prix du blé, selon les diverses qua-
« lités du pain. Des villages voisins diverses sortes
« de pain apporte-t-on en ladite ville, le plus re-
« marquable est celui de Gonesse : il est fort blanc et
« délicat, ne cédant rien au mollet étant mangé frais,
« mais de plus d'un iour n'est agréable. Ce pain va-
« rie en corps, s'en faisant de grands et de petits, de
« figure ronde, plate, où il n'y a réglement aucun,
« non plus qu'au prix, qu'on tient haut et bas selon
« qu'on trouve les acheteurs. Par aucunes particulières
« maisons de Paris, se fait aussi du pain, qu'on cuit,
« ou dans le logis même, ou chez les boulengers à usage
« des autres villes de ce royaume ; c'est du pain de
« mesnage ainsi appelé qu'on façonne à volonté ; mais
« presque tousiours tient-il le milieu entre le bis-blanc
« et le bis. Quant au pain des villageois d'allentour
« de Paris, laboureurs, vignerons, et autres manians
« la terre, il est communément fait de blé méteil,
« qui est composition de froment et sègle, dont la
« farine estant finement sassée, s'en façonne de bon pain
« pour le métayer, sa femme et ses enfans, et un
« second pour ses valets «.

(335)

ARTICLE XIX.

DU BISCUIT DE MER.

La province de Languedoc a des ports où l'on doit
vraisemblablement préparer du biscuit de mer, espèce
de galette d'un usage immémorial pour les voyages
de long cours et les expéditions militaires. Nous croyons
donc qu'un article sur sa composition, loin d'être
étranger à notre objet, ne peut que concourir à rendre
cet ouvrage d'une utilité plus générale, plus digne par
conséquent de la protection des Etats. Ainsi, sans vouloir examiner toutes les pratiques que l'on suit dans les
différens ports du royaume, sans prétendre donner ici
un traité complet sur le biscuit, il nous a paru essentiel d'en faire connoître ce qu'il y a de plus essentiel, puisqu'il s'agit également de la nourriture fondamentale d'une classe d'hommes intéressante pour la
patrie.

Préparation du biscuit.

On prend ordinairement dix livres de levain un peu
plus avancé que pour le pain ; on le délaie dans l'eau,
toujours tiède, avec un quintal de farine, que l'on
pétrit. Lorsque la pâte est au point de ne pouvoir
plus être travaillée avec les mains, on la foule avec

les pieds jusqu'à ce qu'elle soit parfaitement lisse, tenace et très-unie.

Le pétrissage fini , on travaille encore la pâte
par parties ; d'abord en forme de rouleaux qui , séparés en petits morceaux , repassent par la main des boulangers , ce qu'ils appellent *frotter*. Quand le poids
de chaque galette est déterminé , on lui donne la
forme ronde et applatie avec une bille , après quoi
on l'arrange sur des tables ou sur des planches
qu'on expose au frais , afin d'empêcher qu'il ne s'y
établisse un mouvement de fermentation trop marquée.

On a soin que le four soit moins chauffé pour la
cuisson du biscuit que pour celle du pain ; mais aussitôt que la dernière galette est tournée , on commence
à enfourner la première en la perçant de plusieurs
trous au moyen d'une pointe de fer , ce qui favorise
son applatissement , et procure des issues à l'évaporation. Le séjour du biscuit au four est de deux heures
environ.

A mesure qu'on tire les galettes du four , on les
met avec beaucoup de précaution dans des caisses ,
de peur qu'elles ne se brisent : on en renferme ainsi ordinairement un demi ou un quintal. La caisse une fois
remplie , on la porte dans les étuves ou pièces au dessus
de la boulangerie nommées *foutes*, ou dans lesquelles

se

communique la chaleur du four. Le biscuit achève d'y perdre son humidité surabondante et éprouve ce qu'on nomme le *ressuage*.

Caractères du biscuit.

On reconnoît que le biscuit a une bonne qualité, lorsqu'il est sonore, qu'il se casse net, qu'il présente dans son intérieur un état brillant qu'on nomme *vitré*, qu'il trempe et se gonfle considérablement dans l'eau, sans s'émietter, ni gagner le fond du vase.

Observations.

Une des premières conditions dans la préparation du biscuit, seroit de ne jamais y employer que des blés d'élite, extrêmement nets et fort secs, parce que, malgré les changemens qu'ils ont subis pour arriver à l'état de biscuit, ils portent toujours avec eux ce caractère de conservation; tandis que les blés naturellement humides, quoique supérieurement moulus et bien travaillés, ont une plus grande tendance à se détériorer. Voilà pourquoi les grains naturellement humides et gras, tels que le seigle et le maïs, par exemple, ne sont pas aussi propres à ce genre de fabrication.

Une autre condition non moins essentielle encore, seroit de ne préparer qu'une seule et même espèce de biscuit , dans laquelle on ne feroit jamais entrer que les farines blanches séparées des bis et des sons. Alors tous ces différens degrés d'épurement que la mouture à la grosse a rendus nécessaires autrefois , parce que cette méthode fournit peu de farine blanche , et beaucoup de farine bise , deviendroient absolument inutiles , d'autant que les produits de la mouture que nous proposons consistant presque tous en farine blanche , on n'auroit plus besoin de réserver celle-ci pour la consommation de l'état-major ; l'excédant mêlé avec les dernières farines , bonifieroit le pain bis destiné à la nourriture des troupes et des ouvriers des ports.

Comme la composition du biscuit tient aux principes généraux de la fabrication du pain , nous ferons observer que les vices qui règnent dans les boulangeries de la plupart des provinces , sont les mêmes que ceux des endroits où l'on fabrique le biscuit : mouture défectueuse qui laisse du son dans la farine , de la farine dans le son , et qui échauffe tous les produits ; fours trop hauts et mal bouchés , qui consomment beaucoup de bois et produisent une mauvaise cuisson. Il n'existe aucune base pour la composition du biscuit ; on ne sait ni l'espèce de farine employée , ni les proportions du levain ; ni la température de l'eau pour pétrir , ni enfin le degré d'apprêt de la pâte ; le procédé à cet égard varie donc dans chaque port , et le biscuit

(339)

pêche, tantôt par les farines, tantôt par la quantité
et la nature du levain ; les pratiques pour le ressuer,
le conserver et le raccommoder, sont également incertaines, ainsi que nous nous en sommes assurés d'a-
près les détails que nous avons reçu des différens
ports du royaume.

Nous ne pouvons non plus nous dispenser de l'avouer
en gémissant : le biscuit le mieux fabriqué porte souvent
avec lui le germe d'une détérioration prochaine, qui se
développe quelquefois même avant de mettre à la
voile. Tantôt c'est du son qui occasionne des vides
dans l'intérieur du biscuit, et lui donne une disposition à moisir ; tantôt c'est la malpropreté qui règne
dans les endroits du vaisseau où on le met en dépôt,
et qui sont déja remplis d'insectes ou de leurs œufs, que
les circonstances locales font bientôt éclore. Faut - il
s'étonner si , au retour d'une simple croisière ou au
milieu d'une traversée, le biscuit n'est plus bon qu'à
jeter?

Comment, il est vrai, pourra-t-on parvenir à obvier
à ces inconvéniens, tant qu'on continuera de serrer
dans la soute le biscuit, sans s'être assuré bien positive-
ment si elle étoit en état de le conserver, et qu'on
n'en interdira pas l'accès aux rats, aux souris et autres animaux destructeurs ; tant qu'on ne visitera pas
l'intérieur de la soute, et qu'on n'en remplira point avec

du mortier ou du mastic les interstices , les crevasses
qui recèlent des milliers d'insectes ; tant qu'on laissera
les portes de la soute ouvertes à mesure qu'on en tire
le biscuit de la consommation journalière , ce qui favorise d'une part l'introduction de l'air gras et fétide qui
domine le plus souvent dans les entreponts et dans la
cale des vaisseaux , et de l'autre ces papillons si communs en automne qui viennent déposer leurs œufs dans
le tas de biscuit?

Nous ne nous permettrons aucunes réflexions sur les
évènemens qui peuvent en être la suite : nous dirons
seulement , à l'honneur des meilleurs fabricans de biscuit , qu'ils desirent depuis long - tems des instructions
précises qui les guident plus surement dans leur travail. M. *Caudon* entre autres , boulanger du Havre ,
homme dont l'intelligence et la probité sont connues ,
nous a sollicité , au nom de sa communauté , de répandre sur cet objet les lumières dont nous avons déja
éclairé la boulangerie ; il vient même de faire quelques
expériences , conjointement avec quatre de ses confrères , d'où il resulte que cent livres de farine donnent
126 à 127 liv. de pâte , laquelle divisée par galettes
de huit à neuf onces, étant bien cuite , fournit 90 à 91
liv. de biscuit.

La manière dont M. *Caudon* desireroit qu'on prépa-
rât le biscuit , diffère de celle adoptée , et est tout-à-fait

conforme aux principes de la bonne boulangerie. Au lieu de se servir d'un levain vieux et au poids de dix à douze liv. par quintal de farine, il prescrit de l'employer dans l'état jeune et à la dose de 5o liv., et de tenir la pâte un peu moins ferme, pour la pétrir avec plus de facilité. Il a fait voir du biscuit fabriqué selon cette méthode, à plusieurs maîtres de navires, qui l'ont trouvé excellent, souffrant l'épreuve, et surnageant sans se désunir.

Que d'argent on épargneroit à l'Etat, que d'hommes précieux on conserveroit, si le biscuit étoit fabriqué par-tout aussi parfaitement et aussi économiquement qu'il pourroit l'être, en suivant une bonne mouture, une excellente fabrication, et en prenant quelques soins pour sa conservation ! Cette administration des vivres de la marine est encore bien éloignée du point de perfection desiré, malgré le zèle éclairé des hommes auxquels elle est confiée. Nous apprenons avec un vrai plaisir que cet objet n'a pas échappé aux regards attentifs de M. le Maréchal de Castries ; ce Ministre, après avoir pris les connoissances générales sur la conservation du blé, la mouture et la boulangerie, a desiré que cet objet participât aux lumières actuellement acquises ; et M. *Brocq* est allé à Brest par ses ordres. On a droit d'espérer du zèle, des talens et de l'expérience de cet artiste, des changemens heureux dans cette essentielle partie du service du Roi.

En attendant de nouveaux renseignemens , que nous ne tarderons pas , sans doute, à acquérir sur le biscuit , nous croyons devoir ajouter à la suite de cet article , les questions qui nous ont été faites , il y a quelques années , pour le mot *biscuit* , du Dictionnaire de Marine , faisant partie de l'Encyclopédie méthodique. On jugera si nos réponses , communiquées dans le tems au comité de Boulangerie , ne pourront pas mettre sur la voie quiconque voudra entreprendre de fixer le meilleur procédé à suivre selon la nature des grains , le climat et la saison , pour fabriquer le biscuit.

Questions sur le biscuit de mer.

Première Question.

Le biscuit a-t-il toujours été ce qu'il est aujourd'hui ?

Réponse.

L'art de le préparer a eu des commencemens fort grossiers , ainsi que toutes les inventions humaines. Le procédé pour le fabriquer se réduisoit , dans l'origine , à incorporer une farine brute avec de l'eau , et à en former une pâte mal pétrie , que l'on mettoit au feu sur un gril ; dès qu'elle étoit cuite d'un

(343)

côté, on la retournoit de l'autre, pour obtenir une cuisson uniforme. Après la découverte du levain et celle des fours, on ne se servit plus, pour la fabrication du biscuit, que de pains fermentés fort épais, que l'on partageoit par le milieu, et que l'on remettoit au four une seconde fois, à peu près comme on prépare encore aujourd'hui ce qu'on nomme *pain de soupe*.

Mais la boulangerie se perfectionna ; le pain acquit beaucoup plus de mie que de croûte. On ne tarda point alors à s'appercevoir qu'une pareille méthode de fabriquer le biscuit, exigeoit beaucoup de frais de main-d'œuvre, et ne remplissoit pas tout-à-fait le but qu'on se proposoit, savoir, de concentrer l'aliment sous le plus petit volume possible, sans nuire à ses effets nutritifs ; ce qui détermina ensuite à employer peu d'eau, pour obtenir une pâte ferme, et produire moins d'évaporation.

2ᵉ. QUESTION.

Le biscuit est-il cuit deux fois, comme son nom paroit l'indiquer.

RÉPONSE.

La double cuisson que subissoit originairement le

biscuit, lui a valu sans doute le nom sous lequel on le désigne encore aujourd'hui : car il est absolument faux qu'il soit cuit deux fois pour les petits voyages, et quatre pour les voyages de long cours , comme l'ont avancé des auteurs graves , qui ont voulu parler du biscuit , comme d'une infinité d'autres choses , sans en avoir la plus légère notion. Nous le répétons, on ne le cuit qu'une seule fois ; et quand on le tire du four , c'est pour le porter dans un lieu moins chaud , où il achève de perdre son humidité surabondante , et d'acquérir le degré de dessication requise. Ainsi c'est à tort , et contre la vérité , que l'on continue d'avancer que le pain dont il s'agit est cuit deux fois. Pour prévenir toute erreur à ce sujet , ne seroit-il pas possible d'appeler le biscuit , *Pain de mer; panis nauticus , panis maritimus*, comme on nomme le pain de munition , *Pain des troupes de terre ; panis militaris ?*

3e. QUESTION.

L'art de faire le biscuit est-il plus aisé que celui de fabriquer le pain?

RÉPONSE.

Infiniment plus aisé. Celui qui fabrique le biscuit, n'a besoin de consulter ni les saisons , ni le local, ni

les

(345)

les matières sur lesquelles il travaille : n'ayant point
à établir cette multitude innombrable de cellules qui
constituent la blancheur et la légèreté du pain , il
emploie le levain, quel que soit l'état où il se trouve ;
il enfourne la pâte dès qu'elle est pesée et tournée ,
sans observer tous les soins minutieux qu'exige cette
opération. Si donc le travail du biscuit est plus
considérable que celui du pain , cela tient à la difficulté de le pétrir , et au tems que demandent sa
cuisson et son *ressuage*. Or, pour peu qu'un ouvrier
ait pétri , tourné et cuit plusieurs fournées de biscuit , ce travail lui devient bientôt familier.

4º. Q U E S T I O N.

Le biscuit est-il fait de pâte plus ou moins levée ?

R É P O N S E.

La pâte du biscuit n'est pas levée en apparence :
sa consistance ferme, le peu de levain qu'elle contient, la forme applatie qu'on lui donne , la promptitude avec laquelle on la met au four , ne permettent pas à la fermentation de s'établir d'une manière marquée ; c'est un pain levé à demi , dont la
totalité est presque convertie en croûte.

X x

5ᵉ. QUESTION.

La préparation du biscuit est - elle la même partout ?

RÉPONSE.

Chaque nation a sa méthode particulière : l'une emploie beaucoup de levain fort avancé ; l'autre très-peu et extrêmement nouveau ; enfin il y en a, comme les Anglois, qui paroissent ne s'en point servir du tout. Aussi leur biscuit est-il ordinairement d'un blanc mat, fade, et ne trempe pas bien. On diroit que c'est de la farine combinée avec de l'eau, et desséchée à une douce chaleur, plutôt qu'une pâte cuite au four.

Le biscuit qu'on embarque à bord des bâtimens du roi, est composé de farine épurée, c'est-à-dire que sur cent livres de farine brute sortant du moulin, on en extrait trente-six livres de son ou de bis; mais malgré cette quantité il en reste encore. Le biscuit que les marchands font fabriquer pour leurs équipages, est de farine blanche. Eh! qu'importe pour les autres nations, que le biscuit soit parfaitement préparé? cet aliment ne leur est pas d'une nécessité aussi indispensable que pour les équipages François, amateurs-nés du pain et de tout ce qui en a le caractère.

6ᵉ. QUESTION,

A quoi sert le levain dans la composition du biscuit ?

RÉPONSE.

A lui concilier les propriétés du pain levé, qu'il n'auroit pas sans le concours de ce ferment. Le levain sert encore d'assaisonnement à la pâte : il lui donne la facilité de cuire et de *ressuer* plus aisément, de mitonner, et de renfler dans l'eau, de se conserver long-tems sans s'altérer ; avantages que ne sauroit réunir au même degré le meilleur biscuit azyme, c'est-à-dire, privé de levain. Mais jamais on n'y fait entrer de sel, dans la crainte qu'il ne rende le biscuit plus susceptible d'attirer l'humidité de l'air et de s'en charger

7ᵉ. QUESTION.

Dans quel état faut-il que le levain se trouve au moment d'être employé, et quelles en sont les proportions ?

RÉPONSE.

Il est nécessaire que dans toutes les saisons le levain soit plus avancé pour le biscuit, que pour le pain ordinaire ; qu'il forme au moins le dixième de

la masse , parce que tout le travail n'a pour but ensuite que de brider l'action de ce ferment, et d'éviter
ces cellules qui augmenteroient le volume, qu'on a
grand soin de prévenir.

8ᵉ. QUESTION.

Lequel des deux levains est-il préférable ?

RÉPONSE.

Le levain naturel, le franc levain , enfin le levain
analogue à la pâte ; l'emploi de tout autre levain deviendroit une dépense superflue , sans compter qu'il
en résulteroit une fermentation hâtive , qu'on ne pourroit plus arrêter dès quelle se seroit établie et mani-
festée.

9ᵉ. QUESTION.

La pâte du biscuit doit-elle être plus où moins bou-
langée.

RÉPONSE.

Cette pâte étant naturellement très-ferme, on ne
peut terminer le pétrissage à force de bras ; il faut
nécessairement la fouler avec les pieds, ou à l'aide
d'un instrument usité dans ce travail. Mais cette
opération exige de la force pour être exécutée comme

il convient. Il s'agit de délayer parfaitement le levain dans la totalité de l'eau destinée au pétrissage, afin de la distribuer uniformément dans la pâte, de manière que la farine soit bien *fondue*, et qu'il ne subsiste aucuns grumeaux :

10ᵉ. QUESTION

La quantité d'eau à employer dans le pétrissage est-elle déterminée ?

RÉPONSE.

C'est environ le tiers du poids de la pâte ; et cette quantité s'évapore en entier durant la cuisson, de manière qu'il ne reste plus que celui de la farine. Il faut cependant observer que cette proportion de l'eau dans le pétrissage, et le déchet que la pâte éprouve au four et dans l'étuve, varient un peu, à raison de la nature des farines, de la quantité et de l'espèce de levain employés, en un mot, de la cuisson et du *ressuage* du biscuit.

11ᵉ. QUESTION.

La qualité du biscuit ne dépend-elle pas de l'eau avec laquelle on le fabrique ?

RÉPONSE.

Quand un art est encore au berceau, les erreurs

qui l'environnent de toutes parts mettent obstacle à sa perfection. Il en est du biscuit comme du pain : toutes sortes d'eaux, pourvu qu'elles soient potables, peuvent convenir à leur fabrication : ceux qui ont essayé d'établir le contraire, malgré les expériences décisives et la solidité des raisons alléguées, n'ont donné pour étayer leurs sentimens, que les propos du vulgaire, qui les a trompés.

12ᵉ. QUESTION.

Faut-il songer à diviser et à tourner la pâte aussitôt qu'elle est pétrie ?

RÉPONSE.

En la laissant trop long-tems en masse, il seroit à craindre qu'elle n'entrât en levain, et qu'elle n'éprouvât ce mouvement préparatoire qui rend la pâte, il est vrai, plus flexible, plus facile à manier et à figurer en biscuit. Il faut donc que ce tems soit relatif à la saison ; car la pâte pourroit perdre de son corps, et ne plus se prêter aussi aisément à l'applatissement et à la forme ronde qu'on lui donne.

13ᵉ. QUESTION.

Peut-on sans aucun inconvénient, s'écarter de la

forme , de la consistance et de l'épaisseur données au
biscuit ?

RÉPONSE.

Il faut nécessairement que le biscuit présente au
feu le plus de surface possible , afin qu'il cuise
fortement et promptement. Or la forme ronde et plate
produit le mieux cet effet : il doit avoir 24 à 27 pouces de circonférence , 15 à 16 lignes d'épaisseur.
Quant à la consistance, il n'est pas encore bien certain que le biscuit ait besoin d'être d'une pâte aussi
ferme. L'usage où l'on est à cet égard , ne tiendroit-
il point à cette ancienne pratique de pain de pâte
ferme ? Ce qui nous porte à penser ainsi , c'est qu'on
fait déja dans quelques ports la pâte plus aprochante
de celle du pain ordinaire , et le biscuit qui en résulte se conserve très-bien.

14e. QUESTION.

Combien faut-il attendre de tems après que le biscuit est fait, pour l'embarquer ?

RÉPONSE.

Il demeure plus ou moins de tems dans les soutes,
suivant que l'embarquement presse , et que l'endroit
où l'on a exposé le biscuit à ressuer , a été bien

chauffé : quelques semaines suffisent ; mais avant de
l'enfermer , il faut attendre qu'il soit parfaitement
refroidi , autrement il pourroit se moisir et contracter
bientôt une mauvaise odeur , et la propriété d'attirer
les insectes.

15ᵉ. QUESTION.

L'extrême [cuisson du biscuit , tout ce qui augmente encore les effets de cette cuisson , ne rapprochent - ils point cet aliment de l'état de pain azyme?

RÉPONSE.

C'est absolument le contraire. Le levain , malgré
les entraves qu'on apporte à son action , en l'associant
avec beaucoup de farine et peu d'eau , produit toujours un effet avantageux sur la pâte ; il détruit une
partie de sa glutinosité : l'espèce de torréfaction
qu'elle éprouve ensuite au four , l'assimile , en quelque sorte , aux qualités du pain fermenté.

16ᵉ. QUESTION.

Quel rapport existe-t-il entre la quantité de biscuit
à embarquer et la force des bâtimens ?

RÉPONSE.

On embarque à bord des vaisseaux , pour six mois
de campagne , quatre mois de biscuit et deux en
farines , proportionellement aux équipages , à raison

de

de 18 onces de chaque espèce par jour ; ce qui revient à une livre et demie de pain frais. On ajoute dix livres par cent pour le déchet, qui, se trouvant en miettes ou en poussière, peut néanmoins servir encore pour la soupe.

17e. QUESTION.

Gagne-t-on quelque chose à repasser au four le biscuit avarié?

RÉPONSE.

Si le biscuit ne se trouve détérioré que par des insectes vivans ou à naître, on gagnera à le repasser au four, parce que sa chaleur peut les tuer, et rendre à l'aliment sa première propriété ; mais si le biscuit a contracté de l'humidité, cette opération ne servira à rien, par la raison que la moisissure qui en est la suite, réagit sur la substance même du biscuit, altère sa liaison, et lui donne un mauvais goût qu'il est impossible à l'art de détruire.

18e. QUESTION.

Peut-on faire du biscuit de mer avec d'autres grains que le froment ?

RÉPONSE.

Il seroit possible d'en préparer, non seulement avec

tous les grains dont nous faisons du pain , mais encore avec les racines farineuses. Le procédé pour en venir à bout ne doit guère varier ; il n'est question , dans tous les cas , que d'employer une quantité plus ou moins grande de levain , de pétrir extrêmement ferme , de n'enfourner qu'une seule fois , de se servir ensuite de l'étuve pour achever la dessication. Mais sans rappeler ici les tentatives plus ou moins heureuses que nous avons faites pour donner au maïs et à la pomme de terre la forme de biscuit , nous n'avons jamais prétendu les substituer au froment ; il vaut mieux embarquer ces substances en nature ou en farine. Il faut que la pâte du biscuit ait du liant , de la flexibilité , qu'elle se cuise et se sèche aisément : or il n'y a aucuns grains qui puissent remplir ces conditions au même dégré que le froment.

19ᵉ. QUESTION.

Est-il vrai que le biscuit rempli de vers n'est point nuisible à la santé des matelots qui en font usage ?

RÉPONSE.

Tel est le langage de quelques personnes intéressées à favoriser cette opinion ; reste à savoir si elle est bien fondée. Il seroit bien plus utile de se garantir d'un pareil accident , en prenant certaines précautions faciles à employer, et dont l'oubli a souvent fait jeter une quantité énorme de biscuit. Alors les équipages se nourrissent d'un aliment, sinon malsain, du moins désagréable ; et on doit compter pour quelque chose le dégoût qu'une pareille nourriture peut causer à ceux qui y sont réduits. Il faut d'ailleurs consulter les ouvrages de M. de *Courcelle*, mort premier Médecin de la Marine, et jouissant de l'estime la mieux méritée : son autorité en ce genre est du plus grand poids.

20ᵉ. QUESTION.

Existe-t-il quelques moyens pour préserver le biscuit des insectes ?

RÉPONSE.

Oui sans doute ; et le moyen est efficace, simple et facile ; il suffit de le mettre à l'abri de l'air libre et des insectes qui s'y attachent. M. *Joyeuse* l'aîné ancien Commissaire de la Marine, que nous avons déja cité avec les éloges qu'il mérite, dans la première partie de ce mémoire, s'est assuré que ces insectes sont du genre des teignes. Il a entrepris une suite d'expériences pour prouver que le seul préservatif consiste dans une clôture exacte des vaisseaux où on renferme le biscuit peu de tems après qu'il est sorti du four , et avant qu'aucun insecte ait pu y jeter ses œufs. Le biscuit , par ce moyen , ne seroit plus sujet à se briser , comme il fait ordinairement par la multiplicité des mouvemens , chocs et bouleversemens qu'il essuie. On le met d'abord dans des sacs ; on le jette ensuite sur le fléau pour le peser , et de-là dans la soute ; de la soute dans des sacs pour l'embarquement , puis de nouveau sur le fléau pour le peser ; du fléau , dans les bâtimens qui doivent le porter à bord des vaisseaux ; et de ces bâtimens dans les vaisseaux : enfin , on le verse dans la soute du vaisseau ; ensorte qu'après tous ces mouvemens , le biscuit , qui naturellement est sec et cassant , se trouve réduit en grande partie en poussière , ou au moins en *mâche - moure* , et par là sujet à des déchets considérables.

21e. QUESTION.

A-t-on essayé de conserver à bord le biscuit dans des futailles ?

RÉPONSE.

C'est précisément le moyen que M. Joyeuse indique. Voici la manière de préparer les barriques où il desireroit qu'on renfermât le biscuit , et les dimensions qu'il conviendroit de leur donner. « Elles auroient « trois pieds de fond , et quatre pieds de haut ; elles

« seroient faites du bois le plus commun , pour que
« le dépense en fût moindre ; elles seroient goudron-
« nées intérieurement , et le goudron recouvert,
« pour empêcher le biscuit de se salir , soit de toile
« ou même de papier, dont les frais seroient moin-
« dres , et au travers duquel le goudron transpire
« moins qu'à travers la toile. Ces barriques auroient
« un des deux fonds mobile ; et ce fond seroit fait
« comme le couvercle d'une boîte , et arrêté sur la
« barrique , lorsqu'on voudroit la boucher, par une
« corde qui prendroit dans les anneaux fixés sur les
« bords de ce couvercle , et sur la partie correspon-
« dante de la barrique ; et on auroit soin de sceller avec
« un peu de goudron ou d'autre matière grasse, les joints
« du couvercle avec la barrique. Le munitionnaire
« pourroit prendre le poids de son biscuit , à mesure
« qu'il seroit fabriqué , et qu'on en auroit rempli les
« barriques , moyennant la tare qu'il y auroit marquée
« auparavant. »

22e. QUESTION.

L'expédition de l'embarquement du biscuit ne seroit - elle point retardée par la nouvelle pratique des
futailles proposées ?

RÉPONSE.

C'est encore M. de Joyeuse qui va répondre à cette

question. « Il ne s'agiroit que d'avoir une barrique
« vide et préparée selon cette méthode , qu'on tare-
« roit dans l'instant , en présence de l'officier qui
« viendroit prendre le biscuit , dans laquelle on ver-
« seroit ensuite le biscuit d'une barrique pleine qu'on
« auroit roulée de la soute jusqu'au poids ; on prendroit
« ensuite le nouveau poids de la barrique remplie , dont
« on déduiroit la tare. La barrique qu'on viendroit
« de vider seroit tarée sur le champ , et remplie du
« biscuit d'une des autres de la soute , et ainsi suc-
« cessivement de l'une à l'autre. Ces barriques ainsi con-
« ditionnées et pesées , seroient portées à bord des
« vaisseaux , sans toucher au biscuit, que lorsqu'on
« voudroit le distribuer aux équipages ; par où l'on
« voit que tous les chocs et bouleversemens du
« biscuit, qui en mettent une grande partie hors de
« service , seroient entièrement supprimés.

« Il ne faudra qu'une seule soute dans les boulan-
« geries à terre ou sur les vaisseaux ; et il ne faudra
« pour cela rien changer à leur état actuel , si ce n'est
« supprimer les cloisons qui subsistent , et qui
« deviennent inutiles ; et par conséquent toute la dé-
« pense en bois pour ces cloisons, celle pour brayage,
« calfeutrage , pour journées d'ouvriers , seroient en-
« tièrement supprimées. On profiteroit même pour le
« présent de tout le bois de démolition des cloisons

« qui sont sur pied , et dont une grande partie , en
« y prenant quelque attention lorsqu'on démoliroit ,
« pourroit encore être employée à divers ouvrages
« pour le service du Roi ; ne fût-ce que pour faire
« des liteaux, des équipets et autres petits meubles
« et emménagemens nécessaires à chaque armement de
« vaisseaux, et pour lesquels on consomme une grande
« quantité de bois neuf ».

Au reste , c'est dans le mémoire même de M. Joyeuse
qu'il faut lire tous les autres détails relatifs à cet
objet. Il est intitulé : *Histoire des vers qui s'engendrent
dans le biscuit qu'on embarque fur les vaisseaux , avec
des moyens pour l'en garantir.* Cette méthode de conserver
le biscuit , auroit les avantages des sacs isolés. On
pourroit mieux examiner ce qui se passe dans chaque
barrique , que dans ces vastes soutes exposées à tous
les accidens. Heureux le citoyen qui sait faire un
aussi digne emploi de ses lumières et de ses délasse-
mens !

ARTICLE XIX.

DES DIFFÉRENTES ESPÈCES DE PAIN USITÉES.

Le froment n'est pas le seul grain avec lequel les
habitans du Languedoc préparent du pain ; l'épeautre ,
le seigle, l'orge ou l'escourgeon , le maïs , le sarrasin ,
sont aussi consommés sous cette forme. Nous ne sau-

rions donc nous dispenser de traiter en particulier des différentes manipulations de chacun de ces pains et d'indiquer les moyens de les améliorer.

Les procédés que nous avons développés relativement à la conservation, à la mouture et à la panification du froment, doivent être les mêmes que ceux qu'il faut employer pour les farineux qu'on peut également convertir en pain. Ainsi quiconque aura pris une idée générale des moyens que nous avons proposés, concernant la meunerie et la boulangerie, parviendra bientôt à fabriquer toutes sortes de pain : il suffira seulement d'observer quelques différences légères dans les manipulations, que l'habitude exercée ne tardera pas à apprendre, et sur lesquelles nous allons nous arrêter.

S'il est désavantageux, comme nous croyons l'avoir démontré dans la seconde partie de ce mémoire, d'envoyer au moulin des grains mélangés, lorsqu'ils sont d'espèces différentes, il ne l'est pas moins de réunir ensemble leurs farines, après la mouture séparée de chacune qui en a été faite. Le froment, que la nature semble avoir voué plus spécialement à la fabrication du pain, ne devroit jamais y entrer concuremment que dans l'état de levain, parce que ce ferment étant l'ame de la boulangerie, s'il est permis de s'exprimer ainsi, c'est sur lui que toute l'attention doit se porter. Or,

en le composant de la farine du grain le plus propre
à la fermentation panaire, son action aura beaucoup
plus d'énergie que s'il étoit composé d'autre farine.
Nous observerons même qu'en fabriquant du pain bis
de froment, il faudroit, si le mélange des farines n'é-
toit pas encore fait, employer la portion de farine
blanche qui y entreroit, à la préparation du levain.

Cette méthode d'employer la farine du meilleur
grain sous forme de levain, n'exige aucun soin, aucune
dépense, aucun embarras de plus. Au lieu de mêler les
farines des différens grains, on les garde séparément;
et lorsqu'il s'agit de les employer à parties égales, l'une
est destinée au levain et l'autre au pétrissage.

Mais si les grains ont des caractères particuliers entre
eux, ils ont aussi des propriétés communes qui les
rapprochent : ils demandent à peu près les mêmes soins
pour leurs semailles, leur nettoiement et leur conservation. Tous sont revêtus d'une écorce plus ou moins
épaisse ; une matière muqueuse extractive et de l'a-
midon, forment leurs principes constituans. Ce qui
les distingue de la nature des fromens et de l'épeautre,
c'est de n'avoir pas de matière glutineuse élastique!
Quiconque a prétendu le contraire, n'est jamais venu à
bout d'en démontrer un atôme ; et la privation de cette
matière est la seule cause qui rendra toujours médiocre
le pain des différens grains que nous avons nommés

Z z

inférieurs à celui de froment , quels que soient tous nos soins dans les champs et dans les greniers.

A l'égard de la conversion de ces grains en farine, nous répéterons que malgré le parti que l'on tire de la mouture à la grosse la mieux pratiquée , la mouture économique aura toujours sur elle un avantage réel pour la quantité du produit en farine de différentes nuances, pour la distinction plus exacte de ces farines, et la meilleure qualité de ces dernières entièrement séparées du son , dont la présence nuit encore à leur beauté et à leur garde. Il faut donc adopter également pour ces grains la mouture économique , puisque le meunier et le boulanger peuvent en obtenir plusieurs espèces de farines , et différentes sortes de pain dont les nuances sont moins marquées , il est vrai , que dans le froment.

Mais il s'en faut que les farines et le pain qu'on en prépare , soient également bien préparés : ce qui tient aux mêmes causes que nous avons rapportées à l'égard du froment. Moulage peu soigné , levain aigre et en petite quantité , eau beaucoup trop chaude, mauvais pétrissage , fermentation négligé , enfin cuisson imparfaite : tels sont les vices de pratique qui ajoutent encore aux défauts naturels de ces grains pour l'état panaire , et en rendent souvent l'usage laborieux pour l'estomac de quiconque n'y est pas habitué. On n'observe pas les précautions recommandées par l'école de Salerne :

> De votre table il faut exclure
> Le pain sortant du four, et le pain qui moisit.

De l'épeautre.

Cette espèce de froment étoit plus cultivée autrefois qu'elle ne l'est aujourd'hui. Son grain est sec et sa couleur rougeâtre : il ressemble assez à l'orge par la manière dont ses épis sont disposés : il a une écorce, de la matière muqueuse sucrée, de l'amidon et de la substance glutineuse ; ce dernier principe y est même en assez grande abondance : une livre nous en a fourni près de cinq onces dans l'état mou et élastique.

L'épeautre bien nettoyé, moulu et bluté convenablement, donne une farine aussi belle que celle du gruau de froment. Elle est d'un blanc un peu moins jaunâtre : elle forme, par le moyen de l'eau, une pâte longue, tenace, visqueuse, et exhale à peu près l'odeur de colle, odeur si marquée dans la pâte de froment, et qui décèle toujours la présence de la substance glutineuse.

Du pain d'épeautre.

La farine d'épeautre ne produiroit qu'un pain lourd,

si on n'employoit à sa fabrication de l'eau moins froide, et autant de levain que pour celle de froment. Il faut travailler beaucoup la pâte, ajouter constamment du sel au bassinage, ne la point laisser trop s'apprêter, et chauffer moins le four.

Le pain d'épeautre bien fait, loin d'être noir, comme l'ont prétendu quelque auteurs, est blanc, léger, d'une digestion facile, et se conserve frais pendant quelques jours, sans rien perdre de ses agrémens : mais il faut nécessairement y ajouter un peu de sel ; autrement il seroit fade.

Du seigle.

Ce grain est, après le froment et l'épeautre, celui qui mérite la préférence pour faire du pain : aussi est-ce en Europe la nourriture principale des habitans des pays froids, où ce grain est ordinairement meilleur que dans les climats chauds. Mais il s'en faut que le pain qu'on en prépare soit également bien fabriqué ; ce qui tient aux mêmes causes que nous avons rapportées à l'égard du pain de froment.

Le seigle étoit autrefois plus commun en France qu'il ne l'est aujourd'hui : il y avoit dans tous les cantons des seigles d'hiver et des seigles de mars, au rapport d'*Olivier de Serres*.

» Touchant le seigle, appelé en latin *secale*, ou

« *ferrago*, elle est remarquée de deux espèces, dont
« l'une est de l'hiuer et l'autre du printemps : ceste-
« ci par aucuns estant appellée *tremese*, tous lesquels
« fromens et segles veulent estre semés deuant l'hiver,
« exceptés ces deux remarqués du printemps ; mais
« c'est sous cette particulière observation, comme a
« esté touché, que de loger ses froments en terre plus
« argilleuse que sablonneuse, plus humide que sèche,
« et sous un air plus chaud que froid : au contraire,
« les segles en celle qui tient plus du sable que de
« l'argille, du sec que de l'humide, et en air plus
« froid que chaud. Pour doncques conuenablement se-
« mer les fromens, est requis attendre la venue des
« pluyes ; et icelles estre passées pour adoucir et hu-
« mecter la terre ; à quoi n'est besoin viser pour le
« respect des règles : c'est suiuant l'ancien commande-
» ment :

« Les fromens semeras en la terre boueuse ;
« Les seigles logeras en la terre poudreuse. »

On distingue dans le seigle, comme dans le blé,
différentes nuances de qualité : le meilleur est celui
qui est clair, peu alongé, gros et pesant. Les mêmes
causes qui altèrent le blé, influent également sur le
seigle : les mêmes moyens le garantissent.

Il est extrêmement essentiel, avant d'envoyer le

seigle au moulin, qu'il soit encore plus sec que le froment, parce qu'il est naturellement gras et humide.
Il faut tenir les meules plus rapprochés pour moudre ce
grain.

La farine de seigle n'a pas l'œil jaune de celle du
froment ; elle est d'un blanc bleuâtre, et douce au
toucher : elle exhale une odeur de violette, qui caractérise sa bonté. Si on en fait une boulette avec de
l'eau, la pâte qui en résulte n'est pas longue et tenace ;
elle est courte, grasse, et s'attache aux doigts mouillées.

Du pain de seigle.

Quoiqu'il soit en Europe le fondement de la nourriture de beaucoup de cantons, il s'en faut bien qu'on
sache le préparer convenablement. Cependant quand le
seigle est bon, que sa farine est bien moulue, il donne un
pain assez blanc pour faire croire qu'il contient du froment.

Pour préparer le levain de seigle, on prendra la
pâte réservée de la dernière fournée ; on la délaiera
dans de l'eau chaude avec la moitié de la farine destinée au pétrissage, on formera du tout une pâte
ferme, qu'on laissera fermenter.

Le levain parvenu à son point, il faut songer au
pétrissage ; et cette opération dans toutes ses par-

ties , doit être exécutée de la manière que nous l'avons prescrite , excepté pour l'eau , qu'il faut toujours employer chaude ; et pour la pâte , qui demande à être plus ferme , quand elle est faite , on la tourne et on la met dans des corbeilles , pour apprêter à l'air en été , et dans un lieu chaud pendant l'hiver.

Lorsqu'il s'agit de la cuisson , il faut que le four soit moins chauffé que pour le pain de froment , et que la pâte y demeure plus long-tems ; il est bon même de laisser de tems en tems le four débouché , afin que le pain se ressue et cuise sans brûler.

Le pain de seigle bien fabriqué est bon , savoureux, et très-nourrissant ; il porte avec lui une sorte de parfum qui plaît à tout le monde ; et si les préjugés l'ont fait regarder comme lourd , indigeste , et propre seulement aux estomacs vigoureux , c'est quand il est mal fabriqué. La mouture et la boulangerie bien dirigées , pourront toujours assimiler ses qualités au pain de froment , sans néanmoins réunir jamais le coup d'œil agréable de ce dernier.

Du méteil.

On comprend sous ce nom un mélange de froment et de seigle , semés et récoltés ensemble dans des proportions différentes ; ce qui a donné lieu aux dénominations *de méteil*, *gros méteil*, *petit méteil* et *blé ramé*. Les désavantages réels de cette coutume préjudiciable à l'économie, sont connus ; mais les vérités ont une peine infinie à braver les préjugés : il faut aux hommes une longue expérience pour être persuadés.

Les personnes qui boulangent chez elles, mêlent quelquefois par goût, par habitude ou par écono-mie un peu de seigle dans leur blé, sans avoir recueilli de méteil : mais ils commettent une faute, en voulant moudre ces deux grains ensemble ; il faut les séparer, et employer leur farine à part ; c'est-à-dire celle de froment en levain.

Du pain de méteil.

Nous croyons que le méteil contenant tantôt plus de seigle que de froment, et tantôt plus de ce dernier que du premier, ce mélange doit produire des effets différens dans les résultats en pain. Cependant le meilleur méteil pour les habitans des villes, sera toujours celui qui contiendra un tiers de seigle sur deux de froment ; et pour ceux des campagnes, parties égales de ces deux grains, dont on aura séparé le gros et le petit son.

Les avantages de cette composition de pain sont infinis ; et il seroit bien à souhaiter, que dans les cantons à froment, on ne bornât point la culture du seigle

à

à se procurer seulement des liens, mais qu'on voulût
bien faire entrer constamment sa farine dans la fabrication du pain.

Pour préparer le levain de méteil, on délaiera la
portion de pâte de la dernière fournée avec de l'eau
tiède et de la farine de froment, pour former la moitié du total ; et on ajoutera le restant de la farine de
seigle pour pétrir, en suivant les procédés mixtes des
deux pains qui doivent s'en rapprocher ou s'en éloigner.

Le pain de méteil est l'aliment habituel des cultivateurs même les plus aisés. Il tient le premier rang après
le pain de froment : il est bon, savoureux et très-
nourrissant : il participe des deux grains farineux les
plus propres à nourrir les Européens : il a même un
avantage que n'a pas le pain de froment ; il reste frais
long-tems, sans presque rien perdre de l'agrément qu'il
a dans sa nouveauté, avantage précieux pour les habitans de la campagne, qui n'ont pas le tems de cuire
souvent.

Nous oserions même ajouter, n'en déplaise aux cita-
dins, qui font consister la qualité du pain dans son
extrême blancheur et sa très-grande légèreté, que
l'homme qui n'est pas livré à des exercices violens
doit craindre une nourriture trop forte, sur-tout lorsqu'il peut joindre à son pain des alimens plus ou moins
succulens et sans bornes.

A a a

De l'orge.

L'orge ou escourgeon, mondé de sa première enveloppe, ressemble, pour la couleur et pour la forme, au blé de mars. Le meilleur est dur, pesant, se cassant avec difficulté sous la dent, et présentant dans son intérieur une matière farineuse compacte.

Pour tirer parti de l'orge au moulin, il faut éloigner la meule courante, afin de concasser seulement le grain, et séparer la première écorce. On le convertit ensuite en farine, comme les gruaux de froment.

La farine d'orge est presque toujours défectueuse, à cause de la première enveloppe qui s'écrase un peu sous les meules. Elle est sèche, rude au toucher, ayant un œil rougeâtre : elle se durcit volontiers à l'air, étant mise en boulette avec de l'eau ; mais cette boulette, en s'alongeant, se rompt, et est encore plus courte que celle du seigle.

Du pain d'orge.

Il faut, pour le pain d'orge, employer la moitié de la farine à la préparation du levain. Parvenue au pétrissage, la pâte doit être bien travaillée, et sur-tout bassinée, c'est-à-dire, qu'on doit y incorporer un peu d'eau après qu'elle est faite. Cette opération (le bassinage) à

laquelle nous attribuons un très-grand effet, unit davantage les parties les plus grossières de la farine, donne
à la pâte autant de liaison et de viscosité qu'elle est
susceptible d'en prendre, facilite l'action du levain, et
met la pâte dans le cas de fermenter plus aisément.

La pâte d'orge exige un apprêt plus avancé que celle
du seigle et du méteil. A l'égard de la cuisson, il faut
que le four soit un peu moins chauffé, et que le pain
y séjourne plus long-tems.

Le pain d'orge le mieux fabriqué est toujours rougeâtre, sec, dur et cassant : la mie n'est ni flexible,
ni spongieuse : à peine conserve-t-il, peu de tems après
la cuisson, cette qualité qui appartient à toute espèce
de pain frais, celle d'être tendre et humide au sortir du
four.

Quand on le peut, il est infiniment avantageux d'associer l'orge avec le froment ou le seigle dans l'état
de levain. Ces deux grains lui communiquent les propriétés dont il est privé, pour produire un pain mieux
conditionné.

Du maïs.

On doit regarder ce grain comme un des plus beaux
présens que le nouveau-monde ait fait à l'ancien : car,
indépendamment de la nourriture salutaire que les
habitans des campagnes de plusieurs provinces retirent

du maïs, il n'y a rien que les animaux de toute espèce aiment autant, et qui leur profite davantage. Il fournit du fourrage aux bêtes à corne, la ration aux chevaux, un engrais aux cochons et à la volaille.

Mais les avantages économiques du maïs sont bien connus des habitans du Languedoc. Cette plante est depuis long-tems au nombre des productions les plus dignes de leurs soins et de leurs hommages : formons des vœux pour qu'elle soit également adoptée dans tous les endroits qui conviennent à sa végétation !

Du pain de maïs mélangé.

La farine de maïs est plus ou moins colorée, selon la variété du grain dont elle provient. Celle du maïs blanc est d'un blanc mat, tandis que le maïs jaune donne une farine qui a cette nuance. Si l'on en fait une boulette avec l'eau, elle se casse aisément, parce qu'elle n'a pas beaucoup de liaison.

Quoique le maïs ne serve pas en Languedoc sous la forme de pain, et qu'il soit plus ordinaire d'en préparer de la bouillie ou des gâteaux, connus sous le nom de *pain de millet, millasse, cassolè,* nous croyons cependant devoir rapporter ici les deux procédés qui nous ont paru les meilleurs pour donner à ce grain cette forme alimentaire sous laquelle on consomme en partie le maïs dans les cantons qui avoisinent cette province.

Supposons qu'on veuille fabriquer du pain composé de farine de maïs et de farine de froment, à parties égales; voici de quelle manière il faut procéder. Le soir, la veille de la cuisson, on prendra le morceau de levain mis de côté de la dernière fournée; on le délaiera avec la farine de froment, et de l'eau froide en été, et chaude en hiver; on formera du tout une pâte très-ferme, qu'on laissera fermenter dans le pétrin pendant toute la nuit.

Le lendemain matin, on mettra la farine de maïs dans le pétrin, au milieu de laquelle on pratiquera une cavité pour y déposer le levain, et demi-gros de sel par livre de pâte, que l'on délaiera très-exactement avec de l'eau chaude. On pétrira le tout vivement et légèrement, de manière à donner au mélange le plus de liant et de viscosité possible.

On divisera après cela toute la masse en portions de deux, quatre, six et huit livres, qu'on façonnera et qu'on distribuera dans des corbeilles ou sur des planches, pour lever. On aura soin, pendant ce tems, de chauffer le four : on enfournera la pâte, et on la laissera cuire pendant une heure et demie ou deux heures, selon la saison, et le volume des pains; mais il faut toujours que le four soit un peu moins chaud, et que la pâte y séjourne plus long-tems que pour le pain de pur froment.

Ce pain, quand les farines qu'on y a employées sont bien faites, est fort agréable à l'œil et au goût, assez bien levé, d'un jaune clair, et toujours humide.

Du pain de maïs sans mélange.

On met dans le pétrin toute la farine de maïs qu'on destine à la fournée ; on la divise en deux portions égales : l'une est employée à préparer le levain, et l'autre à faire la pâte.

On prend la moitié de la farine de maïs, au milieu de laquelle on pratique une cavité pour y déposer le morceau de levain mis en réserve de la dernière fournée. On y verse de l'eau chaude, ayant soin de la bien mêler avec la pâte : la masse étant bien couverte, on la laisse fermenter toute la nuit.

Le lendemain matin, on ajoute à la pâte le restant de la farine, un gros de sel par livre de pain, et de l'eau pour en former une pâte molle. Lorsqu'on s'apperçoit que la pâte est suffisamment levée, on la délaie de nouveau avec de l'eau froide en quantité suffisante pour lui donner encore moins de consistance ; on en remplit ensuite des terrines garnies de grandes feuilles de châtaignier ou de choux, qu'on a fait faner en les approchant du feu.

Les terrines étant remplies à un pouce près, on les met au four : la pâte se gonfle un peu en cuisant, ce qui augmente la croûte, qu'on laisse cuire autant qu'il est nécessaire.

Quelque tems après que la pâte est au four, il faut la renverser des terrines, afin d'achever plus promptement et plus efficacement la cuisson : le pain s'en détache aisément, ainsi que les feuilles.

Nous n'avons pas déterminé ici la quantité d'eau à employer au pétrissage, parce qu'elle dépend de la sécheresse du maïs, et de la manière dont il a été moulu. Nous observerons seulement que la pâte préparée pour le levain, doit être plus ferme que celle à mettre au four : l'expérience et l'habitude apprendront d'ailleurs à ne pas se tromper sur cet objet.

Le pain de maïs pur est toujours gras et compacte, les yeux en sont petits, de quelque manière que nous nous y soyons pris pour le préparer : il se moisit d'autant plus vîte que la saison est plus chaude et que les masses sont plus considérables.

Du sarrasin.

Le grain dont il s'agit n'appartient pas à la riche famille des graminées : c'est la semence d'une plante originaire d'Afrique , qui croît assez volontiers par-tout , et dans l'espace de trois à quatre mois au plus.

On doit le choisir sec et pesant : il est composé d'une enveloppe épaisse et noire, tandis que l'intérieur est fort blanc. Ce grain donne en conséquence beaucoup de son et peu de farine ; elle est même toujours piquée , à cause de l'écorce que les meules y répandent. Il seroit donc à desirer que le meunier accoutumé à moudre le sarrasin, l'écrasât sans trop hacher l'enveloppe, qu'il fît ce qu'on appelle une mouture ronde , dans laquelle le son est toujours large, sec et plat.

Du pain de sarrasin.

La pâte de farine de sarrasin demande presque autant de travail pour être convertie en pain que celle d'orge : il faut toujours , comme pour les autres pains, un levain jeune et très-abondant, de l'eau chaude , un pétrissage vif , afin qu'elle acquière cette tenacité et ce liant qui forment le soutien de la pâte en fermentation et la voûte du pain qui cuit : on déposera cette pâte dans des corbeilles qu'on exposera au chaud , afin de favoriser l'apprêt ; on la mettra au four avant qu'elle soit à son vrai point ; on l'y laissera un peu plus de tems que la pâte d'orge , parce qu'elle est plus grasse, et par conséquent plus difficile à cuire.

Voilà

Voilà les seuls moyens d'après lesquels il est permis
de se flatter qu'on pourra préparer avec la farine de sarrasin un pain meilleur qu'il n'est ordinairement, sans
néanmoins être encore très-bon. On a beau faire, il ne
reste pas frais long-tems. Dès le lendemain de sa cuisson il se sèche, se fend, s'émiette, et finit par devenir
insupportable. En mêlant ce grain en farine avec celle
du froment sous forme de levain, on pourroit corriger
une partie de ces défauts.

Des pommes de terre.

Comme il pourroit arriver que par une suite de mauvaise récolte, ou par l'oubli des précautions, les grains
destinés à la fabrication du pain ne se trouvassent pas
en proportion avec la consommation journalière, nous
avons pensé que ce végétal employé en dernier lieu
avec succès à augmenter la masse du pain de quelques
cantons, deviendroit peut-être pour le haut et le bas
Languedoc un supplément également avantageux en
cas de disette de grains.

Quand on réfléchit que les années les moins riches en
grains sont extrêmement abondantes en pommes de terre,
et vice versâ, on ne peut qu'être surpris et même scan-
dalisé que, dans beaucoup de cantons les plus propres
à cette production, il règne encore de la défiance à l'é-

Bbb

gard de ce dédommagement dont il ne tiendroit qu'à nous de profiter. Cette plante ne craint ni la grêle, ni le vent, ni la coulure, ni les autres accidens qui arrivent à nos champs et à nos vergers : elle se plante après toutes les semailles, et se récolte après toutes les moissons. Elle peut remplacer les diverses semences dont on nourrit les bestiaux : les chevaux la mangent volontiers; elle procure beaucoup de lait aux vaches ; elle engraisse tous les animaux de basse cour ; enfin il est possible de la substituer au son avec autant d'avantage que d'économie.

Du pain de pommes de terre mélangé.

La pomme de terre n'a pas toujours besoin de l'appareil de la boulangerie pour devenir une nourriture substantielle et bienfaisante ; la nature y a suffisamment pourvu : elle renferme les différentes substances essentielles au méchanisme de l'aliment. C'est une sorte de pain que la Providence offre tout fait aux hommes ; elle n'a même besoin que de la simple cuisson pour prendre tous les caractères d'une nourriture très-digestible.

Mais il est certains peuples auxquels il faut absolument du pain, et ils croiroient n'être pas nourris, si l'aliment ne leur étoit presenté sous cette forme : or, dans la circonstance où il n'y auroit pas suffisamment de grains , on seroit trop heureux de trouver dans les pommes de terre de quoi y suppléer : c'est d'ailleurs une forme de plus pour en prolonger la durée d'une récolte à l'autre, et multiplier les ressources ; elles completteroient la subsistance journalière , et remplaceroient l'aliment habituel sans aucun inconvénient. Enfin ce se-roit encore un moyen de les faire servir à la nourriture , soit qu'elles eussent été surprises par la gelée ou par la germination , soit qu'elles péchassent du côté de la maturité.

Pour préparer du bon pain de pommes de terre , il faut que ces racines s'y trouvent dans la proportion de parties égales avec la farine des autres grains.

Pour cet effet , on fera cuire les pommes de terre dans l'eau ; on en ôtera la peau, on les écrasera bouillantes avec un rouleau de bois , de manière qu'il ne reste aucuns grumeaux et qu'il en résulte une pâte unie, tenace et visqueuse ; on prendra la moitié de la farine destinée à la pâte , dont on préparera le levain d'une part ; de l'autre les pommes de terre écrasées et broyées sous un rouleau de bois ; on mêlera l'un et l'autre avec le restant de la farine , et ce qui sera nécessaire d'eau chaude. Quand la pâte sera suffisamment levée, on l'enfournera , en observant que le four ne soit pas autant chauffé que de coutume, et on aura soin de la laisser cuire plus long-tems. Ce pain est bon, savoureux, bien levé, se tient frais long-tems, et est d'une bonne digestion.

Pain de pommes de terre sans mélange.

Avant de transformer les pommes de terre en pain, il faut les y rendre propres par des opérations préliminaires qui mettent leur parties constituantes en état de se combiner avec l'eau, et d'acquérir par ce moyen une mollesse et une flexibilité favorables au pétrissage, ainsi qu'au mouvement de fermentation panaire qui doit s'y établir.

On divise les pommes de terre lavées, à l'aide d'une rape montée sur un chassis; et ces racines, ainsi rapées, offrent une pâte liquide qu'on délaie dans l'eau avec les mains : on verse le tout dans un tamis placé au dessus d'un autre vase. L'eau passe trouble à travers, et entraîne avec elle l'amidon, qu'on trouve déposé à la partie inférieure. On jette l'eau, et on en ajoute de nouvelle, jusqu'à ce qu'elle cesse d'être teinte : on décante le précipité, et on l'expose par morceaux au soleil ou à l'étuve; à-mesure qu'il se sèche, il prend l'état blanc et brillant, C'est un amidon qui, tamisé à-travers des bluteaux d'un tissu serré, acquiert une ténuité qui le rend comparable au plus bel amidon de froment.

D'un autre côté, on prend les pommes de terre cuites

et converties en pâte, comme on l'a déja dit ; on en
mêle une demi-livre, autant de leur amidon, quatre
onces d'eau et un peu de levain ordinaire : le mélange
est mis dans un endroit chaud pendant trois heures ;
au bout de ce tems, on ajoute ce levain à un même
poids d'amidon et de pulpe, et un demi-gros de sel : on
pétrit le tout, on divise la pâte, on la façonne, on la
distribue par pains d'une demi-livre, qu'on met dans des
pannetons pendant deux ou trois heures ; on les met
au four, et on les y laisse encore une heure et demie.

Le pain de pommes de terre est donc composé de
moitié amidon et moitié pulpe, d'un demi-gros de sel
par livre de mélange. L'eau, qui forme le cinquième
environ de la masse générale, se dissipe en entier durant la cuisson ; ensorte que, pour obtenir une livre
de ce pain, il faut trois livres et demie de pommes de
terre, c'est-à-dire neuf onces d'amidon et autant de
pulpe : mais il est important de remarquer que, dans
ce déchet, nos racines n'ont perdu que leur humidité
surabondante ; la matière nutritive qu'elles renferment,
loin d'avoir été affoiblie dans ses effets, n'a pu que
beaucoup gagner par la fermentation panaire, qui, comme
l'on sait, améliore tous les farineux indifféremment, en
augmentant leur volume et leur dissolubilité dans l'estomac.

Observations.

Dans les recherches qu'on pourroit faire par la suite sur les différens moyens qu'il seroit possible d'employer pour préparer avec tous les grains un meilleur pain, on ne parviendra jamais à rendre cet aliment aussi léger et aussi bon que celui de froment. Le principe, auquel ce dernier doit sa supériorité, n'existe pas dans les autres, du moins avec les caractères qui leur appartiennent essentiellement ; et son absence deviendra toujours un obstacle à ce qu'on puisse jamais en venir à bout : mais, comme le blé et l'épeautre contiennent une surabondance de cette viscosité qui constitue le corps de la pâte et la charpente du pain qui cuit, ils peuvent aisément la communiquer aux autres grains qui en sont dépourvus, et les aider par là de leurs propriétés : mais cet auxiliaire, qui tourne entièrement au profit de leurs farines, est toujours aux dépens de l'agent principal, le froment, qui perd d'autant de sa légéreté et de sa blancheur.

Mais dans un pain déja compacte par lui-même, il est ridicule d'y faire entrer des semences et autres végétaux, dont les parties entre elles n'ont aucune adhésion, et qui offrent le contraste du pain. Le ridicule est bien plus grand encore, lorsqu'on prétend faire du pain avec ces substances , sans autre addition qu'un levain foible et en petite quantité.

Tous nos efforts ne viendront donc jamais à bout d'empêcher que les reproches qu'on fait à l'état massif, visqueux et pesant du pain de maïs , d'orge et de sarrasin , ne soient fondés : et nous croyons que, si le pays est assez depourvu de froment et de seigle , il vaudroit mieux les préparer sous une autre forme , à-moins que celle-là ne soit préférée ; car la proscription subite d'un aliment est toujours suivie d'inconvéniens : il faut donner quelque chose à l'habitude , dont le pouvoir impérieux n'est jamais brusqué sans quelque danger ; d'ailleurs, si les pains des autres grains, comparés avec celui de froment bien fabriqué , nous paroissent si défectueux , c'est, sans doute, d'après leur état grossier et compacte , qu'on a conclu qu'ils étoient pesans ; car l'usage y accoutume insensiblement les organes. Ce qui nous afflige , c'est que ces mauvais pains reviennent souvent plus chers aux malheureux qui s'en alimentent, que le pain de froment ou de seigle le mieux fabriqué.

Mais il y a encore d'autres pains usités dans quelques cantons de la province , tels que ceux d'avoine et de millet. Ces deux grains contiennent plus d'écorce que de farine pour fournir un bon pain. Celui du premier est lourd, gris et fort amer : le pain du second est fade , compacte et sec. Il vaut mieux, quand on n'a pas d'autres ressources alimentaires , les consommer dans l'état de gruaux ou de bouillie , quoique, sous cette forme , ils n'offrent pas tous les avantages du pain.

Si le blé est de tous les grains celui dont on fait le meilleur pain , c'est aussi celui qui donnera la bouillie la moins saine ; tandis que le maïs , le sarrasin , dont le pain est le plus grossier , fournira la bouillie la plus délicate.

Nous ne croyons donc point qu'il y ait de formes plus avantageuses, pour consommer le blé et le seigle , que la forme panaire ; et celle de la bouillie pour les autres grains. Nous pensons même que , dans le nombre, plusieurs mériteroient d'être proscrits , ou qu'il faudroit en restraindre la consommation parce qu'ils contiennent peu de matière farineuse , et encore par la raison que souvent ils ne dédommagent pas les fermiers des frais de labours et d'engrais. L'avoine par exemple, dont la culture absorbe beaucoup de bons terreins et les appauvrit , parce que ses racines calent considérablement , est déja remplacée avec succès dans quelques cantons de l'Europe par l'orge , plante d'une végétation plus facile et d'une récolte plus certaine , qui produit en même tems une nourriture plus subs-tantielle et plus abondante que ce grain. D'ailleurs les chevaux ne rendent-ils pas l'avoine aussi entière qu'ils
l'ont

l'ont avalée, et sans qu'elle ait souffert dans les premières voies la moindre altération.

Le sarrasin, ce grain si riche en son et si pauvre en
farine, avec lequel on prépare une bouillie peu substantielle et le plus misérable de tous les pains, n'auroit pas manqué d'être proscrit du royaume par Sully,
si, comme ce ministre en avoit le projet, les cultures
eussent été, de son tems, aussi variées et aussi multipliées qu'elles le sont maintenant.

Les partisans du sarrasin ne manqueront pas d'objecter ici, que ce grain vient dans les terrains les plus
maigres, qui ne rapporteroient point en froment et en
seigle la semence qu'on y auroit jetée : mais la récolte
alors est peu abondante, et dédommage à peine des frais
de culture. Il vaudroit mieux couvrir ces terres de la
grosse pomme de terre blanche hâtive, qui croît facilement par-tout, ne manque presque jamais, et a des
avantages économiques inappréciables. M. *Deladebat*
en Guyenne, et M. de *Puimaurin* fils en Languedoc,
qui s'occupent à en répandre les meilleures espèces et
les plus productives, deviendront sans doute, en ce
genre, les bienfaiteurs de leur patrie.

Il y a lieu de croire que les habitans des provinces
méridionales se livreront davantage à cette culture
intéressante, dès qu'ils sauront que c'est le moyen
le plus assuré d'écarter la famine de nos foyers ; que

C c c

la pomme de terre, admise au nombre des végétaux qu'ils récoltent, les mettra à portée d'entretenir une plus grande quantité d'animaux propres au labourage, et sur-tout à donner du fumier, au moyen duquel on augmente infiniment les produits des terres.

Une observation essentielle, c'est que toutes les fois qu'il s'agira d'employer ces racines à la fabrication du pain, soit pur, soit mélangé, c'est toujours sous la forme de pâte tenace et glutineuse qu'il faut les réduire; et on leur donne aisément cette forme, en les faisant cuire dans l'eau ou au four, et les écrasant sur le champ au moyen d'un rouleau de bois : cette opération est d'autant plus utile, que les pommes de terre, en cet état, donnent de la liaison à l'amidon et à la farine des différens grains qui péchent par ce côté. Elles favorisent le mouvement de fermentation, et apportent des changemens heureux à tous les pains dont elles font partie.

Mais, malgré la certitude où nous sommes que le froment est le plus précieux des grains, et le pain qui en résulte le meilleur de nos alimens, quoique nous n'ayons traité dans ce mémoire que de la panification des différens farineux, nous sommes bien éloignés de prétendre donner l'exclusion aux autres formes sous lesquelles ils servent de nourriture ; nous pensons même qu'on ne sauroit trop chercher à ridiculiser cette manie du jour, qui propose de tout mettre en pain, sans faire

attention que c'est absolument contre le vœu de la
nature que l'on s'obstine à vouloir réduire les farineux
indistinctement à une seule et même préparation. Combien de fois, en ignorant celle qui leur convient, ne les
dénature-t-on pas à grands frais, pour n'en apprêter
qu'une mauvaise nourriture, et fort chère !

A R T I C L E   X X I.

RÉFLEXIONS GÉNÉRALES SUR LES EFFETS DU PAIN.

Le pain est un objet trop précieux à la santé, et trop
avantageux parmi les agrémens de la vie, pour dédai-
gner les moyens simples de le mieux fabriquer. Mais
pour que cet aliment puisse réunir les différentes qualités qu'on lui connoît, il ne faut pas s'écarter de la
méthode que nous avons indiquée, concernant sa préparation, ni oublier sur-tout d'employer constamment
de l'eau plutôt tiède que chaude, des levains jeunes et
en grande quantité, un pétrissage vif et léger, une fermentation douce et non interrompue, une cuisson mé-
nagée et complète. Il ne faut pas que l'on fasse entrer
dans sa composition aucuns supplémens qui, en gros-
sissant la masse, diminuent à-la-fois son volume, sa
saveur et ses facultés nutritives. Il convient encore
d'attendre, pour le manger, qu'il soit entièrement

refroidi ; car au sortir du four , il est gras , visqueux, et son usage pourroit occasionner des accidens. Rien n'est plus facile que de rendre le pain toujours égal , agréable et bienfaisant, sans qu'il en coûte plus de soins, de frais et de tems. Il faut, selon le précepte de l'école de Salerne,

> Que le pain soit bien cuit , léger , d'un bon levain ;
> S'il n'est pas tel , il n'est pas sain.

Les louanges données de toutes parts au pain , le font regarder comme un bienfait accordé à la société. En effet , l'habitude nous a fait contracter une si grande disposition à l'usage de cet aliment, que son goût est celui que nous perdons le dernier, et son retour est le signe le moins équivoque de la convalescence. Il convient à tout âge et à toutes sortes de tempéramens ; il corrige les autres nourritures, et influe sur nos bonnes ou nos mauvaises digestions ; il accompagne tous les mets, depuis le commencement jusqu'à la fin du repas ou frugal du pauvre, ou somptueux du riche ; enfin , il semble tellement propre à notre constitution, qu'à peine nous respirons, que nous montrons déja pour lui une sorte de prédilection , et qu'ensuite, dans le cours de la vie , nous ne nous en lassons jamais.

Ce sont ces excellentes qualités , reconnues et avouées par ceux auxquels le pain sert de nourriture fondamentale , qui nous ont portés à en développer

tous les avantages, et à avancer que si tous les grains
farineux, depuis le froment jusqu'au riz, pouvoient se
prêter au mouvement de fermentation panaire, le pain
seroit l'aliment de tous les climats et de tous les
peuples.

Le pain n'est point un farineux ; l'opération qui
amène celui-ci à cet état, en a changé entièrement la
nature et les propriétés. Un pétrissage bien exécuté
introduit dans la pâte une grande quantité d'air et
d'eau, atténue et divise les parties constituantes, les
pénètre jusqu'aux plus petites parcelles ; une fermentation douce et graduée leur fait occuper plus de
volume ; la cuisson les réunit et les combine au
point de ne plus offrir qu'un tout homogène, agréable
et soluble, tandis que les grains entiers ou moulus,
crus ou cuits, dans l'état de gruau, de bouillie ou
de galette, toutes préparations qui ont été pendant des
siècles le pain journalier des Européens, ne présentent
souvent qu'une nourriture collante, visqueuse, fade, dont
l'usage est quelquefois suivi de vents et de flatuosités.

S'il s'agissoit aussi de comparer les travaux et les
frais qu'exige la préparation du pain, avec ceux que
demandent les autres formes sous lesquelles les farineux
servent également de base à la subsistance principale,
on conviendroit aisément que le grain, pour arriver à
l'état de pain, loin d'avoir été dénaturé, dans ses pro-

priétés alimentaires, ne fait, par les changemens successifs qu'il a éprouvés, qu'avancer vers sa perfection, puisqu'en acquérant du volume et du poids, il augmente d'un tiers au moins du côté nutritif.

En exagérant les travaux, les gênes et la dépendance, auxquels la culture du blé et la fabrication du pain semblent nous assujettir, on n'a pas fait attention sans doute, que dans un seul petit endroit, cinq ouvriers au plus peuvent, en moins de quinze heures, apprêter pour trois mille hommes leur nourriture fondamentale, qu'il est possible de porter par-tout, de confondre avec tout, sans courir les risques qu'elle perde aucune de ses qualités. Le soldat à l'armée, le matelot en mer, le voyageur en route, le journalier qui va travailler loin de chez lui, ne trouvent-ils pas dans le pain une ressource qu'aucune autre ne pourroit remplacer ? Tant d'avantages incontestables suffisent bien sans doute pour compenser les soins que demande sa préparation, et prouvent en même tems que le blé et le pain ne sont pernicieux ni du côté de la politique, ni du côté du moral et du physique, ainsi qu'un écrivain fameux a essayé de le démontrer.

Le pain n'est pas seulement l'aliment le plus facile à préparer, le plus commode à transporter, et le plus économique dans son usage ; mais encore il n'en existe pas de plus analogue à la constitution humaine : il renferme les différentes parties qui constituent essentiellement. la nourriture : il se pénètre pendant la mastication des sucs salivaires, nettoie les dents et les gencives, acquiert dans la bouche une modification qui le dispose à une bonne et facile digestion : enfin il seroit difficile, dans la multitude des alimens qui composent la masse des subsistances, d'en désigner un qui, pour la bonté du chyle qu'il fournit, l'emportât sur le pain.

. Quoiqu'il existe plusieurs questions sur les effets du pain dans l'économie animale, nous ne ferons mention ici que des plus importantes. On est, par exemple, dans l'opinion que chaque espèce de pain qu'on obtient des différens grains, a une propriété particulière. Sans doute il est possible que le premier jour où l'on aura fait usage de ces pains, on se soit apperçu de quelque légère altération dans l'économie animale, parce que toutes les fois que l'on change de nourriture, de quelque espèce qu'elle soit, fût-elle même meilleure que celle à laquelle on étoit accoutumé, cette économie s'en ressent ; mais l'habitude en est bientôt contractée, et cette loi est générale pour tous les êtres. Ainsi le pain dont on continue l'usage, ne conserve que la vertu alimentaire, comme toute espèce de vin conserve la vertu corroborative et cordiale. On peut seulement établir que le pain sera d'autant plus digestible et substantiel, que les grains qu'on y aura employés, seront d'une pesanteur spécifique plus considérable, et qu'il ne sera ni gras, ni pâteux, ni collant.

Une autre opinion que nous avons à combattre, c'est celle qui prétend que plus le pain est massif et ferme, moins il passe vîte et mieux il nourrit, parce qu'il demeure plus long-tems dans l'estomac, et que par conséquent il convient davantage aux hommes adonnés à des exercices journaliers, qui ont besoin d'aliment grossier et compacte. Mais il paroît qu'on n'a pas fait assez attention à la véritable manière d'agir de la nourriture.

L'expérience journalière prouve que plus le pain a de volume, plus il est nourrissant ; parce qu'ayant un plus grand nombre de surfaces, les sucs de l'estomac peuvent en extraire plus facilement et plus abondamment de quoi former la matière du chyle. D'ailleurs il ne suffit pas d'être nourri, il faut encore être lesté ; il faut que les alimens remplissent la capacité du viscère. Or, le pain qui a le plus d'étendue, est celui qui produit le plus complettement ce double effet ; et fabriqué selon la meilleure méthode, il sera réellement plus alimentaire, et rassasiera davantage.

Quatre livres de farine, réduites en pâte ferme, et traitées d'après les procédés défectueux de la boulangerie, peuvent fournir cinq livres et demie de pain, qui aura une étendue d'un pied carré. Or, il est prouvé

qu'en

qu'en suivant la bonne méthode, la même quantité de farine fournira au moins six livres de pain, et aura le double de volume. Cette circonstance a singulièrement frappé plusieurs bons observateurs, qui nous ont écrit pour nous confirmer dans cette opinion.

Qu'on ne croie cependant pas qu'en insistant sur la nécessité de donner du volume au pain, nous prétendions insinuer qu'il faudroit, d'après nos principes, préférer, pour les habitans des campagnes, le pain mollet, dont l'excessive légèreté est autant éloignée du pain de pâte ferme, que ce dernier diffère du pain mal fabriqué que consomment pour l'ordinaire les cultivateurs.

Toutes les parties qui constituent le blé, que la mouture confond, et que la bluterie présente à part, sont destinées à aller ensemble. Les farines blanches, les farines bises ont des propriétés différentes entre elles ; et de leur mélange il résulte un composé qui fournira sans contredit l'aliment le plus salubre et le plus substantiel, dont les citoyens de toutes les classes puissent faire usage avec profit : en un mot, c'est le véritable pain de ménage. Nous terminerons ces réflexions générales par une observation toujours relative aux avantages qu'on peut retirer des grains sous forme de pain.

Si le pain est recherché par l'homme de toutes les contrées, et qu'il n'y ait pas de nations chez lesquelles

Ddd

on ne serve sur les tables cet aliment comme un mets de luxe ou de sensualité , nous voyons aussi les quadrupèdes , les volatiles , les reptiles , se jeter avec avidité sur le pain. Cela posé , ne pourroit-on pas tirer un meilleur parti des grains qu'on donne aux animaux , qui les rendent presque sans altération et sans en avoir obtenu par conséquent rien d'alimentaire ?

Nous sommes d'autant plus portés à croire que notre proposition n'est pas dénuée de vraisemblance , que dans une disette de fourrages, on a été souvent obligé de donner du pain aux chevaux pour les remplacer ; et M. *de Chancey* fils , de la Société Royale d'Agriculture de Paris , vient d'adopter cet usage pour ses volailles et ses mulets. Cet observateur exact, animé d'un zèle vraiment patriotique , a remarqué que l'engrais du bétail destiné aux boucheries , coûte dans le Lyonnois environ six quintaux de farines pour chaque bœuf , et en proportion pour les cochons et autres animaux ; que trois livres de pain nourrissoient autant que quatre livres de farine ; qu'il y auroit même encore du bénéfice à ne pas donner les sons en nature , mais dans l'état de pain , en les mélangeant avec la farine de maïs , d'avoine , de sarrasin , et même avec la pulpe de pommes de terre. Les frais de cuisson sont presque nuls à la campagne : lorsqu'on chauffe son four , il n'en coûte pas davantage pour cuire quelques pains de *plus*.

Nous ajouterons que M. *de Chancey* a même eu sur cet objet d'économie un entretien avec le Directeur de l'Ecole Vétérinaire de Lyon, homme de mérite, dont l'opinion s'est trouvée conforme à la sienne : il pense en outre que l'état panaire donné aux farineux, procureroit une nourriture infiniment plus salubre que l'avoine et même le son ; qu'elle n'auroit point le défaut de faire naître des vers dans le corps de l'animal, ainsi que le fait le son ; que le pain trempé dans l'eau et émietté, remplaceroit avec avantage la farine qu'on y met pour composer ce que l'on appelle l'eau blanche ; qu'enfin la fermentation et la cuisson ne pouvoient que concourir à perfectionner toutes les matières farineuses, en même tems qu'elles les rendoient plus volumineuses, et plus profitables par conséquent pour l'effet alimentaire.

ARTICLE XXII.

Observations relatives aux essais, a la taxe et au commerce du pain.

Nous terminerons ce Mémoire par quelques observations relatives aux essais, à la taxe et au commerce du pain : elles ont toujours pour objet l'amélioration de l'aliment principal, et la diminution de son prix. Ce sont des vues générales de citoyens accoutumés à respecter les propriétés, et ennemis de toute innovation,

que nous nous faisons un devoir de soumettre aux lumières du Corps auguste de la Magistrature du Languedoc ; c'est à lui qu'il appartient spécialement d'en
apprécier la valeur. Puisse notre travail faire obtenir
aux habitans de cette province tous les avantages qu'ils
ont droit d'attendre des produits de leur sol et de leur
climat !

Des essais.

Il est important sans doute que le commerce du pain
soit sans cesse éclairé et surveillé, puisque la matière
qui en est l'objet, intéresse directement la vie des
citoyens et la tranquillité publique. Mais en ménageant
les intérêts du peuple, on doit bien prendre garde de
blesser ceux du boulanger : car il faut nécessairement,
pour que le pain puisse être fait d'une manière convenable, qu'il soit utile en même tems à celui qui le
débite.

S'il s'élève souvent des contestations entre les Offi-
ciers de Police et les boulangers, c'est que ceux-ci
demandent quelquefois trop, lorsque les autres n'accordent point assez, ensorte que, au lieu de réclamer les
lumières acquises en ce genre, et les autorités des Physiciens consultés par le Gouvernement sur cet objet,
tous s'obstinent à remonter à des tems d'ignorance,
pour invoquer des tarifs beaucoup trop anciens, la

plupart fautifs, parce que les essais destinés à leur servir de base, malgré les vues de justice et d'humanité
qui y ont présidé, ont été originairement défectueux.
Ainsi il arrive que dans certains cantons, le pain coûte
infiniment trop cher, tandis qu'ailleurs son prix se
trouve audessous de la valeur réelle des grains.

De-là ces discussions éternelles dont retentissent si
souvent les Tribunaux. Cependant les Juges de Police
préposés pour faire les réglemens concernant la taxe
du pain, ne doivent point oublier que tous les hommes
ont un droit égal à l'esprit d'équité qui les guide ; qu'en
augmentant les produits d'une quantité de blé quelconque, et diminuant les frais réels de fabrication, ce
doit être un malheur pour le boulanger. Le peuple qu'on
auroit en vue de soulager par ce moyen, n'en retireroit
même aucun profit ; car le premier, pour parvenir à
retirer ces produits exagérés, et se soustraire à sa ruine,
forceroit les résultats de la mouture et de la panification, en ne fabriquant qu'un pain surchargé de son et
d'eau, c'est-à-dire, un pain bis, pâteux, mal cuit et
peu nourrissant.

Il convient de remarquer que dans les essais bien
faits, tout est compté, observé et pesé ; on ne perd pas
un seul grain, pas une pincée de farine, pas un petit
morceau de pâte : mais le boulanger ne prend pas tant
de précautions ; il envoie son blé au moulin sans le

peser ni le cacheter ; le voilà livré aux talens et à la discrétion du meunier , qui , n'étant ni inspecté, ni guidé , moud à sa guise , et rend ce qu'il veut. La même économie n'a point présidé aux opérations de sa fabrique : jamais il ne pourra obtenir des résultats semblables ; la crainte et l'amour-propre, qui sollicitent le meunier de remplir le véritable but de la mouture, qui lui en imposent même quelquefois sur ce qu'il nomme les ressources de son art, dès qu'il est enveloppé de tout l'appareil judiciaire, ne sauroient l'animer en faveur des boulangers. Aussi ceux-ci ont-ils toujours représenté qu'il leur étoit impossible d'atteindre tout-à-fait aux quantités des produits résultant des essais.

Supposons maintenant que les essais aient eu lieu dans des circonstances entièrement opposées , que le blé sur lequel on aura opéré , n'étoit pas assez parfaitement nettoyé, qu'il péchoit par quelque défaut, que le moulin où on l'a converti en farine n'étoit ni bien monté , ni dirigé convenablement , qu'enfin les opérations de la mouture ou de la boulangerie auront manqué de surveillance et d'attention, il en sera résulté nécessairement des produits inférieurs, par conséquent un tarif préjudiciable au public et trop favorable au boulanger, tarif dont la base ne pourra jamais être qu'inexacte et fautive tant qu'on y procédera d'après la mesure.

Les auteurs qui ont cherché à établir que la livre de blé pouvoit toujours être égale à la livre de pain, n'ont entrevu dans cette évaluation que la facilité des opérations pour former un tarif général : la chose ne seroit peut-être point impossible dans les provinces méridionales, où le grain est assez constamment sec et pesant ; mais il s'en faut que la chose soit rigoureusement possible pour les autres pays tempérés, à moins qu'en rapprochant les meules, on ne force les produits aux dépens du son, et qu'on ne fasse de gros pains de douze livres au moins. Ceux qui, animés d'un zèle assurément bien louable, et mécontens d'un pareil produit, ont voulu aller au-delà pour en obtenir un plus abondant, ne sont parvenus à ce but qu'en réduisant le pauvre à vivre d'un pain qui n'en a proprement que le nom, et qu'il achette toujours fort cher, quelque modique qu'en soit le prix.

Ecrivains, qui que vous soyez, ne présentez jamais des résultats d'essais exécutés dans le particulier et arrangés dans le silence du cabinet, puisqu'ils peuvent ensuite servir de loi écrite, qu'après cela ils sont copiés et cités par d'autres, souvent moins clairvoyans, comme la preuve de ce qu'on a fait et de ce qu'il est possible de faire encore ! Songez bien sur-tout que la taxe du pain n'étant pas à son véritable taux, elle peut replonger dans la plus profonde ignorance la meunerie et la boulangerie.

Nous observerons que l'avantage de procurer au peuple un aliment plus agréable et plus sain ; contribue plus qu'on ne l'imagine à fixer les étrangers , à empêcher les émigrations, et à vivifier les manufactures. On a vu des ouvriers de Paris, qu'on avoit voulu attirer à Lyon, et qui y gagnoient beaucoup plus, s'en retourner, en disant qu'ils ne pouvoient absolument s'accoutumer à l'usage du pain trop bis qu'on y fabriquoit habituellement.

De la taxe du pain.

L'adoption de la mouture économique deviendra un moyen très - facile de mettre toujours le prix du pain à sa juste valeur, sur-tout si le blé peut fournir constamment les trois quarts de son poids en farine, parce que douze onces de farine, absorbant huit onces d'eau au pétrissage, et n'en perdant que quatre au four, il resteroit toujours une livre de blé pour une livre de pain : il ne seroit plus question que d'ajouter au prix courant des grains les frais accessoires, de distinguer ensuite ceux de fabrication et de bénéfice qui doivent être réglés sur les circonstances locales et l'étendue du travail du boulanger.

Mais ces bases en produits , données par la nature , que l'art est venu à bout de saisir, varient à raison des récoltes et des expositions. Quoique l'on connoisse parfaitement

faitement bien aujourd'hui les dépenses réelles qu'un
boulanger est obligé de faire avant de convertir en pain
un sac de blé, ces dépenses diffèrent encore, relativement aux qualités, aux formes et au volume des pains
qu'il fabrique, et à la quantité de fournées qu'il cuit.
N'est-il pas juste en outre de maintenir au prix le plus
modique le pain que consomment l'ouvrier chargé de
famille, l'homme dénué de tout secours, et de faire
supporter une partie des frais de main-d'œuvre à celui
du riche, dont le pain plus délicat, plus agréable,
exige aussi plus de frais, de soins et de façon?

C'est dans cet esprit de justice et d'humanité que
se trouve rédigé le rapport de l'Académie des Sciences,
concernant l'avis que le Parlement de Paris lui avoit
demandé sur la contestation élevée à Rochefort au
sujet de la taxe du pain. Après avoir proposé comme
bases principales d'un tarif, les produits tant en farine qu'en pain, les Commissaires de cette Compagnie
savante ont établi une autre base indépendante des
deux premières, celle qui concerne le prix de la main-
d'œuvre et le juste bénéfice que doit recueillir le boulanger. Ainsi ayant considéré le prix et la qualité des
blés, comme pouvant être partagés en trois classes,
et comme propres à fournir trois sortes de pain d'un
prix inégal, ils ont déchargé d'un denier par livre
le pain de la seconde et de la troisième espèce, qu'on

nomme *bis*, pour rejeter sur le pain blanc l'excédant de valeur qu'avoient les deux autres : sensibles aux besoins du peuple , et enflammés de l'amour du bien, ils n'ont rien oublié de tout ce que le patriotisme inspire , pour déterminer le citoyen aisé à soulager dans cette circonstance la classe indigente.

Les effets du rapport de l'Académie , ne se sont pas seulement étendus à la ville de Rochefort ; les Magistrats de Chartres , étonnés de l'infériorité du pain qu'on fabrique dans la capitale d'une province qui produit le plus beau blé , en ont trouvé la cause dans leurs réglemens. Frappés des observations lumineuses , que renferme ce rapport , ils se sont adressé à M. *Tillet*, pour avoir un tarif qu'ils ont adopté. La ville de Barle-Duc, qui se troûvoit dans les mêmes circonstances que Chartres et Rochefort, a suivi leurs exemples. Déja plusieurs autres grandes villes demandent que ce rapport leur serve de règle, et sollicitent des tarifs, qui y soient absolument conformes.

S'il existoit par-tout un tarif qui fût établi sur des principes à peu près semblables à ceux que le Parlement de Paris s'est empressé d'adopter par son Arrêt du 2 Juillet 1783 , les discussions qui se sont élevées souvent sur le montant réel des frais de main-d'œuvre, n'auroient plus lieu; un prix fixe à cet égard, ou qui le seroit au moins pendant long-tems , ajouteroit à la

confiance du Magistrat et tranquilliseroit le boulanger.
Il ne resteroit d'attention à donner qu'aux prix courans
du blé et des farines, dont on auroit toujours une connoissance exacte , par les états qu'il est d'usage d'en
tenir dans les halles chaque jour de marché ; et en conservant avec soin les deux bases de la taxe du pain qu'on
auroit une fois posées, sauf les variations de la valeur
du blé, qui sont toujours prévues dans les tarifs, on écar-
teroit les contestations, ou au moins on les réduiroit à
une seule, aisée à terminer, celle qui regarderoit le prix
moyen du blé ou des farines dans les villes où le tarif
seroit établi : on mettroit fin par là à toutes les discussions qui se renouvelleront sans cesse, tant qu'on ne
remontera point à la source des contestations , et aux
moyens d'établir de. bases fixes , pour écarter de la
taxe du pain tout prétexte et tout arbitraire.

Nous osons assurer que M. *Tillet* se prêtera volontiers
à faire pour toutes les villes, ce qu'il vient de faire pour
celles que nous avons nommées ; elles ne doivent pas
hésiter de lui manifester leurs vœux à cet égard : il ne
sera question que de procurer les éclaircissemens dont
nous allons présenter ici un modèle, afin qu'il puisse
guider en pareilles circonstances ; car nous ne saurions
assez souvent le répéter, quoique nos recherches n'aient
pour objet que les habitans du haut et bas Languedoc,
l'intention des Etats n'a pas été de borner leurs vues à la

province dont le bonheur leur est confié ; ils ont voulu
concourir encore à l'utilité de tous les pays qui culti-
vent les grains et les consomment sous la forme panaire.

Eclaircissemens nécessaires pour établir le prix du pain sur les bases adoptées par le Parlement de Paris.

Il faut d'abord savoir quelle quantité de livres de blé
poids de marc, contient le boisseau ou le setier de la
ville où on voudra établir le tarif : il s'agit *du blé mar-*
chand, qui est un peu au dessous *de la tête* des blés et
au dessus de ceux qui sont regardés comme d'une foible
qualité.

Le blé de tête valant . . . . 24 ^{l.}

Le blé marchand vaudra . . . 22   10 ^{f.}

Et le blé foible 21

Il convient d'être instruit en second lieu, si les boulangers de la ville dont il s'agira, sont dans l'usage de
faire du pain de deux ou trois qualités différentes, ou
seulement du pain de toute farine. Il n'est pas question
ici des petits pains de fantaisie, dont le poids, le prix
et même la composition, peuvent beaucoup varier

mais de ceux qui , du poids de 2 , de 3 , de 4 livres et même au-delà, sont connus sous le nom de *pain blanc*, qui est de la première qualité ; sous celui de *pain bour-geois*, qui est de la seconde ; et sous celui de pain *bis*, qui est de la troisième qualité.

Afin de juger , à peu près , de la qualité des deux ou trois sortes de pain qu'on est dans l'habitude de faire dans une ville , on a besoin de savoir quel est le prix ordinaire et proportionnel de chacune de ces sortes de pain : lorsque le pain blanc, par exemple , vaut 3 sous, le pain de la seconde qualité vaut-il 2 sous 3 deniers , et le pain bis 18 deniers ?

Comme il est question de répartir la valeur du blé, en y joignant les frais de main-d'œuvre , sur la totalité des pains de qualité différente ; il faut nécessairement avoir une idée de ces qualités , et on ne peut se la former que sur le prix indiqué par la taxe ordinaire que règle la police dans chaque ville.

Il convient encore d'être instruit de la quantité de pain que cuisent en général les boulangers d'une ville, dans les qualités différentes qu'on y consomme ; parce que le peuple peut recevoir un soulagement dans le prix du pain bis dont il se nourrit, si la consommation du pain blanc est considérable : le citoyen à son aise ne s'aper-cevra pas en effet d'un demi-denier d'augmentation sur son pain de la première qualité , ou s'il y est attentif, il verra sans peine que ce léger surcroît de valeur opère une diminution sensible sur celui du peuple.

Commerce du pain.

Si les observations que nous avons encore à ajouter, semblent intéresser directement les boulangers , nous nous flattons qu'en insistant sur la nécessité d'augmenter leur travail et leur bénéfice , on verra que notre motif a toujours en vue la diminution du prix de la denrée, qui en sera une conséquence nécessaire, et le soulagement du peuple, pour qui le pain est, dans tous les tems, la dépense la plus considérable que ses moyens puissent lui permettre.

Il est malheureux sans doute que dans les cantons où le prix de la mouture est prélevé d'avance sur le grain, on n'ait pas songé à le fixer sur la farine : le meunier alors seroit intéressé à mieux moudre ; il n'expédieroit pas autant de blé à la fois : les procédés du boulanger seroient d'une exécution plus facile , et leurs résultats plus abondans et plus parfaits.

Envain le meunier, pour se disculper de continuer de moudre vîte pour son profit seul , prétendroit-il que la farine en est bien meilleure , lorsqu'elle résulte d'une mouture rapide, cette rapidité produit deux inconvéniens terribles pour le boulanger ; 1°. une chaleur extrême qui décompose en partie la farine, et lui ôte la faculté d'absorber autant d'eau au pétrin ; 2°. un déchet plus considérable à proportion que la meule tourne avec plus de promptitude.

On paie la mouture en argent dans les environs de Paris, selon l'éspèce de grain et l'éloignement où l'on se trouve du moulin : le prix du setier est fixé à 12 sous pour la mouture à la grosse, et 3o pour la mouture économique, sans y comprendre la voiture, qui, pour aller chercher le grain et le rapporter en farine, est payée à raison de 5 sous par lieue. Chaque moulin a des balances et des poids pour recevoir le blé et rendre les produits à un poids invariable, ce qui donne tout-d'un-coup à ceux qui font moudre, l'appercu des résultats qu'ils doivent avoir, sans être perpétuellement sur le *qui-vive* à l'égard du meunier.

Mais les boulangers asservis a tenir sur leurs comptoirs des balances et des poids, n'ont pas la permission dans beaucoup d'endroits de peser toutes les espèces de pain qu'il débitent, quoiqu'ils aient acheté souvent le grain, et se soient fait rendre la farine au poids. Cependant le plus honnête, le plus intelligent et le plus scrupuleux, qui a ajouté un excédant à la pâte pour remplacer ce qui s'évapore au four, ne sauroit la garantir ensuite des variations innombrables auxquelles elle est assujettie,

par rapport au déchet qu'elle éprouve pendant les diverses opérations qui la convertissent en pain.

Les expériences les plus authentiques faites par M.
Tillet, à l'école de boulangerie de Paris, et qui ont eu
pour témoins plusieurs magistrats distingués, prouvent
sans réplique qu'il est de toute impossibilité de donner
constamment à 50 ou 60 pains, dépendans d'une même
fournée, le poids juste que chacun d'eux doit avoir,
et qu'en supposant toutes les précautions que l'art peut
admettre, et tout ce que l'esprit d'observation est en
état de suggérer, un boulanger pourroit être condamné
par la loi pour avoir débité quelques pains d'un poids
plus foible qu'il ne faudroit, tandis qu'une fournée entière décideroit en sa faveur, et annonceroit sa bonne
foi.

Pourquoi donc exiger du boulanger, ce qu'il lui est
physiquement impossible d'obtenir, et le rendre respon-
sable, sous des peines humiliantes, d'une précision qui
ne dépend pas de lui, lorsque l'art seul est en défaut?

Si le pain est la moindre dépense du riche, elle est
sans contredit la plus forte et presque la seule du pauvre ; on ne sauroit donc trop prendre garde qu'il lui soit
fait aucun tort à ce sujet : l'unique moyen pour y parvenir, seroit de vendre le pain au poids ; l'acheteur trouvant des balances chez le boulanger ; il pourroit toujours
à son gré et quand il le voudroit, acquérir la certitude

tude qu'il a le poids du pain qu'il paie ; et les boulangers, sans s'écarter de l'usage où ils sont de faire des
pains d'un certain volume, et de les maintenir autant
qu'il est possible dans les poids différens où ils les
vendent, suppléeroient en pain ce qu'il y auroit de
moins. Existe-t-il un médiateur plus puissant et moins
équivoque, pour terminer tous les débats, lever toutes
les difficultés et anéantir tous les soupçons ? Nous le
répétons, le peuple seroit soulagé par la vente du pain
au poids, et les boulangers cesseroient d'être inquiétés
dans leur travail et dans leur honneur, trop souvent
victimes d'une fraude apparente.

Pénétrés de cette vérité, les magistrats de la ville
de Chartres, ont fait de la vente du pain au poids un
article de leur ordonnance de police. Il est conçu en
ces termes : « Chaque espèce de pain sera vendue et
« livrée au poids, et le boulanger sera tenu de diminuer
« sur le prix la valeur du poids manquant, si mieux
« n'aime l'acheteur demander du pain en même nature
« pour la portion qui manquera, ce que le boulanger
« sera tenu de fournir : néanmoins il ne sera pas fait
« de déduction, et ne pourra être exigé de supplément
« qu'autant qu'il se trouveroit manquer plus de deux
« onces sur un pain de huit livres ».

L'usage de vendre le pain au poids est adopté dans
quelques villes, où les pauvres comme les riches en re-

cueillent les mêmes avantages ; quels seroient donc les
obstacles qui empêcheroient qu'on ne rendît cet usage général ? Nous ne voyons que des boulangers infidèles ou
craignant la gêne, qui pourroient s'y opposer : mais la pratique contraire est un abus, et l'intérêt public en sollicite la
destruction. A Paris les grandes maisons, les collèges, les
monastères, prennent leur pain au poids ; ils ont reconnu
que si les pains mis à la balance n'avoient pas constamment leur poids ;, ils étoient assez ordinairement justes,
étant pesés plusieurs ensemble. Il faut espérer que l'exemple des magistrats de Chartres aura par-tout des imita-
teurs.

Les différentes opérations de la boulangerie sont
d'autant plus faciles à exécuter , leurs résultats plus parfaits et moins dispendieux , que les fournées se trouvent
plus rapprochées et multipliées : ainsi tout boulanger qui
cuit jusqu'à cinq et six fournées, les fera infiniment meilleures , que lorsqu'il sera borné à deux ou trois au plus ;
sans compter les frais de main-d'œuvre et de chauffage
qu'il économisera. Il existe plusieurs villes en Flandres ,
telles que Lille et Douai , où le nombre des boulangers
est fixé : tous sont dans une honnête aisance ; le pain
y est excellent ; la classe des hommes livrés au travail,
et dont la vigueur fait la seule richesse , trouve auprès
d'eux crédit , pour le pain qu'elle n'a pas encore gagné.
Si Paris est la ville où le pain est à meilleur mar-

ché, c'est que les circonstances favorables à la diminution de son prix s'y trouvent réunies.

Quelle consommation de bois là où les boulangers sont
trop multipliés! Instruit des essais faits en Prusse, à Lyon
et au dépôt de Saint-Denis, sur la cuisson du pain par le
moyen du feu de charbon de terre, M. le Contrôleur-Gé-
néral a desiré que ces essais fussent perfectionnés et connus à Paris : en conséquence il nous a chargé, de con-
cert avec M. *Brongniart*, Architecte du Roi, de seconder
ses vues. Notre travail n'est pas encore assez avancé
pour en rendre compte au Ministre ; mais, convaincus
qu'il pourroit intéresser une province qui, dans un très-
grand nombre d'usages économiques, a déja substitué au
bois le charbon de terre, nous nous sommes empressés
d'appeler à nos expériences MM. les Députés des Etats,
sous les yeux desquels on a cuit successivement plusieurs
fournées.

Il paroît bien constaté, d'après nos expériences, que le
pain pourroit cuire sur un âtre chauffé immédiatement
par le charbon de terre, sans contracter ni goût ni odeur;
qu'il y auroit infiniment moins d'inconvéniens pour la solidité du four, et plus d'épargne sur les frais du combustible, en préférant cette méthode. *Venel*, dans *ses Instructions fur l'usage de la houille, publiées par ordre des Etats
de la province de Languedoc*, dit expressément, qu'on peut
cuire le pain avec la houille brûlée à plat au milieu du four;

et M. *Bayen*, qui a été témoin de nos expériences, est également convaincu qu'il ne peut y avoir d'autres moyens pour tirer parti d'un pareil usage ; il soupçonne même qu'il seroit possible, en changeant la forme ordinaire du four, de lui appliquer le fourneau de reverbère de nos usines : telle est sur cet objet l'opinion de deux savans à qui la chimie moderne a les plus grandes obligations. Nous invitons les habitans du Languedoc à faire quelques recherches pour savoir si la dépense la plus forte, des boulangers, ne pourroit pas être adoucie par ce supplément au bois.

On ne sauroit douter que dans toutes les villes où les boulangers sont en trop grand nombre, ils vivent à peine du travail de leur état : ne pouvant s'approvisionner sur les lieux des récoltes, ni tirer de la première main, ils achètent des grains inférieurs chez les regrattiers, et font encore une perte réelle sur les produits en pain, de six livres au moins par chaque setier de blé, parce que n'ayant point de farines en quantité, il les emploient toutes chaudes au sortir des meules. Or, s'ils avoient le moyen de les laisser refroidir et reposer pendant six semaines, leurs opérations en deviendroient plus faciles, et le pain, avec plus de qualité, seroit encore moins cher.

Qui se ressent le premier de la misère des boulangers ? Le peuple ; il porte le fardeau le plus pesant de la société. Combien de fois cependant ces boulangers n'en deviennent ils pas le soutien ! Comment pourront - ils avoir en avance des provisions, et supporter les sacrifices dans les momens de crise, où il est prudent quelquefois de maintenir la diminution du prix du pain au-delà des bornes prescrites par le tarif, si leur travail les indemnise à peine de leurs frais ? En intéressant la bienfaisance des magistrats au sort des infortunés boulangers, c'est former des vœux pour le soulagement de la classe indigente.

Maintenant si une seule fournée suffit à peine pour remplir tous les frais, nous prierons ceux qui sont dans l'habitude de boulanger chez eux, de calculer, sans préjugé, si en balançant d'une part le prix du blé avec celui de la mouture, et de l'autre les dépenses de fabrication et les produits en pain, il ne sera pas infiniment préférable d'acheter son pain chez le boulanger, en supposant qu'on en ait un intelligent sous la main, plutôt que de le faire préparer à la maison, pour n'obtenir, malgré tous les soins, qu'un pain souvent aigre, et bis, rarement volumineux et léger, presque toujours compacte et gras.

Les particuliers, effrayés de l'énorme quantité de bois que consomme un four mal construit, et refroidi pendant huit jours de l'intervalle d'une fournée à l'autre, n'ayant pas encore renoncé à l'habitude de préparer la pâte chez eux, l'envoient cuire aux fours des villes, ou

chez le boulanger ; mais il sont encore exposés à d'autres inconvéniens : la conduite des levains , les opérations du pétrissage et le gouvernement de la fermentation , étant déja difficiles pour le boulanger, qui suit les
mouvemens progressifs que la pâte éprouve dans un même
endroit ; comment chaque particulier , opérant sur des
farines tantôt sèches , tantôt humides , provenant de
blés nouveaux ou vieux , faisant sa pâte ferme ou molle,
à l'eau bouillante ou tiède , avec un levain jeune ou
fort, en grande ou en petite quantité ; de quelle manière
ce particulier pourra-t-il espérer , que de tant de pâtes
différentes , composées et pétries , ballottées en che-
min , arrivées trop tôt ou trop tard à la boulangerie,
et enfournées à-la-fois, sans considération pour leur degré
d'apprêt , on puisse obtenir autre chose qu'un aliment
défectueux ? Comment sera-t-il possible de juger qu'on a
le pain de sa pâte , et qu'il n'en a pas été détaché un
morceau , puisqu'il est si difficile d'estimer au juste , le
déchet des moutures et de la cuisson ?

Dans la plupart des grandes villes , on ne fait plus le
pain à la maison , les habitans même des bourgs qui
recueillent du grain , préfèrent de le vendre quand ils
le peuvent , plutôt que de le transformer eux-mêmes
en aliment. L'économie qui a fait adopter cet usage , n'a
jamais ramené sur leurs pas ceux que l'expérience a
éclairés , en leur démontrant que le bénéfice résultant de

la vente du pain nécessaire à la consommation d'une famille, ne dédommage jamais des frais de fabrication, sans compter les embarras, les sollicitudes, l'emploi du tems, pour n'obtenir souvent qu'un aliment défectueux.

Il seroit ridicule d'objecter ici, que s'il n'y avoit que des boulangers pour fabriquer le pain, ils le feroient payer arbitrairement : ce commerce sera toujours sous la sauve-garde des lois ; et les magistrats qui en sont les dépositaires, instruits par des essais, veilleront perpétuellement à ce que cette denrée de premier besoin, soit de bonne qualité, et encore à ce qu'on ne soit point trompé dans le prix.

Qu'il nous soit permis d'ajouter, en terminant ces observations sur le commerce du pain, que les Etats du Languedoc, convaincus de l'efficacité des moyens que nous avons indiqués, comme propres à donner aux grains de la province toute la valeur qu'ils doivent et peuvent avoir dans le commerce ainsi que dans la fabrication du pain, ne se sont pas bornés à en répandre la connoissance par la voie de l'impression. Le bien s'opère lentement par ceux mêmes destinés à en recueillir les premiers fruits : il faut des exemples aux hommes, et cette leçon si douce et si persuasive, est ordinairement d'un effet plus prompt et plus marqué que le mémoire le plus clair et le plus abrégé.

Aussi les Etats se sont-ils empressés de se procurer

des modèles de moulins et de fours et de les déposer dans les cabinets de physique de Toulouse et de Montpellier, pour ceux qui desireroient en construire de semblables.

On connoît les services essentiels qu'a déja rendus dans quelques provinces, et même chez l'étranger, l'E-cole de Boulangerie établie à Paris : la province pour-roit recueillir le fruit d'une pareille institution, sans qu'il en coutât aucuns frais ; les professeurs de physique pourroient, à la suite de leurs cours, donner quelques leçons sur les points principaux de la meunerie et de la boulangerie, et amener insensiblement à leur perfec-tion des procédés dont les résultats ont la plus grande influence sur la santé. La science qui éclaire et dirige l'art, est le plus puissant préservatif contre les erreurs populaires, et le moyen de propager par la voie de l'en-seignement toutes les vérités pratiques énoncées dans ce mémoire. C'est donc une nouvelle ressource que nous offrons aux Etats, pour seconder les vues de bienfaisance et de patriotisme, dont la province a déja eu tant de preuves. Ce dernier moyen achèvera sans doute d'opé-rer promptement dans le Languedoc, la révolution la plus nécessaire et la plus heureuse pour les citoyens de tous les ordres.

RÉSUMÉ.

RÉSUMÉ

Dans l'obligation où nous nous sommes trouvés, de donner à ce mémoire une certaine étendue, à cause des observations qu'il nous a paru nécessaire d'y joindre, afin d'en faciliter l'intelligence et d'augmenter son utilité; nous avons pensé qu'un résumé qui en contiendroit la substance, feroit saisir sous un seul poit de vue, tout ce qui auroit pu échapper à une simple lecture.

1°.

Le froment ressemble aux autres semences de la riche famille des graminées dont on prépare du pain : comme elles, ce grain contient, indépendamment de l'écorce et du germe, un véritable sucre, de la matière extractive et de l'amidon; mais il en diffère en ce qu'il renferme privativement une substance collante, élastique, nommée la matière glutineuse, peu essentielle relativement à l'effet alimentaire, mais très-importante pour la panification.

2°.

On doit réduire à deux le très-grand nombre des espèces de blé qu'on a subdivisé à l'infini : les blés *fins* ou *tendres*, les blés *durs* ou *glacés*. La première appar-

Ggg

tient plus spécialement aux pays froids et au sol humide ; la seconde aux climats et aux terres légères.
L'une et l'autre se rencontrent néanmoins dans presque
tous les cantons , et semblent acquérir par succession
de tems les caractères qui leur sont propres. De même
que les blés de *mars* ou *printaniers*, qui, semés plusieurs
années de suite dans de bons fonds bien labourés,
reprennent la grosseur , la forme et la pesanteur des
blés d'hiver, et deviennent ras ou barbus en entier ou
à demi, suivant le sol, l'aspect et la saison.

3°.

Pour juger de la qualité des blés, il faut comparer
leur pesanteur spécifique. Le grain le plus lourd, à mesure égale , sera toujours celui qui méritera la préférence, si à cette qualité il joint l'avantage d'avoir l'écorce
fine, beaucoup de netteté et de pureté : ce blé, quoique
le plus cher dans le commerce, rend à la mouture et
au pétrin de quoi dédommager au-delà de ce qu'il a
coûté d'achat. Mais il est nécessaire de distinguer, dans
les divers états où il se trouve, celui qui est détérioré
du blé qui n'est qu'avarié : le défaut de ce dernier existe
seulement à la superficie; l'intérieur en est sain , et on
peut facilement le corriger. Il n'en est pas ainsi du
premier : la fermentation , les insectes ont pénétré au

dedans, ont altéré, décomposé quelques-uns de ses principes; ce qui doit en faire proscrire l'usage comme nourriture pour les hommes.

4°.

Les blés auxquels il est survenu quelques accidens pendant leur végétation, et qui ont mûri sans se remplir de farine, ne doivent pas être employés aux semailles, quoique l'on sache de temps immémorial qu'ils germent et poussent très-bien, pourvu toutefois que les circonstances aient été favorables à leur accroissement. Le grain le plus nouveau, le mieux nourri, le plus parfait, et renouvelé de tems en tems, donnera toujours des récoltes plus assurées et plus abondantes. Il ne faut donc jamais rien épargner pour le choix des semences.

5°.

La maladie la plus redoutable à laquelle le blé soit assujetti dans tous les pays où on le cultive, se nomme la *carie* ou *noir*, par la raison qu'elle y règne par contagion, et qu'elle fait perdre souvent un quart de la récolte, en même tems qu'elle diminue la valeur réelle de la portion des grains échappés à sa fureur destructive. Ce fléau exerce d'autant mieux ses ravages, que

les labours ont été moins anciens, les semailles plus su-
perficielles, plus tardives, l'engrais du parcage plus considérable ; et peut-être ses effets tiennent-ils à beaucoup
d'autres causes que l'esprit de recherche et d'observation
n'a pu encore saisir. Tout ce qu'on sait de positif, c'est
que le batteur, en faisant sortir la poussière noire de
l'enveloppe qui la renferme, tache le grain sain, qui
porte alors le nom de *blé noir*, *blé moucheté*.

6°.

Le lavage à grande eau rend le blé moucheté propre au commerce et à la fabrication du pain, mais
nullement aux semailles ; on ne peut préserver le grain
de l'atteinte de la maladie, qu'en faisant succéder au
lavage une lessive digne de la confiance du fermier,
puisque la réussite en a été constatée par un très-grand
nombre de faits avérés : cette lessive, il est vrai, n'aura
d'efficacité complette, qu'autant qu'elle sera préparée et
appliquée convenablement. Il faut pour cinq setiers de
blé de 240 livres chacun, 200 pintes d'eau, 100 de
cendres et 15 de chaux : on met la semence dans une
corbeille d'un tissu serré, on la plonge dans la lessive
à plusieurs reprises et l'on étend le grain pour le faire
sécher promptement.

7°.

La pratique de semer clair, de bonne heure, et à une certaine profondeur, réussit assez constamment, et procure des avantages qu'on ne sauroit trop évaluer. Le blé espacé, suffisamment enterré et recouvert, est moins en proie aux animaux et aux mauvaises herbes ; ses racines talent, s'étendent, se multiplient, et empêchent celles des autres plantes de leur préjudicier ; ce qui rend le sarclage plus facile, et influe sur la pureté des blés au moment de la récolte : la seule diminution sur la semence pourra devenir une épargne considérable pour le cultivateur, et une grande ressource pour le pays.

8°.

Si les pluies abondantes surviennent au moment de couper le blé, on ne doit pas attendre qu'elles cessent pour commencer la moisson : il est bon de profiter des intervalles de beau tems ; mais au lieu de laisser le blé en javelles isolées, il faut se hâter d'en réunir plusieurs, et d'en former dans le champ même de petites meules de six à sept pieds d'élévation : par ce moyen on sauve la récolte d'un canton dans les années humides ; on la rentre sèche à la grange, et le blé qui en résulte se conserve plus aisément.

9°.

.Plus le grain resté dans la gerbe, plus il s'y améliore et devient d'une bonne garde : chaque grain se trouve comme isolé, recouvert d'une matière sèche et lisse, qui le préserve de la chaleur, le tient dans un état frais, et rend insensible l'évaporation ou la combinaison de son humidité surabondante ; il acquiert le dernier degré de maturité, possède très long-tems la faculté germinative et le goût de fruit, qui caractérise le blé dans sa nouveauté ; enfin c'est l'amande renfermée dans sa coque.

10°.

C'est une économie mal entendue que de dépiquer le blé par le moyen du pied des animaux, parce qu'on laisse du grain dans l'épi, et que la paille perd une partie de sa valeur, soit pour servir de nourriture aux bestiaux, ou comme litière ; d'ailleurs le sol des aires, communément peu ferme et mal entretenu, admet des ordures dans le grain, que souvent on enlève avec peine. La méthode de battre au fléau, à la vérité moins expéditive, est aussi beaucoup plus économique.

11°.

Le pellage, le criblage et le four, sont les moyens

les plus efficaces pour diminuer les ravages des insectes opérés dans les champs, à la grange et au grenier : il faut, autant que l'on peut, prévenir leur invasion, les rechercher par-tout où ils ont établi leur domicile, boucher exactement les trous qui leur servoient de repaire, déposer enfin le blé dans l'endroit de la maison le plus frais, le plus sec, le plus propre, et le plus éloigné des écuries, des latrines et des égouts.

12°.

Tout magasin ou grenier réunira les conditions nécessaires à la conservation du blé, dès que le sol sur lequel il est élevé ne sera pas humide, que la charpente sera en bois coupé dans la bonne saison, que le toit sera revêtu de paillassons, que les murs n'auront aucune fente, aucune crevasse, qu'il se trouvera garni de fenêtres, petites, très-multipliées du côté du nord, et entretenu dans le plus grand degré de propreté.

13°.

Le premier objet qu'on doit se proposer dans la conservation des blés, c'est leur nettoyement ; le second, de ne pas les accumuler dans un endroit chaud, sans les cribler ni les remuer continuellement ; mais quand ils sont parfaitement ressués, au lieu de les abandon-

ner à l'air, il faut les renfermer dans des sacs isolés. Cette
méthode, praticable dans les voitures , dans les bateaux,
dans les marchés et sur les quais, permet à l'air de circuler autour du sac ; elle épargne du tems , des soins,
et des dépenses. Les sacs isolés doivent être considérés
comme autant de petits greniers contenus dans un
grand.

14°.

Il est à desirer , pour prévenir toutes les contestations qui s'élèvent souvent entre le vendeur et l'acheteur , que le commerce du blé se fasse au poids et à
la mesure ; que l'on se transporte au grenier et sur le
tas, pour examiner de tems en tems, à mesure que l'on
vide le sac ou qu'on le remplit , si le fond est semblable à la superficie : mais avant de sortir le blé du magasin pour le voiturer par eau ou par terre, il faut
le cribler, afin de le préparer à soutenir la durée des
voyages , et le cribler de nouveau quand il arrive à
sa destination, pour lui faire perdre aussitôt la chaleur, l'odeur et l'humidité qu'il auroit pu contracter
en route.

15°.

Il faut éviter d'envoyer moudre une plus grande
quantité de grain que le local du meunier ne le permet ;
car

car c'est souvent au moulin que, négligé, abandonné, entassé, il perd de ses bonnes qualités. Mais pour faire une bonne farine, le blé a besoin de contenir une portion d'humidité, sans laquelle la totalité se divise au même degré, et occasionne beaucoup de déchet : il est donc nécessaire de le mouiller légèrement s'il est trop sec, de le faire sécher au contraire, s'il pèche par un excès d'eau ; à moins qu'on ne soit à portée de mêler les blés de qualités différentes, dans des proportions relatives ; ils se prêtent alors des secours réciproques.

16°.

Il y a toujours un grand avantage avant d'engrainer, de mêler les blés secs avec les blés humides, les blés glacés avec les blés tendres, les blés vieux avec les blés nouveaux ; la mouture s'en fait mieux ; la farine et le pain ont plus de qualité : mais quiconque envoie moudre ensemble les différentes espèces de grains, n'a pas raison, à cause de leur forme et de leur nature, qui demandent que les meules soient élevées pour les uns, et basses pour les autres, il faut donc toujours les moudre à part, quoiqu'on ait intention ensuite de mêler leurs farines.

17°.

Les moutures défectueuses donnent au riche de la

farine avec du son, et à la classe indigente, beaucoup
de son avec de la farine. La méthode de moudre
une seule fois, ou la mouture à la grosse la mieux
exécutée, a des inconvéniens : c'est à la mouture écono-
nomique qu'il faut donner la préférence ; si elle occasionne des frais et des déchets de plus, le surcroît et
la qualité des produits font bientôt regagner avec
usure cette perte. Mais pour perfectionner le moulin,
il faut donner à la lanterne un diamètre une fois, plus
grand, rayonner les meules dans une direction circulaire, se servir de bluteaux tournans au lieu de bluteaux frappans, suspendre la meule courante de manière
qu'une fois en équilibre et parfaitement droite, elle puisse
constamment subsister dans le même état.

18°.

Une fois la farine manquée au moulin, il est impossible de la rétablir ; l'action trop violente des meules
produit sur les grains des effets comparables à ceux du
feu, aussi onéreux pour le boulanger que pour le consommateur. Il faut que la farine arrive tiède à la huche,
que le son soit large, parfaitement évidé, qu'il ait la
même couleur qu'il avoit avant d'avoir été dérobé au
grain : mais il vaut mieux bluter peu de temps après
la mouture, que de laisser tous les produits confondus
ensemble sans aucune séparation.

19°.

L'estimation des produits du grain à la mesure, induit en erreur; c'est toujours au poids qu'il faut se les faire rendre, soit qu'on paie le meunier en argent ou en nature. Un quintal de bon blé, parfaitement nettoyé, doit rendre par la mouture économique 75 livres de farine tant blanche que bise, et 25 livres de son, y compris le déchet, qui va à deux livres environ. Si on obtient davantage, le surplus est du son aussi atténué que la farine.

20°.

De quelque mouture qu'on se serve, il est à propos de laisser toujours refroidir la farine dans le sac, et de ne l'en sortir qu'au moment de son emploi : elle y devient moëlleuse et sèche. Si on en faisoit usage trop promptement après la mouture, elle ne boiroit pas autant d'eau au pétrissage ; la pâte qui en résulteroit auroit moins de consistance ; et c'est encore au moins une douzaine de livres de pain de perdu par sac de farine du poids de 320 livres.

21°.

La farine est de bonne qualité quand elle est douce

au toucher, d'un jaune clair ; que la boulette qu'on en
a formée avec de l'eau s'alonge en tous sens sans se
rompre, et qu'elle s'affermit à l'air. Lorsqu'elle est tachée
de petits points gris, c'est une preuve qu'elle est mal
faite ; et elle est altérée, quand elle a une couleur
d'un blanc terne, une odeur aigre, une saveur âcre
et piquante.

$$22^\circ.$$

Le mélange des farines exige une connoissance approfondie de leur qualité et de l'usage auquel on les
destine. La farine de gruau étant la plus sèche et la
plus propre à se conserver, elle braveroit aussi plus
constamment les voyages de long cours, sur-tout si
elle provenoit d'une mouture ronde, légère, et qu'on ne
tirât pas à la quantité : il faudroit la faire entrer dans
la composition des farines de minots, afin de rendre
ces dernières d'une garde encore plus certaine et d'un
prix moins cher. L'application de l'étuve à ces farines
en rendra toujours la surveillance plus nécessaire et la
garde plus difficile.

$$23^\circ.$$

Toutes les méthodes ordinaires de conserver la farine en rame, en couches et en sacs empilés, entraînent des inconvéniens sans nombre : le son, en séjour-

nant dans les farines, leur communique de l'odeur et du goût : répandues sur le carreau ou le plancher du magasin, elles sont exposées aux insectes et à la poussière ; en sacs empilés, elles courent les risques de s'échauffer et de fermenter. La meilleure pratique est celle des sacs isolés : la farine ainsi subdivisée, ne perd pas de ses qualités, comme lorsqu'elle est amoncelée en grandes masses ; et elle réunit autant d'avantages que les autres ont d'inconvéniens : on la laisse refroidir dans le sac ; elle s'y perfectionne sans éprouver de déperdition.

24°.

Sous quelque forme qu'on exporte l'excédant des récoltes, c'est toujours celle qui approche du but qu'on se propose, qu'il faut protéger et encourager : le commerce des farines mérite donc la préférence sur celui des grains en nature ; il donnera de l'activité à l'agriculture, perfectionnera l'art de moudre, et procurera à tous les consommateurs un aliment au prix convenable à leurs facultés : il deviendra en outre pour l'administration, dans tous les tems, un moyen assuré de prévenir les disettes locales et les renchérissemens subits ; et pour les provinces, il en résultera des bénéfices de main-d'œuvre, par l'emploi des différens objets nécessaires à l'exportation des grains convertis en farine.

25°.

Toutes sortes d'eaux, pourvu qu'elles soient potables, peuvent servir à la fabrication du pain : on peut
même approprier à cet objet celles qui ont un goût
marécageux. Il suffit de les faire bouillir, puis refroidir et passer à travers un tamis. C'est donc dans la
manière d'employer l'eau, que consiste son principal
effet. Il faut qu'elle soit froide en été, tiède en hiver,
et chaude dans les gelées, mais jamais bouillante. La
bonne farine en absorbe un tiers de son poids au pétrissage, et en retient un quart au four.

26°.

L'usage du sel dans le pain n'est pas borné à servir
d'assaisonnement ; il concourt encore à donner à la pâte
des farines cette consistance qu'elles ont perdue par
une saison défavorable ou une mouture défectueuse ;
il convient, dans l'une et l'autre circonstance, d'en modérer la dose, de ne l'employer que fondu dans l'eau,
et de ne l'ajouter qu'au moment du bassinage.

27°.

Quand le son a reposé un certain tems au grenier,

on peut le passer au bluteau pour en obtenir la farine qui s'en détache plus aisément : gardé ensuite
dans des sacs isolés à l'instar des blés et des farines, il
n'éprouve pas autant de diminution de poids et de
mesure : d'ailleurs la mitte ne s'y met point. Mais le son
employé en substance, quelque divisé qu'on le suppose,
fait du poids et non du pain , et nuit à l'effet alimentaire. Si le son est gras, on en sépare ce qu'il contient
de farine par le moyen de l'eau froide , et cette eau ainsi
chargée, sert au pétrissage; cette ressource, il est vrai,
n'est bonne que dans les tems de cherté.

28°.

Le levain est la partie la plus importante de la boulangerie; il produit des effets sur la pâte selon l'état
où il se trouve lorsqu'il s'agit de l'employer : quand
il est bombé vers le centre, qu'il repousse les mains qui
pressent sa surface, et qu'il surnage l'eau qu'on y verse
pour le délayer sans perdre de sa fermeté, alors on
juge qu'il est parfait. Il doit former la moitié du total
de la farine qui doit composer la fournée. Jamais il ne
faut se servir de levains vieux : on peut leur restituer
le caractère de levain jeune, en les mêlant avec une
nouvelle quantité d'eau et de farine quelque tems avant
de pétrir.

29°.

Pour bien pétrir, il faut aller doucement jusqu'à ce que la totalité de l'eau et de la farine soit bien incorporée avec le levain, et ensuite beaucoup plus vîte, afin que le mélange ne présente aucunes inégalités, aucuns grumeaux : lorsque la pâte a subi toutes les opérations du pétrissage, on la laisse reposer ; on la divise, on la tourne et on la met sur couches pour fermenter plus ou moins long-tems, suivant l'espèce de farine. Lorsqu'elle a le caractère d'un levain très-jaune, on l'enfourne avec les précautions que demande la cuisson.

30°.

Le grenier, les sacs, le local de la boulangerie, le pétrin, les corbeilles, les toiles, les couvertures, exigent la plus grande propreté, sans quoi les grains, leurs farines, la pâte, le pain enfin contractent des défauts plus ou moins sensibles. Mais ce qui est de plus essentiel c'est le four, dont la forme et les dimensions influent directement sur l'économie du bois, la prompte et la bonne cuisson : il faut sur-tout le nettoyer chaque fois que l'on cuit.

31°.

3 1°.

Ce sont les blés nets, secs et purs qu'il faut employer de préférence pour préparer le biscuit de mer : on doit faire entrer dans sa composition plus de levain et d'eau qu'on n'en emploie ordinairement ; ce qui contribuera à rapprocher la pâte de celle du pain, et en rendra le travail plus facile et plus parfait. On juge que le biscuit est à son point de cuisson, lorsqu'il se casse net, qu'il présente dans son intérieur un état brillant, qu'il trempe dans un fluide quelconque sans s'émietter : mais il ne tarde pas à perdre de ses bonnes qualités, si on ne prend aucuns soins de sa conservation, si on ne le met à l'abri de l'air et des insectes qui s'y attachent, en le renfermant exactement dans des caisses où dans des futailles, peu de tems après sa fabrication, et le gardant ainsi jusqu'au moment de le consommer.

3 2°.

Les autres espèces de grains, dont la nature, la configuration et le volume diffèrent de ceux du blé, exigent aussi une mouture particulière. Il faut toujours les moudre à part, quoiqu'on soit disposé ensuite à mêler leurs farines. Mais si ces grains ont chacun leur caractère spécifique, beaucoup de propriétés communes les rapprochent ; ils demandent à peu près les mêmes soins relativement à leurs semailles, à leur nettoyement et à leur conservation. Les procédés pour leur panification ne s'éloignent pas non plus de ceux employés pour le froment : cependant quand il s'agit de réunir plusieurs grains, dans la vue de préparer un meilleur pain, c'est toujours la farine de celui qui est le plus propre à cet objet, qu'il faut destiner spécialement à former le levain, parce qu'il en résulte un tout infiniment plus économique et plus parfait.

33°.

Le pain réunira toujours les bonnes qualités qui le caractérisent, si on ne le renferme pas au sortir du four, et si, pour en faire usage, on attend qu'il soit parfaitement refroidi : on reconnoît qu'il est bien cuit lorsqu'il résonne avec force, que la mie, légèrement pressée, repousse comme un ressort, et que le dedans est parsemé de trous plus ou moins grands et d'une forme inégale. Plus le pain aura de volume, plus il sera nourrissant. Celui qui est composé de toute farine, est le plus substantiel et le plus profitable : mais en supposant la meilleure méthode de moudre, de pétrir et d'enfourner, l'expérience prouve qu'on aura moins d'embarras et plus de bénéfice, en vendant son grain, pour acheter de la farine à la place ; que ce double avantage sera encore infiniment plus sensible dans les villes, en prenant son pain chez les boulangers, qui le fabriqueront toujours mieux et à moins de frais que la ménagère la plus soigneuse, la plus économe et la plus adroite.

F I N.

TABLE

De ce qui est contenu dans ce Mémoire.

PREMIÈRE PARTIE.

DU BLÉ.

DEUXIÈME PARTIE.

DE LA MEUNERIE.

(441)

K k k

TROISIÈME PARTIE.

DE LA BOULANGERIE.

K k k ij

FIN DE LA TABLE.

FAUTES ESSENTIELLES A CORRIGER.

Page 80 , ligne   1 , *épi* , ... lisez *blé.*

   136 , . . .   8 , *servir* , ... *suivre.*

   158 , . . . 16 , *les gruaux d'avec* , . . . *les sons d'avec.*

   252 , . . . 18 , *conservent* , ... *commercent.*

   261 , . . . 15 , *entreroient en* , ... *mettroient la.*

   264 , . . . 13 , *il faut* , ... *ils font.*

   285 , . . . 20 , *savoureux* , ... *savonneux.*

   335 , . . . 12 , *essentiel* , ... *important.*